# 城市规划与城市竞争力

杨建军　曹　康　班茂盛　著

ZHEJIANG UNIVERSITY PRESS
浙江大学出版社

图书在版编目（CIP）数据

城市规划与城市竞争力/杨建军,曹　康,班茂盛著. —杭州：浙江大学出版社,2013. 4
ISBN 978-7-308-11433-2

Ⅰ.①城… Ⅱ.①杨… ②曹… ③班… Ⅲ.①城市规划—关系—城市—竞争力—研究 Ⅳ.①TU984 ②F299

中国版本图书馆 CIP 数据核字(2013)第 092698 号

**城市规划与城市竞争力**

杨建军　曹　康　班茂盛　著

责任编辑　李峰伟(lifwxy@zju. edu. cn)
封面设计　续设计
出版发行　浙江大学出版社
　　　　　（杭州市天目山路 148 号　邮政编码 310007）
　　　　　（网址：http://www. zjupress. com）
排　　版　杭州金旭广告有限公司
印　　刷　杭州丰源印刷有限公司
彩　　插　4 页
开　　本　710mm×1000mm　1/16
印　　张　16.5
字　　数　334 千
版 印 次　2013 年 4 月第 1 版　2013 年 4 月第 1 次印刷
书　　号　ISBN 978-7-308-11433-2
定　　价　58.00 元

# 前　言

　　竞争无处不在,无论是一个企业还是一个国家和地区,发展都离不开竞争。有学者说,即使是合作也是竞争中的合作。竞争力就是发展能力的真谛。正因为如此,以产业发展战略为起始的竞争力研究,已经扩及国家、城市等诸多层面的竞争力探究。又如诸多文献所述,城市在当今世界发展中的竞争主体角色日益突出,城市竞争力成为了竞争力研究的一大领域,成为了城市发展战略的主题。

　　杭州市规划局于 2011 年设立"杭州城市竞争力与城市规划"研究课题,正是体现了对城市竞争力重要性的认识,把城市竞争力视为城市规划的重要目标,探讨城市规划如何围绕竞争力展开。其根本目的在于促使城市规划行政职能部门思索如何冲破部门职能和工程技术规划的局限,发挥城市规划应有的综合性、前瞻性优势,谋划城市发展,为市委、市政府重大决策献计献策,从而更加紧密地服务于社会主义市场经济。本书是对这一研究课题的成果整理。

　　关于城市竞争力的研究国际上发轫于 20 世纪八九十年代,与全球化研究理论的兴起密切相关。国内曾经在 21 世纪初期掀起了城市竞争力的研究浪潮,城市经济学、地理学、城市规划等相关学科领域的学者加入了研究,积累了不少研究文献。与产业竞争力研究的境况不同,无论是从国际的还是从国内的现有研究成果来看,虽然对城市竞争力重要性的认识基本一致,研究的论题也相似,但是关于城市竞争力一些核心论题的探索,形成了多种架构,特别是对城市竞争力的本质含义、城市竞争力体系构成和评价因素方面的论述,可谓见仁见智、众说纷纭,足以说明城市竞争力内涵的模糊性、相关因素的广泛性和形成机制的复杂性。事实上,城市发展问题往往具有综合性、宏观性的特点,不像以产品生产为轴心的产业、企业竞争力,其竞争力界定较为明确,影响因素较为微观,易于梳理;更不用说对于如何在城市规划与城市竞争力之间建立起因果联系受到的制约。基于这一状况,本书的研究从竞争力的本意分析入手,把梳理城市竞争力体系和作用机制作为基础分析,确定了从竞争过程的视角、宏观机制与微观要素结合的分析方式,构建起基于微观因素的城市竞争力体系分析框架。在此基础上解析了城市规划的具体工作子项与城市竞争力的关系,还尝试性地提出了城市规划竞争力模型:"壤-树"模型,从而制订出基于城市竞争力的城市规划行动框架,以达到指引城市规划实际工作的目的。

实质上,城市规划与城市竞争力的关系涉及城市规划作为一项政府职能,与市场产物竞争之间的性质冲突问题,研究以竞争为目的的城市规划首先必须厘清这一基础理论问题,才能解释城市规划行为。这就是关于政府治理模式理论与城市规划的关系。"3.1 基于竞争力的城市规划理论基础"与"3.2 市民社会治理理论"阐述了基本原理,并在"3.3 基于竞争力的城市规划理论"中,归纳提炼了国际国内城市规划理论和实践中的相关思想和做法。

回答关于城市规划与城市竞争力关系的理论命题,拓展了对传统城市规划性质的认识。针对传统城市规划基于物质环境建设为核心的工程性质规划的局限,20世纪后叶西方国家已经认识到了城市物质环境背后的社会经济关系的重要性。特别是在市场经济中城市规划的核心对象——城市空间是一种重要的资源,城市规划不可能脱离市场,与市场经济发展有密切的关系。我国的城市规划同样面对向市场体制转型的经济社会背景,也逐渐重视市场的作用。因此,从城市竞争力的视角思考城市规划,启迪了一种新的思考方式,增加了一种新的目标导向,对于提高城市规划服务经济社会的能力,进而提高规划的作用和地位,大有裨益。笔者从研究工作中收获良多。

在城市竞争力的研究进展中,直接论述与城市规划关系的理论研究很少,一般是将一些重要的城市基础条件和特色要素作为提升城市竞争力的规划手段,比较接近于将城市实力视为竞争力。而在城市规划实践中,对以提升城市竞争力为目的的规划思想和举措多有探索,特别是在面向21世纪的城市发展战略规划浪潮中,开创了以竞争力为导向的规划思维。在"4 城市规划提升城市竞争力的国内外经验"中,选取了代表性的案例,为建立基于城市竞争力的城市规划行动框架和举措提供了实证性的依据。

面对跨学科的研究领域,面对理论构建和实践性策划的双重研究目标,笔者深感研究功力的微弱,还因跨学科知识储备和案例素材积累不足,研究难免陷于疏浅,且为激励继续研究的动力。另外,书中最后两章是我们近年来承担的杭州城北地区和宁波北仑区的相关战略性研究课题,一并编入以飨同行和读者。

在课题研究和书稿的撰写中,曹康副教授主要承担"3.1 基于竞争力的城市规划理论基础"和"4 城市规划提升城市竞争力的国内外经验"部分,以及

"7.1 杭州城市发展的新背景"和"7.5.2 城北区域的战略定位";班茂盛副教授主要承担北仑区战略研究的"8.4 国内外港口城市产业发展和空间布局经验"、"8.5.1 战略定位分析"、"8.5.4 区域关系定位分析"和"8.5.6 战略思路"的内容。朱希伟副教授承担了北仑区产业发展特征和发展战略部分的研究和撰写,饶传坤副教授参与了北仑区交通优化专题的研究。浙江大学城市规划与设计研究所研究生陈濛、徐峰、郭敏燕、赵怡、周文、张婧等参与了基础研究和图件绘制等工作。对于各位的贡献在此一并致谢。衷心感谢杭州市城市规划编制研究中心、杭州市委政策研究室、杭州市拱墅区政府部门、宁波市北仑区规划分局和区政策研究室等领导和同志,给予研究工作的无私帮助和支持。再次感谢课题论证过程中提供真知灼见的有关专家。最后感谢浙江大学出版社编辑们的辛勤工作。

四月的杭州春意浓浓,春暖花开的校园生机盎然,祝家人和朋友们幸福美满!

杨建军
2013 年 4 月于浙江大学紫金港校区

# 目　　录

1 引　言 ………………………………………………………………… 1

1.1 竞争与城市、城市规划 ………………………………………… 1

1.2 研究目标和思路 ………………………………………………… 2

2 竞争力与城市竞争力综述 ……………………………………………… 3

2.1 竞争力基础理论 ………………………………………………… 3

2.2 城市竞争力理论 ………………………………………………… 9

2.3 城市竞争力分析框架再构 ……………………………………… 18

2.4 城市竞争力的评价 ……………………………………………… 22

3 城市规划与城市竞争力研究 …………………………………………… 27

3.1 基于竞争力的城市规划理论基础 ……………………………… 27

3.2 市民社会治理理论 ……………………………………………… 33

3.3 基于竞争力的城市规划理论 …………………………………… 34

3.4 城市规划与城市竞争力的关系 ………………………………… 40

4 城市规划提升城市竞争力的国内外经验 ……………………………… 49

4.1 战略规划引领城市竞争策略 …………………………………… 49

4.2 新一轮的规划理念 ……………………………………………… 53

4.3 功能空间塑造 …………………………………………………… 70

**5 杭州城市竞争力策略分析** ········· 76

5.1 杭州城市竞争力现状 ········· 76

5.2 杭州城市竞争力策略 ········· 95

5.3 杭州城市核心竞争力和综合竞争力策略 ········· 102

**6 基于城市竞争力的杭州城市规划行动** ········· 104

6.1 基于城市竞争力的城市规划行动框架 ········· 104

6.2 城市规划的城市竞争力指标体系 ········· 106

6.3 城市规划提升城市竞争力的行动举措 ········· 111

**7 杭州城北地区发展战略研究** ········· 156

7.1 杭州城市发展的新背景 ········· 157

7.2 城市空间布局发展的新趋势 ········· 161

7.3 拱墅区经济发展基础及趋势 ········· 166

7.4 拱墅区布局发展近况和趋势 ········· 173

7.5 杭州城市发展布局战略新视点：振兴城北 ········· 182

7.6 实施"振兴城北"战略的重大措施 ········· 187

**8 宁波北仑区产业发展与空间布局战略研究** ········· 189

8.1 背景和目标 ········· 189

8.2 现状与问题 ········· 191

8.3 产业发展与布局存在的问题 ········· 193

8.4 国内外港口城市产业发展和空间布局经验 ········· 196

8.5 战略思路 ········· 205

8.6 产业发展规划 ········· 223

8.7 产业空间布局 ········· 234

8.8 规划措施 ········· 242

**参考文献** ········· 248

**索引** ········· 255

**附彩图** ········· 257

# 1

# 引　　言

## 1.1　竞争与城市、城市规划

　　"竞争是社会最重要的力量之一,它能够促进社会诸多领域的进步。"世界公认的竞争战略和竞争力研究权威美国的迈克尔·波特这样指出:"竞争无处不在,竞争在所有领域呈现出越来越激烈的趋势,竞争在当今社会的各个方面显示出其强大的影响力。无论是对于争夺市场的各个企业,面对全球化的各个国家,还是满足于社会需求的各个社会组织,都必须制订出自己的战略。"[1]通过竞争力的提升,增强自身获取发展要素的能力,从而获得更好的发展条件和机遇,已经成为企业和地区谋求发展的战略核心。特别是在全球化背景之下,资源配置更加灵活并趋向全球流动,国家市场进一步开放,无论是企业还是城市、国家,都面临着日益增加的竞争压力,其发展活力更加取决于吸引资源的竞争能力,而且不仅仅取决于与国内邻近地区的竞争,也越来越取决于国际的竞争。因此自20世纪80年代以来,竞争力研究已经成为各国发展谋划的热门。

　　同时,全球化使国家的主导作用与行政界线的约束力逐步减弱,从而使城市在世界经济发展中的地位发生了改变。在参与经济全球化的过程中,城市经济的发展直接受到全球资本的控制,降低了与国家经济体系的密切联系,导致国家的宏观调控难以对城市经济的发展产生直接而决定性的影响。这样,在全球网络的相互联系中,其主体就转化为城市与城市之间的关系,城市因而成为全球化时代竞争的主角,区域或国家之间的竞争正日益演变为城市与城市之间的竞争。因此,城市竞争力成为竞争力研究的热点。

　　城市规划是城市建设的基本依据,是调控城市经济社会活动的基础手段,也是制订城市发展战略和实施城市建设的技术工具。城市规划与城市竞争力有着紧密的联系,它是城市竞争要素形成的基础条件,也是构成城市竞争力的要素之一。因此,研究城市竞争力必然论及与城市规划的关系。同时,在以往的城市竞争力研究或实践中,尚未有系统的关于城市规划与城市竞争力关系的研究成果。据此,研究城市规划与城市竞争力的关系是一项有意义且具有一定前沿性的竞争战略研究课题。

## 1.2　研究目标和思路

本研究的目标是揭示城市规划如何提升城市竞争力的原理和战略举措。为此,首先需要明确什么是城市竞争力,城市竞争力由什么因素决定。其次需要回答城市规划如何作用于城市竞争力。综观国内外已有的研究和实践成果,城市竞争力的研究起因于企业、国家竞争力理论。迄今,虽然在城市竞争力的意义上达成了较为一致的认识,但关于城市竞争力的本质含义、决定因素和形成机制等原理性论题尚是众说纷纭、歧义丛生。因此,研究中首先需要梳理有关竞争力、城市竞争力的研究成果,通过解读城市竞争力的含义、要素等理论观点和发展战略实践,设计一个吸收众长的城市竞争力理论模型,并能够与城市规划形成接口。其次,要从城市规划的职能出发,构建起城市规划与城市竞争力的关系框架,并揭示城市规划提升城市竞争力的作用机制。本研究还以杭州为实例,在分析杭州城市竞争力构成的基础上,提出通过城市规划提升城市竞争力的策略和思路,并制订城市规划提升城市竞争力的行动指引。

基于以上目标和思路,研究中一是以文献研究为基础,对既有相关成果进行有针对性的收集、分析、整理和归纳,建立城市竞争力分析框架。通过查阅国内外相关文献解读城市竞争力的内涵、要素和战略要义等理论,同时收集整理国内外城市竞争力的实践性理论和规划研究案例,在此基础上形成研究分析框架。二是以案例分析为手段,为城市竞争力战略提供实证借鉴。分析国内外城市提升城市竞争力的总体战略与具体策略及做法,尤其是分析通过城市规划提升城市竞争力的案例,总结其经验,为杭州市城市规划控制和引导城市竞争力提供思路。三是通过理论模型的建立,使研究结论更具一般指导性。主要从三个方面建立分析模型:①城市竞争力构成模型,研究城市竞争力的构成要素。②建立城市规划与城市竞争力关系模型,研究城市规划与城市竞争力的关系,明确城市规划在城市竞争力中的角色地位。③以前两者为基础,结合杭州城市竞争力的目标定位和现实基础,建构杭州城市竞争力策略和城市规划对城市竞争力的作用举措。

# 竞争力与城市竞争力综述

国际上关于竞争力的研究属于产业战略研究的范畴,起初主要集中在产品竞争力、产业竞争力、企业竞争力和国家竞争力四个层次上展开。对于城市竞争及城市竞争力的研究始于 20 世纪 80 年代,其渊源亦是竞争力研究。20 世纪 90 年代起,由于在经济全球化的过程中城市在全球经济中的地位发生了转变,城市逐渐占据当今经济和社会发展体系中的核心地位,**城市竞争力因此日渐成为整个竞争体系的核心**。[2,3]

国外城市竞争力研究兴盛于 20 世纪 80 到 90 年代,最具代表性的研究是美国哈佛大学商学院的迈克尔·波特(Michael E. Porter)教授,他提出了国家竞争优势理论,并且提出其理论适用于次级的经济体,即城市或区域。[4]而且从某种意义上说,城市或区域经济体更适合于作为其竞争优势理论的基本单元。尼尔·皮尔斯(Neal R. Peirce)在对美国的城市研究中提出了"城市国家"(Citistates)的概念,来强化城市在全球经济时代的作用,认为财富的主要生产者是城市而不是国家,城市在民族国家经济中具有核心地位。

近几十年来,竞争力的内涵随着经济社会的发展而日益丰富,形成了多角度、多层次的含义,并日益受到国外经济学、地理学、城市规划等相关学者以及其他政策决策者的关注。总体上来讲,目前国外城市竞争力的研究主要围绕新背景下城市竞争机制、城市竞争力影响因素以及城市竞争力评价、城市竞争力提升战略等四个方面展开。

## 2.1 竞争力基础理论

要用好竞争力理论,首要的是正确理解竞争的本质含义,这是所有竞争战略的正确出发点。其次,竞争归根到底是凭借竞争优势而成功的,竞争优势理论是竞争力理论的核心,形成竞争优势的要素构成竞争力体系(称为竞争力模型)。而城市竞争力来源于国家竞争力理论的外推,可以纳入地域竞争力范畴。

## 2.1.1　竞争的实质

到底为了什么而竞争,竞争要达到的目的是什么,关于这样的竞争实质的问题,琼·玛格丽塔(Joan Magretta)指出,竞争(competition)是市场经济的产物。从微观角度来看,众多的现实生产者和潜在生产者都正在或试图通过利用更多的、更有质量的生产要素和资源,进行生产和提供服务,谋取利润。竞争就是围绕利润而展开的拉锯战,不仅产生于对手之间,还产生于企业及其客户、供应商、替代产品生产商以及潜在的新进企业之间。[5]根据波特的观点,竞争成功的关键在于组织创造独特价值的能力。竞争的核心是创造价值,而不是打败对手。以争做最好为目的的竞争会导致竞争对手亦步亦趋、此消彼长,而以突出特色为目的的竞争会促使竞争对手锐意创新、共同繁荣。竞争的真正意义不在于打败对手,而在于盈利。

## 2.1.2　竞争优势的理论

竞争的成功取决于竞争优势(competitive advantage),而竞争优势是由企业活动的差异引起的相对价格或相对成本的差异,即竞争优势来自于较高的价格和较低的成本这两个因素。随着经济社会的发展,竞争优势的内涵日益丰富,逐渐具有多角度、多层次的含义。在现象上,竞争表现为成本和价格的竞争,实质上是争夺资源的竞争。现代市场竞争的内涵是对最有价值的生产要素的争夺,只有在配置生产要素方面占有优势,才能在市场竞争中具有优势。

关于竞争优势的理论基础主要来自以下几个方面。

(1) 成本优势理论

成本优势理论的代表者是亚当·斯密(Adam Smith)基于资源禀赋而建立起来的绝对成本优势、李嘉图的相对成本优势理论,以及马歇尔的集聚优势理论。在这些理论分析中,市场竞争主要是产品竞争,产品成本是竞争占优的决定性因素。亚当·斯密和李嘉图的成本优势,认为竞争力的强弱取决于是否占有和控制世界上的资源产地,是否具有生产上的高效率技术和组织方式等。阿尔弗雷德·马歇尔(Alfred Mashall)认为,当企业集聚时,由于大量生产要素的集聚所产生的相互积极影响,可以大大降低生产成本,从而提高竞争力。

但是,当今关于成本优势的成因,更被认为是科技创新能力、管理水平、制度因素、人力资源素质等多种因素作用的结果。但无论如何,在同类型产品竞争中,成本仍是一个综合性的竞争力指标。[6]

(2) 集聚经济理论

集聚经济是指经济活动在地理空间分布上的集中现象。集聚经济是城市产生和发展的重要原因和动力。18 世纪 50 年代世界经济就开始出现引人注目的经济地理空间集中现象,20 世纪 70 年代西方发达国家出现了一大批地理空间上高度集聚的"新产业区",极大地促进了区域经济的发展和科技的创新,成为这些地区和国家经济竞争力的典型代表。产业区理论是马歇尔在 1890 年根据比较优势理论提出的,他将大量种类相似的中小型企业在特定地区的集聚现象称作"产业区",并指出集聚形成的原因在于企业能更好地获取外部经济提供的利益和便利。这些好处包括提供协同效应和创新环境,共享辅助性服务支持和高水平的专业化劳动力市场,促进区域经济的健康发展,平衡劳动需求结构和方便顾客等,从而提高竞争力。产业区理论的最大贡献是发现了一种产生集聚的协同创新环境。保罗·克鲁格曼(Paul Krugman)第一个把区位问题纳入主流经济学分析模型,他认为经济活动的集聚与规模经济有密切关联,能够促使收益递增[7]。至此,经济活动在地理上的集聚现象受到主流经济学派的关注。经济集聚这种自我加强的机制,是城市和区域竞争的机制。[8-10]

(3) 经济增长理论

经济体之间的竞争既包括贸易的竞争,也包括增长的竞争。经济增长理论研究影响着一个国家或地区所生产的产品或劳务在一定时期内持续增加的因素和途径。因此,不少竞争力研究直接使用增长理论。现代经济增长理论经历了由外生经济增长到内生经济增长的演进道路。哈罗德(Harrod)和多马(Domar)等开始强调物质资本在经济增长中的作用,认为在没有考虑技术进步对经济增长影响的假定下,物质资本的规模和增长速度是促进和限制经济增长的关键因素。Romer 和 Lucas 提出以"内生技术变化"为核心的新经济增长理论,开始强调经济增长是经济体系内部力量作用的产物,重视对知识外溢、人力资本等新问题的研究,突出了政府在经济增长中的作为。一些学者将国家经济增长理论应用到区域、城市经济增长和竞争力的分析上。[8]

（4）体制优势理论

在资源禀赋意义逐渐减退的情况下，竞争力优势理论的研究转向更深层次的体制性方面，主要以世界经济论坛和瑞士洛桑国际管理开发学院的观点为代表。他们认为，竞争力是指一国的企业或企业家以比国内外的竞争者更具吸引力的价格和质量来进行设计、生产和销售产品与劳务的能力，是指一个国家或公司在世界市场上均衡地生产出比竞争对手更多财富的能力。这些观点主要是从现代市场竞争的基本体制性因素——国际化、政府管理、金融体制、公共设施、企业管理、科学技术、国民素质、服务水平等进行的综合评判。

（5）创新优势理论

以熊彼特理论为基础的技术创新理论，认为竞争力优势主要以技术组织的不断更新为依托。以波特为代表的系统性竞争力优势理论，认为竞争力不仅在于技术创新，更在于国内各方面经济资源和要素分工协作的体系化。以道格拉斯·诺斯为代表的制度创新竞争力优势理论，认为竞争力在于通过制度创新营造促进技术进步和发挥经济潜力的环境，强调竞争力优势是制度安排的产物。

（6）竞争优势理论

波特在"国家竞争优势"理论中揭示竞争优势与比较优势有关键性的区别。比较优势理论是长期以来在国际竞争分析中处于主流和控制地位的一种理论，而他认为竞争优势应该是一国财富的源泉。比较优势理论一般认为，一国的竞争力主要来源于劳动力、自然资源、金融资本等物质禀赋的投入，而波特认为在全球化快速发展的今天其作用日益减少，取而代之的是，国家应该创造一个良好的经营环境和支持性制度，以确保投入要素能够高效地使用和升级。竞争优势来自于持久的活力，而不是短期的成本优势。竞争优势的最高层次是相对较高的生产力。波特指出，在国家层面上，有关竞争力的唯一有意义的概念就是"生产力"。[4]

上述关于竞争力的理论简述，具有明显的经济社会发展演变的印记，从各个方面丰富了竞争力的内涵。

## 2.1.3 地域的竞争力

波特指出，当今世界国际竞争愈演愈烈，国家的作用不减反增。随着竞争的基础转为创造和积累知识，国家的作用变得日益重要，创造与保持竞争优势也变成本土化的过程。国家在价值、文化、经济结构、制度和历史等方面的差异，都与竞争发生关联,并认为国家的竞争力在于其差异创新与升级能力。企业要能与世界最强的竞争者展开竞争,并获得竞争优势,关键在于国内的压力和挑战,它可以锤炼出企业过人的筋骨。[1]为此,波特发展了国家竞争优势理论,并且认为,一个地方的竞争优势(竞争能力)产生于它利用投入要素生产产品与服务的效率,而不是它拥有多少投入要素。一个地方可能的生产效率以及繁荣程度取决于企业的竞争方式是什么。决策者及执行官通过他们的抉择创造一个影响企业竞争方式以及竞争能力的商业环境。[5]据此,波特提出了影响国家竞争优势的关键要素。

(1)波特国家竞争力模型:钻石体系

迈克尔·波特从产业角度研究竞争,在其1990年出版的《国家竞争优势》一书中,根据对美国、日本、韩国、新加坡等十个国家的研究,认为**一个国家的竞争力集中体现在其产业国际市场中的竞争表现**。而一国的特定产业能否在国际竞争中取胜,取决于四个关键因素,即生产要素,需求条件,相关和支持性产业,企业的战略、结构和竞争对手。这些关键因素组合成国家优势的钻石体系,创造出国家环境,而企业在其中诞生并学习如何竞争。此外,竞争环境会发生变化,产业的发展是否成功,"机会"是重要的角色,是竞争力条件之一。机会是指超出企业控制范围之外的随机事件,如科学技术的重大突破(技术环境)、战争等。还有,政府对产业发展产生多方面的影响,主要体现在有关的制度(制度环境)和政策法规(政策环境)对钻石体系因素产生的影响。各要素互相影响、互相作用,共同构成一个动态激励创新的竞争环境——钻石体系(见图2-1),进而产生一些在国际上具有竞争力的产业。

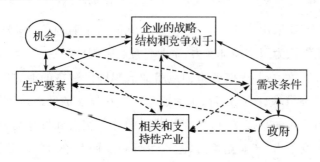

图2-1 波特的钻石模型(根据参考文献[4]绘制)

这一模型较好地诠释了影响产业竞争力的因素。其后,日本、德国、法国等纷纷效仿美国开展了政府层次的产业竞争力研究。

波特的模型立足于经济发展的微观基础,在宏观和微观层面之间架起了一座桥梁,并通过对影响产业竞争力的六个因素进行深入剖析,得出对产业竞争力的整体评价,从而最终完成了国家竞争力的最后判断。

(2) WEF-IMD 国家竞争力模型

同样是为了解释竞争力的机制,20 世纪 80 年代以来世界经济论坛(World Economic Forum,WEF)和瑞士国际管理与发展研究所(International Institute for Management Development,IMD)在国际竞争力评价研究过程中,形成的国家国际竞争力的评价原则、方法和指标体系等已逐渐得到认可,其公布的《世界竞争力报告》在国际社会产生了很大影响。它所建立的模型如图 2-2 所示。该模型认为**国家竞争力的核心是企业竞争力**,选择了企业管理、经济实力、科学技术、国民素质、政府作用、国际化度、基础设施、金融环境八个方面的构成要素予以评价,而这八个方面又取决于四大环境要素,即本地化与全球化、吸引力与扩张力、资产与过程、冒险与和谐四组因素的相对组合关系。

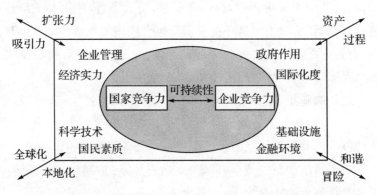

图 2-2　WEF-IMD 国家竞争力模型(根据参考文献[11]绘制)

WEF 和 IMD 采用 244 项计量指标来衡量国家竞争力,其分析模型如图 2-3所示。他们认为国家经济实力、企业管理、科学技术三大要素构成了一国国际竞争的核心竞争力,其中前者指创造增加值和国民财富的能力以及支持它的投资、储蓄、最终需求、产业运营、生活成本和潜在发展的经济运行能力,后两者是对经济实力要素的直接支持,体现了深层的竞争实力和发展动力。这三大要素又包含企业竞争力、产业竞争力、基本运行和发展竞争力。基础设施、国民素质两大要素是持续发展和成长的竞争力的基础。国际化、政府管理、金融体系反映了市场、体制、法制及政策的作用条件,是国家竞争力发展的重要环境和激励因素,对核心竞争力的实现和国际竞争力基础的发育,都具有直接的重要作用。[12]

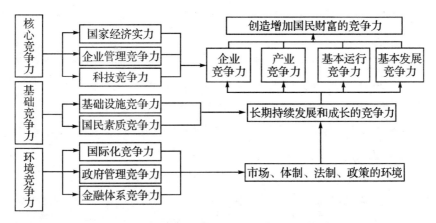

图 2-3　WEF-IMD 国际竞争力分析模型(根据参考文献[12]绘制)

## 2.2　城市竞争力理论

### 2.2.1　城市竞争力的含义

城市竞争力是一个含义明确直观却又不易精确把握的概念。竞争力的内涵日益丰富,具有多角度、多层次的含义。尽管国内外的学术界已经作过许多有益的探索,但目前还远未形成一个一致性的框架来定义、理论化和经验分析城市竞争力。

竞争力的概念最早来源于企业管理研究,世界经济论坛(WEF)在《关于竞争能力的报告》中指出:"企业竞争力是指企业目前和未来在各自的环境中,以比它们国内和国外的竞争者更具吸引力的价格和质量来进行设计、生产并销售货物及提供服务的能力和机会。"国外城市竞争力研究兴盛于 20 世纪 80 到 90 年代。美国哈佛大学商学院的迈克尔·波特教授提出了国家竞争优势理论,并指出其理论适用于次级的经济体,即城市或区域,从而开启了城市竞争力研究的理论之窗。

迄今,国际上许多相关领域的学者加入了城市竞争力研究的行列,研究工作颇具争议的是关于城市竞争力含义的界定。比较倾向性的认识是着重突出城市创造财富和价值的能力。如波特指出:"竞争力在国家水平上仅仅有意义的概念是国家的生产力。"[1]而推及城市,一个城市竞争力乃是指城市的生产力。他认为城市竞争力是指城市创造财富、提高收入的能力。Paul Cheshire 等将城市竞争力定义为一个城市在其边界内能够比其他城市创造更多的收入和就业的能力。[13]

在"2000 年城市竞争力全球会议"（The World Competitive Cities Congress,2000）上，哈佛大学的 Kantor 和 Poner 指出，城市竞争力的内涵在于三个方面：第一，城市领导者的素质是城市竞争力的重要指标之一，尤其是城市政府领导城市参与世界贸易的能力；第二，信息技术和知识产业对城市经济增长有决定性作用；第三，由于市场经济条件下政府的投资相对减少，民营投资（包括外资和国内民营企业投资）成了城市经济增长的发动机。[14]

Ivan Turok 总结城市竞争力的定义："城市竞争力就是城市生产产品和提供服务，能够满足区域、国家和国际市场，同时能够提高居民实际收入，以及改善居民生活水平和促进可持续发展的能力"。[15]

国内学者在城市竞争力的内涵定义上也作了不少尝试。连玉明等认为，城市竞争力是指一个城市在经济全球化和区域经济一体化背景下，与其他城市比较，在资源流动过程中，所具有的抗衡甚至超越现实和潜在的竞争对手，以获取持久的竞争优势，最终实现城市价值的系统合力。[10]于涛方提出，城市竞争力是一个城市为满足区域、国家或者国际市场的需要，生产商品、创造财富和提供服务的能力，以及提高纯收入、改善生活质量、促进社会可持续发展的能力。它综合反映了城市的生产能力、生活质量、社会全面进步及其对外影响。[16]

宁越敏、唐理智注重城市在要素聚集、资源配置方面的能力。将城市竞争力定义为在社会、经济结构、价值观、文化、制度政策等多个因素综合作用下创造和维持的，一个城市为其自身发展在其从属的大区域中进行资源优化配置的能力，目的是获得自身经济的持续高速增长，推动地区、国家或世界创造更多的社会财富，表现为与区域内其他城市相比能吸引更多的人流、物流，辐射更大的市场空间。[17]徐康宁依据城市作为竞争主体的特征，把城市竞争力定义为："城市通过提供自然的、经济的、文化的和制度的环境，聚集、吸收和利用各种促进经济和社会发展的文明要素的能力，并最终表现为比其他城市具有更强、更为持续的发展能力和发展趋势。"[10]

目前比较认同的是，城市竞争力是反映一个城市综合能力的概念。其中倪鹏飞对城市竞争力含义的阐述较为完整，即认为**城市竞争力主要是指一个城市在竞争和发展过程中与其他城市相比较所具有的吸引、竞争、拥有、控制、转化资源和竞争、占领和控制市场，以创造价值，为其居民提供福利的能力，其中为居民提供福利是城市竞争力的最终目标**。[8]

基于上述有关定义论说的现况,理论界对国内外关于城市竞争力含义界定的总体看法是,概念含义尚未形成统一认识,各家之言零散分化。城市竞争力应是城市综合竞争力的反映,这一点在直观含义上很明显,但在实际应用中,由于相关概念难以精确界定,往往会以偏概全。例如容易将城市竞争力等同于企业竞争力或城市经济实力。这也是导致城市竞争力作为一个研究热点同时又很难形成独立系统的理论和实践框架的主要原因。[10]

## 2.2.2　城市竞争力研究的变化

有学者关注到国际城市竞争力研究的发展变化,它将影响着城市竞争力研究的思路和主题。[16]

首先是分析切入点的变化。早期的城市竞争力分析以城市综合实力排序为主。国外一些机构关于城市综合实力排序的研究会定期公布、出版(如 WEF),这主要是对城市发展现状的梳理,是对过去城市竞争的结果进行状态的比较。城市竞争力研究则不同,城市竞争优势所决定的城市竞争力很重要的一点是对未来发展潜力的表述,它对一个城市的发展至关重要,是城市参与全球竞争的全部资本。

其次是竞争主体的变化。从产业竞争力、企业竞争力、国家竞争力研究到城市竞争力研究,说明竞争主体在发生变化。伴随着竞争全球化的新时代,竞争不仅仅意味着竞争范围的国际化、竞争领域的全面化、竞争程度的激烈化,还意味着竞争主体的多元化,竞争方式的复杂化。对国际竞争主体的关注从产业竞争力、企业竞争力、国家竞争力到城市竞争力的转变,主要是因为城市本身重要性的凸显。如 Florida 所说,创新城市证明真正的竞争是在城市之间,而不是国家之间。

第三是理论依据的变化。从"比较优势"理论下的城市竞争力研究到"竞争优势"理论下的城市竞争力研究。"比较优势"下的城市竞争力的相关研究认为,城市的竞争力主要来源于城市利用本土生产要素,发展具有比较优势的产业所获取的比较利益。波特突破原来的比较优势理论的束缚,提出了价值链分析范式,创立了竞争优势理论,为城市和区域竞争力的研究提供了新的思考出发点。

价值链理论是哈佛大学商学院教授迈克尔·波特 1985 年提出的。波特认为,每一个企业都是在设计、生产、销售、发送和辅助其产品的过程中进行种种活动的集合体,所有这些活动可以用一个价值链来表明。企业的价值创造是通过一系列活动构成的,这些活动可分为基本活动和辅助活动两类,基本活动包括内部后勤、生产作业、外部后勤、市场和销售、服务等,而辅助活动则包括采购、技术开发、人力资源管理和企业基础设施等。这些互不相同但又相互关联的生产经营活动,构成了一个创造价值的动态过程,即价值链(见图2-4)。[1]

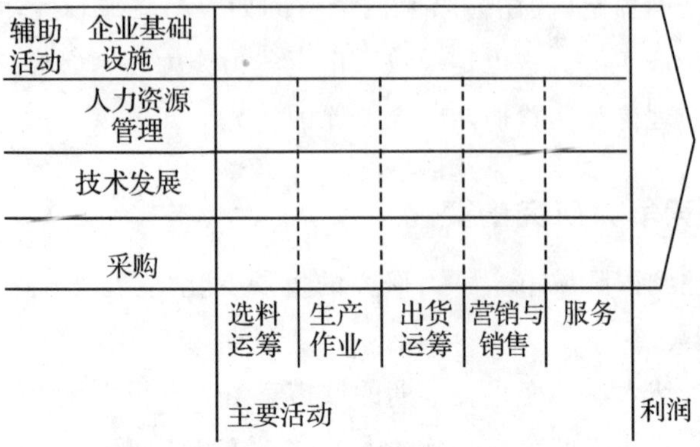

图2-4 一般价值链结构(根据参考文献[1]绘制)

价值链在经济活动中是无处不在的,上下游关联的企业与企业之间存在行业价值链,企业内部各业务单元的联系构成了企业的价值链,企业内部各业务单元之间也存在着价值链联结。价值链上的每一项价值活动都会对企业最终能够实现多大的价值造成影响。

波特的"价值链"理论揭示,企业与企业的竞争,不只是某个环节的竞争,而是整个价值链的竞争,因此整个价值链的综合竞争力决定企业的竞争力。用波特的话来说:"消费者心目中的价值由一连串企业内部物质与技术上的具体活动与利润所构成,当你和其他企业竞争时,其实是内部多项活动在进行竞争,而不是某一项活动的竞争。"价值链模式为企业分析竞争优势和定位竞争核心领域提供了范式,因为企业可以对价值中的经济活动进行细分来判断优势所在和未来竞争的范围。

最后是竞争力衡量标准的变化。明显地,在竞争力研究从企业竞争力转向城市竞争力的过程中,关于竞争战略目标衡量的标准在发生变化,突出表现为城市竞争力的目标被逐渐集中至生活质量的标准之上。如Malecki(2002)认为,地方(地方、区域和国家)的竞争力是指,地方的经济和社会为它的居民提供不断改善的生活标准的能力[18]。相应地,当前由于能源瓶颈以及生态污染的凸显,城市竞争力的概念与测度已经**从传统的效率优先转向环境优先**。在未来,"健康城市"所倡导的各项指标将成为衡量城市竞争力的重要度量。

### 2.2.3 城市竞争力模型

正如波特所述,他的国家竞争优势分析框架完全适用于对地区、州和城市等级别的分析。具体到区域或城市范围,由于经济是由各个具体产业构成的,产业结构的合理程度、效率的优劣、技术水平的高低等直接关系到区域或城市的整体发展,因此,产业竞争力也必然是区域或城市竞争力的核心。

当然,城市竞争力与国家竞争力还是有所不同的,例如在国家和城市的制度设计层面上体现出明显的差别。所以,简单地把国家竞争力模型移植到城市竞争力模型之中是会产生一定误差的。但是国家竞争力模型所主张的国家竞争力与产业竞争力或企业竞争力之间以持续发展为取向的关系,却为城市竞争力模型的塑造提供了有益的参考。企业是市场经济的主体,是产业活动的载体和基石。因此,上述国家竞争力的钻石模型和 WEF-IMD 模型也可以作为城市竞争力的分析框架。研究学者还从多方面对城市竞争力分析模型作了探索。

(1)钻石模型的补充

波特的钻石模型提出后也受到了许多质疑,包括模型中因果关系过于模糊、四个要素的内涵有部分重叠、政府角色内涵不清、对于部分国家(特别是发展中国家)的解释能力不足、未能考虑全球化趋势与跨国公司发展的影响、未考虑产业文化的因素等。[12]

邓宁认为需要将"跨国商务活动"作为与机遇和政府并列的第三个外生变量,提出超钻石模型,用国际交易占国内交易的比重、贸易结构中商品与资产的种类、经济体间互动的形式等,来解释全球化的可能影响。卡特赖特提出多因素模型,在钻石模型的基础上补充了五个海外变量:国外要素条件的可取得性、与国外环境中相关与支持性产业的联结性、海外市场的消费者特性、海外竞争强度、产业国际化目标与其结构的优势程度。[12]

加拿大学者蒂姆帕德莫尔和赫维吉布森对钻石模型进行了改进,提出"基础—企业—市场"模型,认为有三对因素影响产业竞争力,分别为资源和设施,供应商、相关辅助行业和企业结构、战略和竞争,本地市场和外部市场,并用一个蛛网表示。芮明杰教授认为所谓的相关与支持产业,应包括一般基础产业,如建筑、金融及交通等产业。他还认为,知识吸收与创新能力是产业竞争力的核心。还有学者提出了一些其他观点,金碚认为,影响产业竞争力的因素包括价格因素和非价格因素。前者包括价格、成本、质量、品牌、产品结构、服务和差异化,后者包括生产要素、需求因素、相关与支持产业、企业战略、组织与竞争状态、制度体系、企业文化、政府行为和机遇。厉无畏认为,影响因素包括产业组织效率、投入要素的数量和质量、学习和创新能力、合作的效率、文化力量及产业政策的作用等。[12]

(2)彼得·卡尔·科拉索的"显示-解释"框架

美国巴克内大学的彼得·卡尔·科拉索(Peter Karl Kresl)教授早在 20 世纪 80 年代就开始致力于城市竞争力的研究。彼得认为城市竞争力是指城市创造财富、提高收入的能力。他认为,由于城市竞争力没有直接被测量分析的性质,人们只能通过它投下的影子来估计它的质和量。因此,他提出**显示性和解释性相结合的分析框架**,认为城市竞争力由制造业增加值、商业零售额、商业服务收入体现出来,从而得出城市竞争力的显示性框架:

即:城市竞争力=$f$(制造业增加值,商业零售额,商业服务收入)。

在假设城市发展和城市竞争力高度相关的前提下,参考现代增长理论,选择一套解释城市发展的变量,得到城市竞争力的解析框架:

即:城市竞争力=$f$(经济因素,战略因素)。

其中经济因素包括生产要素、基础设施、区位、经济结构和城市环境;战略因素包括政府效率、城市战略、公私部门合作和制度灵活性。彼得采用判别分析方法,对显示性框架进行分析,得出城市竞争力的得分和排名,再运用回归分析法得到解释性框架的具体模型。[19]

(3)伊恩·勃格的"迷宫"模型

英国的伊恩·勃格(Iain Begg)认为城市竞争力是在自由和公平的市场环境下,城市生产好的产品和服务,满足国际市场,同时长期提升居民收入的能力。他认为,竞争力在一定程度上等同于经济表现。他综合了有关城市竞争力的概念和评价方式,将**城市竞争资本和潜在竞争结果**两者结合起来分析城市竞争力。1999 年,他通过提出一个复杂的"迷宫"(见图 2-5)来说明城市绩效的"投入"和"产出"的关系,从而将城市竞争力的**显性要素和决定要素**的分析结合了起来。其中,"投入"中的自上而下的结构趋势是指城市在发展中逐步形成的,它受国家宏观政策的影响;公司特质指城市内公司属性的综合,也就是说,如果拥有的企业具有竞争力,那么这个城市的竞争力就强;贸易环境是指对城市贸易活动具有重大影响的因素;创新和学习能力是激励公司开发新产品的能力。[19]"产出"用就业率和生产所决定的具体生活水平来表示。

总体上说,伊恩·勃格的城市竞争力模型是以城市经济运行为基础,以城市生产能力为外在表现,以生活质量为目标,并加入四个要素而形成的。模型分析了城市经济行为与企业、公司运作的密切关系,并将关系居民福利的生活质量作为城市竞争力的终极目标。但是,一个城市不仅仅应该在城市经济运行中体现出竞争优势,还应在社会以及环境等方面体现出优势,而且城市不是一个封闭的系统,还必须考虑影响城市系统的要素以及城市系统对外影响的要素。还须指出,伊恩·勃格既没有建立完整的城市竞争力指标体系,也没有从实证的角度对城市竞争力进行测算。

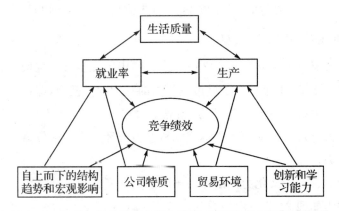

图 2-5  伊恩·勃格城市竞争力模型(根据参考文献[20]绘制)

(4)道格拉斯·韦伯斯特的城市竞争力模型

美国斯坦福大学道格拉斯·韦伯斯特认为,城市竞争力是指一个城市能够生产和销售比其他城市更好的产品的能力,提高城市竞争力的主要目的是提高城市居民的生活水平。他将决定城市竞争力的要素划分为四个方面,包括经济结构、区域性禀赋、人力资源和制度环境(见图 2-6)。其中,经济结构是竞争力的焦点,属于这方面的关键性要素有经济成分、生产率、产出和附加值以及国内和国外的投资。区域性禀赋是专属一个特定区域、基本上不可转移的地区性特征,包括地理位置、基础设施、自然资源、城市印象等。人力资源是指技能水平、适用性和劳动力成本。制度环境是指企业文化、管理框架、政策导向和网络行为倾向。[19]

该理论对城市竞争力研究的一大贡献是将制度环境和人力资源纳入城市竞争力的影响因素,但目前要量化这些因素十分困难,尤其对发展中国家的城市,许多指标都是空白,难以应用。

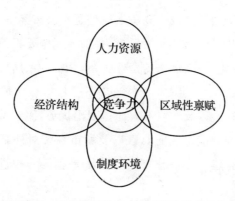

图 2-6　道格拉斯·韦伯斯特竞争力模型(根据参考文献[19]绘制)

(5)倪鹏飞的"弓弦箭"模型

国内城市竞争力的研究始于 20 世纪末期,中国社会科学院城市和竞争力研究中心倪鹏飞于 2001 年提出了城市竞争力的"弓弦箭"模型,即:

城市竞争力(箭)=F(硬竞争力,软竞争力)。

硬竞争力(弓)=劳动力+资本力+科技力+环境力+区位力+设施力+结构力+聚集力;

软竞争力(弦)=文化力+制度力+管理力+开放力+秩序力。

可表述为如图 2-7 所示的图示。

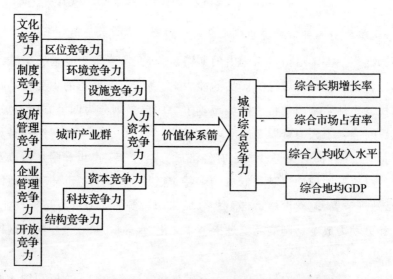

图 2-7　倪鹏飞城市竞争力模型(根据参考文献[19]绘制)

(6)城市价值链模型

北京国际城市发展研究院在研究城市竞争力时建立了城市价值链模型。城市价值链理论认为,一个城市的价值取向主要取决于它的价值流。城市竞争力系统必须"以市场为中心、以战略为核心、以整合为导向",其本质是建立高度区域一体化的全球资源配置机制和城市形态演化模式。城市价值链包括价值活动和价值流,其中价值活动是城市价值创造过程中实现其价值增值的每一个环节,包括城市实力系统、城市能力系统、城市活力系统、城市潜力系统和城市魅力系统;价值流指一个城市以相应的平台(基础平台、操作平台、服务平台)和条件(政策体制、政府管理、市场秩序、社会文化),吸引区外物资、资本、技术、人力、信息及服务等资源要素向区内集聚,通过各资源要素的重组、整合来促进和带动相关产业升级和扩充,并形成和扩大竞争优势向周边和外界扩张及辐射,在资源要素高效、规范、快速、有序的流动中实现价值,再在循环往复中不断扩大规模和持续增长,从而提升城市竞争力,如图 2-8 所示。该模型系统地分析了城市竞争力的价值形成过程,但对组成城市竞争力系统的各子系统,如产业、企业及环境竞争力等未进行分类考虑。

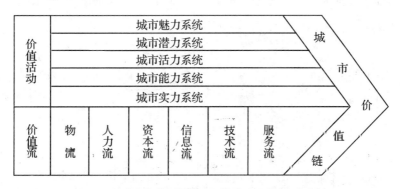

图 2-8　城市价值链模型(根据参考文献[12]绘制)

(7)竞争资本、竞争过程与竞争环境理论

WEF 和 IMD 用竞争力方程来解释竞争力的形成,即:**竞争力＝竞争力资产×竞争力过程**,资产包括国有资产或创造资产,过程指资产转化为经济结果,通过国际化所产生的竞争力。

于涛方等认为城市竞争力是一个复杂的系统,它的某些内涵与国家竞争力与企业竞争力是相通的,它是多个因素综合作用的结果。由国家和企业的竞争力延伸而来,城市竞争力基于市场竞争和市场行为,可表述为"竞争资产"和"竞争过程"的统一。并认为城市竞争的外部环境比竞争资本更为重要。[16]竞争资本是指城市的经济资本、社会资本、环境资本等继承的"遗产"。城市竞争资本积累到一定的程度后具有自组织的能力,但是自组织如何则与竞争过程密切相关。竞争过程是指一个城市的城市资本创造增加值的过程。把资本转化为增加值的能力,与竞争的外部环境息息相关。竞争资本较弱的城市必须依靠未来的竞争过程来实现竞争资本的积累,而竞争资本相对丰富的城市若不再重视竞争过程,也不可能长久地保持其领先的地位。这就意味着城市竞争资本和竞争外部环境的协调,在很大程度上,优化竞争环境比增加暂时的竞争资本(如培植企业)更加重要。一个投资环境优良的城市,没有大企业但可以引来大企业或外部资金,而且这种积聚比本地企业的积聚更快,使区域经济实现跳跃式增长;而一个不注意改善环境的城市,即使有很多规模大、效益好的企业,这种现象也不可能长久维持。

根据以上分析以及作为介于企业与国家之间属于中观层次的城市自身的特点,城市的经济综合实力、产业竞争力、企业竞争力、科技竞争力构成了城市竞争力模型的核心因素,并且受金融环境、政府作用、基础设施、国民素质、对外开放程度、城市环境质量等基础和环境因素的支撑,其模型如图 2-9 所示。

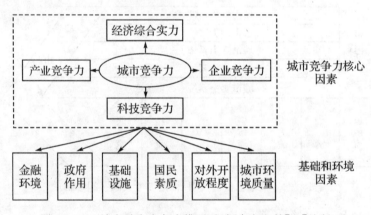

图 2-9  于涛方城市竞争力模型(根据参考文献[21]绘制)

## 2.3  城市竞争力分析框架再构

综观以上关于城市竞争力的理论,可以说是线索纷呈、模型林立,足以说明城市竞争力内涵的模糊性、相关因素的广泛性和形成机制的复杂性。因此,构建一个适宜的城市竞争力的分析框架,始终是研究具体的城市竞争战略的基础。

本研究同样需要建立适用于构建城市规划与城市竞争力关系机制的分析框架。基于前文对有关理论和模型的解读及受众多理论研究的启迪,笔者认为关于城市竞争力的分析框架的建立应该有以下几方面的基本认识。

### 2.3.1 城市竞争力的核心

根据竞争力理论的一个基础性观点,地域竞争力的核心是其产业竞争力,因此城市经济活动的主体应该是城市竞争力的主体。同时,城市是产业的集合体,因而城市竞争力表现为产业集群的竞争力。迈克尔·波特在关于国家、地方、地区竞争力理论的阐述中,强调了产业集群(簇群)扮演的主要角色。[1]这又说明了企业外部甚至产业外部条件的重要性,从而反映出企业之外的政府、其他组织在城市竞争力中的角色作用。

### 2.3.2 解构城市竞争力机制的一个有效视角

解构城市竞争力机制的一个有效视角是把其分解为"竞争力资产＋竞争力过程"的分析框架。其中竞争力资产是已有的竞争力要素,代表的是现有的竞争力;而维持未来持续竞争优势的竞争过程更是竞争力的关键,孕育持续竞争优势的竞争要素环境比竞争力资产更为重要。相应的分析框架还有关于"显示性因素和解释性因素"的分析理论。

### 2.3.3 基于微观因素的城市竞争力体系

城市竞争力是综合竞争力,为了满足以城市竞争力为目标的城市规划行动举措的分析要求,在城市竞争力和城市规划之间建立起联系的接口,需要将城市综合竞争力分解为较为微观的因素体系。借鉴波特等关于国家、地区竞争力模型分析中宏观与微观相结合的方法,可以将城市竞争体系分为竞争主体和竞争客体、竞争环境三个方面,并对它们进行作用机制的剖析。

根据经济学有关城市经济活动微观主体的构成框架,企业、家庭、公共部门是城市经济活动的微观组成主体。它们在城市中的角色关系是企业创造并提供私人产品和服务,是城市竞争力的主体,家庭(人)为企业提供生产要素并需求产品(需求市场),公共部门为企业运行提供公共产品和服务的保障。当然,公共部门本身也有提高服务效率的问题,它也是组成城市竞争力的部分内容。城市的竞争就是城市之间企业、家庭和政府的竞争。城市竞争的客体是指竞争主体为了竞争成功需要获取的生产要素,如资源、技术、市场等。构成竞争力体系的第三部分是城市的各项环境要素,如基础设施、政府服务、制度因素等。

城市竞争就是城市通过企业、家庭和公共部门的竞争与合作,以及与城市外的经济主体的竞争与合作,利用城市内外要素环境,发挥专业化、集聚等外部经济效应,追求竞争优势,创造具有竞争力的产品和服务(降低成本和提高价格),以获取利润。

基于这样的思路,可以把城市竞争要素分为五大部分组成竞争力体系,即:主体素质、生产要素、需求条件、集聚要素和公共制度。本研究在此基础上构筑了城市竞争力体系(见图 2-10),这些因素相互影响和牵制,形成整体的竞争力体系。

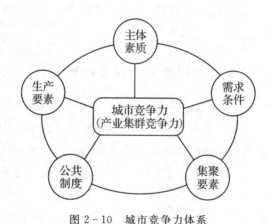

图 2-10　城市竞争力体系

(1) 主体素质

主体素质的差异形成了城市竞争力的基本态势和现实背景。城市竞争力中的主体是城市的微观组成部分(企业、家庭、公共部门),是城市竞争力的实施者。与其对应的竞争力客体则是资源、制度等各种要素。主体的素质状况直接影响要素环境的利用效率和作用发挥程度。

企业内在素质包括发展战略、治理结构、运行机制和企业文化等,决定或影响企业的内部控制、战略规划及市场定位,进而影响企业资源获取、资源整合、产品和服务的创造,以及市场的获取。公共部门是确保社会正常运行而处理公共事务的组织。公共部门的内在素质包括内部的组织、机制和文化,决定公共部门的决策水平、执行能力与工作效率。家庭成员的组织关系、文化观念、道德伦理,决定家庭利益资源的效率。家庭还是经济决策的基本单元,影响着需求、供给及其相互关系。

（2）生产要素

要素禀赋是指城市拥有及便利利用的直接生产要素和间接环境要素的总和。要素禀赋的相对规模和范围影响城市水平上的竞争优势和比较优势。生产要素包括直接生产要素和间接生产要素。直接生产要素指直接的生产资料，包括自然资源、劳动力、资金、知识技术等，其质量、密集度和结构决定城市产品尤其是出口产品的层次和比较优势。间接生产要素（环境要素）主要指城市的基础设施、商务环境与生活环境等间接影响生产和服务的因素。

波特认为一个地区的大多数生产要素，如熟练劳动力或科技基础等，并非天生，而是被创造出来的；特定时期内地区生产要素的多寡，还不及在特定产业内创造、提升与使用这些要素的效率来得重要。最重要的生产要素是那些涉及持续与大量投资，以及专业化的部分，而不是一般性要素。同时，高级要素环境资产不仅使要素报酬递增，而且具有外部性，这些资产将使区域企业比其他地区企业具有更高的生产率。

便捷的区位、高质量的基础设施给对外联系创造了有利条件。如果一个城市拥有与其他城市相比更具优势、更便利和更通达的区位和基础设施，那么这个城市的企业可以降低交易、生产要素运输、信息的获得等费用。

（3）需求条件

钻石体系强调国内需求是产业冲刺的动力。引申到城市竞争力，城市当地需求对城市产业增长具有关键的意义。当地需求的规模形成城市竞争力的产业基础，当地客户的特质和对产品的挑剔刺激企业创新，使企业获得比较优势。需求层次影响产业附加值高低。需求增长潜力也是当地产业比较优势的主要因素。

（4）集聚要素

支撑产业和相关产业会因产业链关系产生互动效应，它们的竞争力会相互促进。相关产业间的当地竞争也会促进信息流通和技术交流，加速创新与发展。相关产业的作用表现为企业空间距离上的接近性和专业化分工，产生集聚效应，获得外部经济，这是竞争力的重要来源。

（5）公共制度

公共制度是政府制订的约束经济主体交往、维护社会发展的行为规则。良好的制度可以有效降低交易成本，提高交易效率，可以对经济主体产生有效的激励和约束,可以保证公民获得应有的福祉,减少不平等和歧视。公共制度包括正式制度,如产权保护、市场监管、社会管理、公共服务等,也包括非正式制度即文化观念等。其中公共服务制度规定公共部门与私人部门的关系,良好的公共制度可确保适宜的公共服务和政府干预,既可以弥补市场失灵,又可以发挥市场的积极作用。社会管理制度规定私人部门的社会交往规则,决定着社会的和谐稳定程度,进而影响经济主体的创新、创业作用的发挥,以及创业成本的高低。

### 2.3.4　城市竞争力的宏观决定机制

在城市相互之间的竞争与合作中,城市要素环境体系(运营因素系统)通过吸引外来资本(因素),维持本地资本(因素),培育城市产业结构体系。因此,要素环境体系处于最为基础的地位,它决定着城市的产业体系。产业体系是城市竞争力的主体。城市产业体系衍生出城市功能体系,城市功能体系又建立在城市产业结构集聚与优化的基础之上,产业体系和功能体系共同决定城市价值链体系(在全球价值链体系中的定位),成为城市竞争力的表现,这就是**城市竞争力的决定机制**(见图2-11)。[8,21]

由此可见,城市要素环境体系在城市竞争力形成过程中具有非常重要的作用,特别是其中的某些关键要素(或关键环节),如企业本体方面的企业管理、人力资源方面的教

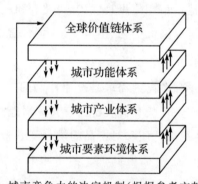

图2-11　城市竞争力的决定机制(根据参考文献[8]绘制)

育水平、创新环境方面的科技创新能力、软件环境方面的战略导向、生活环境方面的环境质量、全球联系方面的企业联系等,对城市竞争力更是具有非常重要的影响。

## 2.4　城市竞争力的评价

城市竞争力是一个比较概念,分析城市竞争力必然需要对城市竞争力进行测量,从而需要相应的测量指标。但是,什么样的城市才具有竞争力,至今尚无确切而统一的标准。世界经济论坛(WEF)在《全球竞争力报告,2009》中用12项

核心指标评价国家竞争力,这些指标是:①制度因素;②基础设施;③宏观经济稳定性;④健康和初级教育;⑤高等教育和培训;⑥商品市场效率;⑦劳动力市场效率;⑧金融市场成熟度;⑨技术准备;⑩市场规模;⑪商务;⑫革新;等等。总的来讲,在全球化、信息技术的背景下,人才、知识、技术、信息、投资等生产要素成为城市竞争的主要对象。有学者把这些要素简化为两个方面的内容:"经济决定因素"(区位优势、基础设施等)和"战略决定因素"(政策影响、制度协作的有效性、私有部门的参与度等)。[2]

虽然对于城市竞争力没有统一标准,但对于缺乏竞争力的城市,世界银行城市发展部主任 Pellegrin 认为它们一般会存在如下共同问题:①城市缺乏法规,或现有法规的质量低下,无法保证投资者的信心或说服投资者继续经营;②与全球或地区性的资本市场关系疏远,无法从这些市场筹措城市建设的资金;③政府没有足够的能力提供有水准的公共服务,又未能获得民营企业的协助,致使城市的吸引力下降。

关于城市竞争力评价指标体系的研究内容很多,但总体而言,目前尚无一种统一的城市竞争力评价模型和测度指标体系。无论是借助波特的国家竞争理论和竞争模型,还是 IMD 国家竞争模型和测度指标体系,或自创体系研究城市竞争力问题,很难说已有成熟的理论和研究方法。没有一致性的理论框架就难以对政策制定提供明确的方向和正确的指针。因此,学者们仍致力于探索城市竞争力一致性分析框架。

例如,《全球城市竞争力报告,2009—2010》就通过构建一整套可全面衡量全球城市竞争力的指标体系,以及对全球城市数据进行科学、合理的搜集、处理活动,对全球 500 个城市进行综合比较,分析了当前世界范围内城市发展的动力和趋势,并且在此基础上对全球 24 个最具竞争力的城市进行了案例分析。[8]

报告在构建指标体系之前,首先结合企业和国家竞争力表现的测量,从显示性指标和解释性指标两方面,回顾性地评论了城市竞争力的测量指标。经分析认为应该避免单项指标的不足,采用综合性指标,并提出:城市综合竞争力＝F(增长,规模,效率,效益,结构,质量),通过使用非线性加权的方法,运用客观数据对中国 200 多个城市的竞争绩效进行计量。

综合指标测量城市竞争绩效,克服了单一指标的片面性,但报告也指出了其存在的一些明显的局限性:第一,综合绩效具体应该有哪些指标显示;第二,更重要的是这些指标值合成一个综合值,在数学上还是一个至今没有解决的难题。为此,报告用以下二项指数综合表征。

一是从价值体系角度定义了**城市竞争力的产出**(UC1)＝F(经济规模,经济密度,经济效率,技术创新,经济增长,经济决策),并总结出产出指标体系由绿色GDP、人均GDP、地均GDP、GDP增长率、专利申请数、跨国公司指数等6个指标构成(见图2-12),以此定义**综合竞争力指数**(GUCI)。

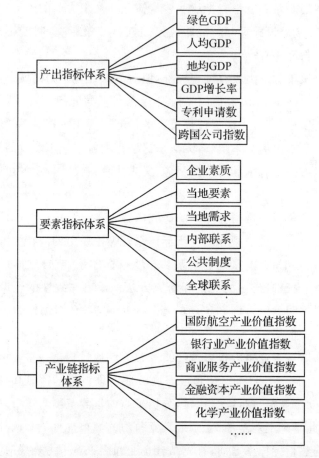

图 2-12 《全球城市竞争力报告》的城市竞争力指标体系(根据参考文献[8]绘制)

二是从要素环境角度定义了**城市竞争力的投入**(UC2)＝F(企业素质,当地要素,当地需求,当地联系,全球联系,公共制度)。要素指标体系由企业素质、当地要素、当地需求、内部联系、公共制度、全球联系等6个一级指标(包括50个二级指标)构成。

三是从竞争过程(产业体系)的角度定义了**城市产业综合竞争力**(UC3)＝$F(IC_1, IC_2, IC_3, \cdots, IC_n)$,$IC_1, IC_2, IC_3, \cdots, IC_n$分别表示不同产业的竞争力。该指标体系选取世界上19个产业作为一个整体的指标体系,以各城市在各个产业中的分布来表征该城市在全球范围内产业层次的高低以及在全球产业分工中的地位。

该报告认为,在全球化背景下,每一个城市都是在与全球其他城市进行要素环境和产业的竞争和合作中,要素环境系统、产业体系、价值体系三者相互作用,从而形成竞争力。理论上,UC1 = UC2 = UC3,UC1 **主要反映当前短期的竞争力,UC2 反映未来长期的竞争力,UC3 反映未来中期的竞争力。**

《中国城市竞争力报告》是另外一个研究城市竞争力的研究系列。为了分析中国城市的竞争力,研究中国城市的发展,报告也构建了自身的城市竞争力指标体系,并且每年都对指标体系进行完善。最新一版《2012 年中国城市竞争力报告》认为,"城市综合竞争力是一个综合概念,指的是一个城市多快好省地创造财富的能力。它是一个包含城市综合增长、经济规模、经济效率、发展成本、产业层次、生活质量和幸福等多个维度的综合指数"。[20]

## 2.4.1 显示性指标体系

该报告将产出或显示性指标体系分为经济规模、经济增长、经济效率、发展成本、产业层次、收入水平、居民幸福感和就业水平 8 个一级指标(见表 2-1),从城市竞争力的产出表现上表达城市竞争力,各项指标综合成综合竞争力的方法是非线性加权综合法。

## 2.4.2 解释性指标体系

2011 年中国城市解释性竞争力指标分为人才本体竞争力、企业本体竞争力、产业本体竞争力、公共部门竞争力、生活环境竞争力、商务环境竞争力、创新环境竞争力和社会环境竞争力 8 个一级指标,从城市竞争力的投入构成上表达城市竞争力,各项指标在最后合成城市综合竞争力主要采用了方差加权法。从开始研究中国城市竞争力报告十年以来,影响城市竞争力因素发生了重要的变化,因此城市竞争力评价指标体系也产生了相应的变化,在最新的报告中作了修改。

表 2-1 城市竞争力显示性指标体系(根据参考文献[20]绘制)

| 一级指标 | 二级指标 | 指标说明 |
| --- | --- | --- |
| 01 经济规模 | GDP 总量 | 作为增加值概念,反映城市货币收益的规模,同时也反映城市产品和服务的市场占有规模 |

**续表**

| 一级指标 | 二级指标 | 指标说明 |
|---|---|---|
| 02 经济增长 | 短期 GDP 增长率<br>中期经济增长率<br>长期经济增长率 | 经济发展的速度是反映竞争力的关键指标,但由于资源环境等约束,并不是速度越快越好 |
| 03 经济效率 | 人均 GDP<br>地均 GDP | 克服劳动生产率指标的不足,从更加综合的角度反映经济发展的效率 |
| 04 发展成本 | 单位 GDP 耗电量<br>单位 GDP 产生的二氧化硫量<br>工业废水排放达标量<br>单位土地上二氧化硫量<br>工业固体废物综合利用率 | 反映城市在创造价值的同时,其资源节约和环境保护状况 |
| 05 产业层次 | 非农产业比例<br>服务业比例<br>高端服务业比例<br>人均服务业增加值<br>人均金融服务业＋人均科学研究、技术服务和地质勘察业增加值＋人均信息传输、计算机服务和软件业增加值 | 从比例和水平两个角度,反映产业层次的高级化水平,克服仅依靠比例指标的对现实状况的扭曲 |
| 06 收入水平 | 人均财政收入<br>人均可支配收入 | 从公共和私人两个角度,反映居民货币化的收益和福利水平 |
| 07 居民幸福感 | 居民总体幸福感 | 从主观感觉角度,反映出居民非货币化的收益和福利水平 |
| 08 就业水平 | 城镇失业率 | 就业是居民获取收益和福利的基本途径,也是居民收益的表现 |

# 3

# 城市规划与城市竞争力研究

世界发展历史的实践性证明,城市规划是引导和控制城市发展和演进的重要力量,城市竞争力的形成和发展必然离不开城市规划的作用。当今,城市规划是政府的一项主要职能,从政府与竞争力的关系中也可以窥见城市规划是城市竞争力的重要因素。但是,在城市经济社会的发展机制之中,城市规划与竞争力有着本质区别。竞争是市场的本质,它根植于市场机制,是"看不见的手"的作用领域。而城市规划是市场力之外的政府管制行为,属于"看得见的手"的范畴。城市规划与城市竞争力并不完全具有天然的一致性,甚至存在相悖的本质和力量。因此,从提高城市竞争力的角度出发,城市规划如何不悖于市场规律是竞争力研究的基本论题。

## 3.1 基于竞争力的城市规划理论基础

### 3.1.1 城市规划与竞争力的关系原理

从城市规划与竞争力的关系来看,城市规划应该被认为是竞争秩序的维护者,并创造竞争要素。古典主义经济学认为自由竞争的市场机制是最有效的机制,它能够充分地利用资源,最优地配置资源,达到最高的经济效率。但是世界经济发展历程中的周期循环和经济危机等事实也表明,市场有失效的方面,失效主要体现在经济发展的外部性上。如市场个体在从事生产和发展的过程中,会影响和损害别的个体的利益,公共性服务设施和基础设施没人自愿投资,投资过热造成生产过剩,产生经济危机等弊病。因此就需要政府进行调节和直接介入基础设施建设。从而,政府成为竞争秩序的维护者和竞争背景的提供者。城市规划是政府干预的一种方式。通过城市规划的作用,政府掌握土地使用的实体安排和土地开发的权利安排手段,对市场经济进行调控,城市规划从而成为政府调控的主要手段,也是竞争条件和秩序的保障者。[22]

城市规划的职能是通过配置城市空间资源,维护城市空间开发利用秩序,达到引导和控制城市各项活动发展的目的。空间资源的基础是土地利用,土地是生产的基本要素。空间资源的另一重要含义是空间的利用效率,这是城市发挥集聚经济效率的基础。因此,城市规划实际上为竞争提供了空间资源要素。城市规划的另一项突出职能是为城市发展提供各项基础设施,而基础设施是竞争的又一项重要资源要素。由此看出,城市规划是竞争力要素的供给者。

在城市竞争力体系中,城市规划有其用武之地。广义的城市规划代表市政府制订出全市经济、社会、物质环境发展的大框架。这个框架为市场力的发展、为不可预见的多种发展可能和多元投资渠道留下充分的余地,并提出几套备用的方案、政策,以应对不同的情况,同时保持政府对总体发展的引导。城市规划通过协调政府和市场在城市建设中的作用,通过政策来吸引民间资金进城市公共服务领域(如公共交通和教育事业),通过城市建设成就来吸引人才,这些都将对城市竞争力的提高起积极的作用。[14]

城市规划不能再局限于一城一市的用地规划或空间布局,而必须面对更为广泛、更为复杂的地域空间、经济布局的问题,这也反映出城市规划对城市竞争力的影响。城市规划还必须走出传统城市建设规划的范畴,加入新的内容,尤其是对经济、社会的分析,由此来推断可能带来的正负面的影响,并制订相应的对策。

## 3.1.2 基于市场竞争的政府(城市)治理理论

政府干预市场会遇到许多问题,且会出现“政府失效”的现象。政府干预不应阻碍市场竞争,因此在政府干预什么、如何干预、干预的程度等具体的做法上,需要采取适当的方式。城市政府和民营企业、民营资本的伙伴关系,以及提高城市公共服务的质量以增加城市吸引力,都是市政府自身可改进的,它们和城市规划有密切关系。同样普遍认为城市规划的本质是维护市场机制的长期运作。城市规划应当补充市场,并且有助于市场运行,而不是用城市规划替代市场的作用。这就是说在城市规划的具体方法和手段上以及具体问题的处理上,必须充分运用市场的手段来进行,并全面考虑市场运作的情况。

既然城市规划是政府治理行为的重要部分,因此,城市规划对城市竞争力能够发挥何种作用,也有赖于政府治理的基本价值取向和行为实践。政府的行为体现在城市治理理念和具体的治理制度上面。国际上,在政府治理理念的发展过程中,出现了一种以强化城市市场机制和提高城市竞争力为目的的治理制度的变化,即 20 世纪 70 年代形成的**"城市企业家化"**思潮和城市治理实践。

(1)城市企业家化(urban entrepreneurialism)

20 世纪 70 年代初由石油危机引发的经济危机使西方国家的城市和政府面临空前的财政危机,迫使政府管理思想和方法的极大改变。哈维(David Harvey)将其总结为由"管理者型"向"企业家型"的转变,即被称为**城市企业家化**。城市企业家化思潮的兴起有其具体的经济社会发展诱因,主要是发达国家城市出现了"去工业化"现象,引起广泛的"结构性失业";不断增长的新保守主义浪潮和强烈要求回归市场理性和私有化的社会诉求;为了吸引投资资金,强调地方行动的运用,使投资越来越采用国际金融资本与地方权力之间进行协调的方式,而地方权力机构则尽力将它们的地方做好以使吸引力最大化,引诱资本主义的发展。

企业家城市(entrepreneurial city)是城市企业家化的集中体现,它以促进地方经济增长为目标。Jessop 和 Sum 总结了企业家城市的三个特征:第一,企业家城市的战略,企业家城市通过实践创新战略来强化它的经济竞争力,从而和其他城市或经济空间竞争;第二,企业家风格,企业家城市的战略是真正可以实施的,城市政府以企业家的风格积极推动战略的实施;第三,企业家旗帜,采用企业化的方式来保证和营销他们的城市。企业家城市的形成涉及城市经济发展、城市政治制度安排和城市文化等多个方面,同时对城市空间的演变与转型有着深远影响。企业家城市理论还围绕与城市形态和功能相关的五个经济领域来研究:其一,城市新空间的产生,即为生产、服务、工作、消费、生活等活动创造新类型的城市空间;其二,空间生产的新方法,包括物质、社会和数字基础设施建设和规模经济的发展等;其三,开发城市新市场,主要是通过建设文娱设施、城市新景观、城市地标工程等,提高居民、通勤者或游客的生活质量;其四,寻找新资源供应以加强竞争优势,其中新资源包括中央政府投资、跨国资本、劳动力培训等;其五,城市再定位,以提升其在城市等级中的相对地位。[23,24]

城市企业家化理论在提高城市竞争力的策略方面还提出了四种策略模式的概括。

1)公私合作的社会和物质基础设施投入

国际劳动分工中的竞争意味着创造物品和服务生产中的特定优势,一些优势来自于资源基础或者区位,但其他的则是通过公私部门在大量社会和物质基础上的投资所创造的,通过这些投资加强了这些大都市地区作为物品和服务的出口者的经济基础。现在大规模的开发一般都以地方政府(或者是构成地方治理的各种力量的团体)提供大量实质性的帮助与资助来作为动机。国际竞争也依赖于地方劳动力供应的数量、质量与成本,适当质量的劳动力尽管相对比较昂贵,但也能成为新的经济发展的重要吸引力。还有,大都市地区所形成的集聚经济优势,也能使其成为国际竞争的优势单元。

2)集中投资于生活质量

20 世纪 50 年代之后兴起的城市化消费主义方式,有力促进了参与广泛的大众消费阶段的来临,投资集中于生活质量成为城市投资建设的流行语境。这一现象启示城市也可以通过争取消费的地域分工地位来改进其竞争状态,这要远远高于通过以旅游或退休的吸引力将资金带入城市地区带来的效应。因此,中产阶级化、文化创新、城市空间在物质方面的提升(包括建筑和城市设计风格向后现代主义的转变)、吸引消费者(通过改善和兴建运动场、常规商业和购物中心、游艇码头、异国情调的餐饮场所等)以及娱乐都成为城市复兴战略的显著内容。

3)重视城市的指挥和控制功能

城市建设中将大量投资用在交通和通信方面,并提供适宜的办公楼空间。这些办公楼空间需要装备必要的内部和外部的联系设施以减少交易的时间和成本,需要集聚起大量而广泛的支持性的服务设施,特别是那些能够快速收集和处理信息或允许有专家进行咨询的服务设施。还需要加强学校、高技术制造部门、媒体机能等相关公共服务设施的投资。为了能够使城市成为未来一个具备纯粹指挥和控制功能的城市,一个信息城市,一个后工业城市,那么服务(金融、信息、知识的生产)的向外输出将是城市生存的经济基础。

4)中央政府的财政再分配方面的竞争优势

中央政府的财政再分配渠道极为重要,以至于在英国和美国,军事和防卫合同提供了对城市繁荣的支持,部分是因为其中涉及数额巨大的资金,同时也因为其就业类型和它们所拥有的附属效应是高技术产业。

企业家型管理的核心内容是"公-私合作"。在 20 世纪 70 年代的城市改造中表现尤为突出。通过场所的投机性建设直接关注于投资与经济发展,而不是以改善特定地域内的条件作为其直接的政治和经济目标。即通过私人和政府的积极合作,创意地开发城市自身和邻近地区的有利因素,通过一些关键项目的建设,达到更高水平的经济发展,从而提高城市竞争力。

1981年,伦敦、曼彻斯特、利物浦等城市的几个最贫穷的内城地区爆发了骚乱。为了应对内城的经济衰退,改变城区的衰败面貌,英国政府采取了与20世纪五六十年代大面积拆旧建新极为不同的做法,即通过政府开支的投入,尽可能地"撬动"私人资金投入需要改造的地区。在1979年英国保守党的第一次预算当中,就引入了**企业区(EZs)的原则**:不受常规规划控制的约束,入驻的企业可免10年期的地方税(不动产税),此外还有其他的财政优惠。1980—1981年间共设立了11个企业区,区位性质不一,有内城地区、城市周边地区、废弃工业区、已规划工业区等,唯一的共性是它们都是被废弃的或无主的衰败地区。英国中央政府还在13片内城地区成立了城市开发公司(UDCs),它是一个公共开发公司,由财政部负担经费,行使土地开发(包括强制购买)的权利,可以整合土地、回收并修整被遗弃的土地,为开发提供用地和必要的基础设施(尤其是道路),并提升地方环境质量。受"美国城市开发行动拨款"的直接影响,1982年伦敦设立了作为杠杆动力的"城市开发拨款"(urban development grant),来促进经济活力的复苏。[25]

在国际城市治理实践中,城市企业家化的城市治理制度迄今形成了两种明显的具体操作模式,即城市经营和城市营销。

(2)城市经营(cities operation)

城市经营也是城市企业家化思潮的一种实践,它起源于卷土重来的西方自由主义思潮,这一理念把城市看做企业,把政府当成经营者,希望通过市场机制优化城市资源,尤其是土地资源,从而达到提高经济效益的目的。[26]城市经营最早于1971年在日本提出,其理念借助于经营企业,其中心是以市场机制合理配置(城市)资源,特别希望通过优化城市的土地资源配置,从中产生经济效益。即以城市土地为杠杆(以土地批租增加城市收入,或降低地价吸引投资)来产生经济效益。

在之后的城市经营实践中有一类以提升城市功能、提高城市竞争力、实现城市可持续发展为目的的城市经营理念。这种理念认为,城市只有充分考虑并尊重市场规律去进行规划与设计,才能盘活城市有形资产,提升城市无形资产,为城市提供不断的发展动力。城市规划应该更加注重空间背后的利益协调,从形体空间专业技术的应用变为更加注重对多学科参与的组织引导与协调,从静态蓝图的制订变为更加注重实现规划目标实施过程中的政策引导和法规规范。[27]

(3)城市营销(cities marketing)

城市营销是城市企业家化的另一种具体做法,其思想核心是为了提升自己在洲内、国内和国际上的竞争力。城市开始通过城市营销手段,将主要的城市开发计划作为招牌广为宣传,积极争取国内和国际投资。世界经济发展强化了地方之间的竞争,因此,管理一个地方要像经营生意一样,能否脱颖而出的关键是通过各种战略性的有效手段推销地方优势。这些手段包括改善基础设施、刺激商业发展、寻找并吸引合适的投资者、营造地方特色、建立良好的服务环境以及努力推广地方优势等。

比较典型的案例是法国蒙比利埃市的国际商务区安提戈涅(Antigone),敦刻尔克-尼普顿 1990 年的码头区再开发,里昂 1992 年的"国际城市"计划,马赛的"欧洲地中海"项目和里尔的混合了 TGV 车站、办公、商贸、居住和文化功能的综合型交通枢纽"欧洲里尔"开发案。这些开发方案不少采取了国际竞赛的方式,组织与资金来源则是法国的"混合经济社会"式的公私合营型。西班牙建筑师里卡多·波菲尔(Ricardo Bofill)在设计安提戈涅商务区时采用了宏伟的新古典主义设计手法。里昂"国际城市"综合开发案占地 2.24 万平方米(22.4 公顷),拥有包括公共服务、办公、购物、文化、居住在内的多重功能,这些区域通过一个中央步行广场相互连接起来。在国际竞赛中获胜的设计师伦佐·皮亚诺在设计中充分考虑建筑与当地自然环境的和谐,将建筑沿罗纳河河岸排列成弧状,建筑顶部还呼应了附近题德多公园中的温室。

城市经营和城市营销也都是效仿企业竞争的方式,将企业竞争方式移植到更为宏观、复杂的城市层面上来。两者的目的都是提升城市的经济实力和竞争力,但是具体的操作方法有所区别:城市经营的重点是在资源配置上,即依靠市场机制配置城市资源,尤其是土地资源;而城市营销则着重于地方发展计划的落实,以政府(公方)为主导,辅以企业式营销手段来推销地方发展计划。城市企业化的重心是在经营方式的公私合营上,既要利用政府之外的市场力量来经营城市,但又不完全依赖市场机制。

需要指出的是,上述三种政府对城市的治理模式源自企业经营模式,其目的与企业追逐利润最大化类似,是通过改善城市内外部环境、吸引投资,最大限度地提高城市经济实力。但是也要清楚,城市经济实力的提升只是城市竞争力的阶段性目标,是城市竞争力的一个过程。加上企业家主义、城市经营也会留下弊端,如过度以经济利益为中心,过度开发购物中心、产业开发区、房地产等,造成土地和资金的浪费。因此需要有高效的管治行为避免这种浪费土地的后果。更深层次来说,最大限度地创造城市财富,最终还是为了城市居民的福利和可持续发展。因此,近年来国际上出现了城市竞争力与城市可持续发展的关系的讨论,以及关于城市经营弊端的争议。

## 3.2  市民社会治理理论

20世纪后叶关于政府治理与市场机制关系的另一大思潮是关于市民社会的理念。市民社会(civil society)的概念与政治国家相对应,是一个国家或政治共同体内某种介于"国家"和"个人"之间的广阔领域。它由相对独立存在的各种组织和团体构成,是国家权力体制外自发形成的一种自治社会,是衡量一个社会组织化、制度化的基本标志,具有独立性、制度性的特点。因而,市民社会、市民治理与政府、政府治理是相对应的。在西方,20世纪六七十年代的"四场危机"(福利国家制度危机、发展危机、环境危机和社会主义危机)和"两次革命性变革"(市民革命和通讯革命),很自然地使人们对单纯依靠国家力量来解决社会经济问题的有效性产生了怀疑,人们重新思考国家在社会经济生活中的定位和怎样促进民众参与政治生活,促进了市民社会的重新崛起;在中国,改革开放以来高度统一的"国家与社会"关系被逐渐打破,为中国市民社会的萌芽提供了契机。伴随着经济市场化、社会多元化、政府权力的下放和职能的转换、私人利益得到承认和鼓励、产权概念的逐渐明晰以及文化世俗化,为市民社会的研究提供了现实的可能性。原有的"国家—单位—个人"的社会结构,逐步演化为"国家—非政府组织、社区(市民社会)—个人"的模式。理论界在建构社会与国家的关系上采用"合作型"或者"政府主导型"自治,而非"对抗型"的理念形成了基本共识。由政府组织和国家机制构成的政府部门,由企业组织和市场机制构成的市场部门以及由非政府组织和社会机制构成的第三部门是现代社会中的三大组成部分。[28]

虽然市民作为一种个体其决策是分散的,但市民的"集体行动"作为一种自律的机制在市民社会中产生并运作,目的是寻求市民"集体"利益最大化。在城市规划中,政府在城市基础设施供应(如道路交通系统、市政公用设施和服务水平)等方面的作为是市民"集体行动"的主要领域。城市基础设施供应同时也是城市竞争力的基本构成部分,是形成良好的城市竞争环境不可或缺的一环。市民通过自发形成的或社会中介组织（居民代表团体或业主委员会）与政府行政行为产生互动，用来保证城市基础设施及服务设施的运行质量，并维护市民的自身权益。市民社会参与城市规划和管理使城市自身活力得到重现，大大提高了城市竞争力。

城市规划是政府行为，但又是不完全的政府行为，当前环境下规划管理的社会化和规划实施的市场化越来越明显。处于转型期的中国，不断深化的产权改革客观上促成私有资本逐步取代政府直接投资而成为推动城市发展的主体。在"发展至上"理念的支配之下，发展经济、促进就业、改善城市环境、增强城市竞争力已然成为城市政府的第一要务，城市政府的发展目标能否实现越来越依靠私有资本。从实施角度看，规划不仅需要公众参与，更需要私有资本参与。城市发展与城市建设中的利益主体有三种类型，分别是政府、私有资本（经济组织）和市民。由于所处的社会地位不同，各种利益主体发挥的作用和行为方式也有差异。作为政府实施调控的重要手段，城市规划管理通过调节利益主体间的相互关系，通过规则引导、约束其行为，来维护公共利益和城市发展的整体利益。在地方政府、私有资本和市民处于复杂的博弈状况下，科学的城市规划应该是体现各参与方经济和政治利益的"多赢"，应该是规划利益相关方重复博弈和"契约"的结果。

## 3.3　基于竞争力的城市规划理论

面对经济社会领域中竞争战略日益受到重视的趋势，城市规划领域也加入了理论和实践探索的行列，但是迄今尚未形成较为完整的城市规划竞争力思想体系，且专门研究城市规划与城市竞争力的文献也寥若晨星，但在规划实践中已经相当广泛地将提升城市竞争力作为规划的主要目标。同时，亦有若干与竞争力相关的城市规划思想散落在相关研究和实践探索之中。以下是选取的几个方面的理论思想。

### 3.3.1　新自由主义规划制度理论

城市规划是政府职能的一部分，它充当着政府左臂右膀的角色，是城市管治制度的组成部分。同时，城市规划在实践中往往发挥着支持并维护市场的作用。[29]因此是市场经济的重要影响因素，是构成城市竞争力的制度要素。

不同的经济理论流派，对城市规划的作用在看法上有分异。资本主义经济危机后的新古典主义经济理论，重视城市规划的国家干预主义的角色功能，强化了集权式的政府规划。但是,自由市场主义理论认为,城市发展应由市场力量来支配,而不是由政府来规划。例如,1979年上台的英国撒切尔政府,对二战以后形成的公共部门关于城镇规划的整体思想提出了极大挑战。作为政府的新自由主义策略——"缩小政府边界"的承诺,环境大臣迈克尔·赫塞尔廷宣布废除或放缓300个由中央政府施行控制的项目,意图通过规划体系"更新"使其得到改良与更新。具体有两方面的规划制度改良措施:一是精简规划程序,改变规划体系为细节所累,牺牲基本原则,避免出现缓慢和繁琐的状况,使之"效率更高、响应更快",确保规划集中解决主要问题;二是对于规划许可,认为规划管理机构应更多以赞成的眼光看待,规划人员应看到市场主导发展的"积极"面。迈克尔·赫塞尔廷认为需要一个"不会阻滞发展的必然过程"的规划体系,成为促进英国经济获得新生的宏观经济战略。

从中可以看出,城市规划对城市竞争"软件"环境——制度环境的改善能直接创造价值。城市规划的内容体现的是城市生产力的发展方向,是指导城市健康发展的科学依据。将城市规划作为一种"生产力",必须树立规划的"生产力"意识,发挥其在城市经营中的重要作用。城市规划在国内的"城市化运动"中已在这方面积累了很多宝贵的经验,其中的关键是城市规划如何从管理型向服务型转变,也即制度层面的环境改善。

### 3.3.2 城市规划调控经济社会发展的理论

城市规划关注的直接对象是城市空间资源利用,但是城市空间资源利用的背后,则是特定城市的经济社会活动及其发展趋势。总体上,经济社会发展决定着城市空间资源的利用及变化,而城市空间资源的利用和变化,同样也制约和塑造着特定城市的经济社会活动及其发展趋势。城市规划对于城市空间资源利用的安排和影响,其根本目的在于对经济社会活动的调控,而决非仅仅专注于外在的城市空间塑造。[30]在宏观层面上,城市规划对于城市发展性质和规模,建设发展方向和布局结构,乃至发展时序等,制订潜在性约束;在微观层面上,无论是对建设用地的投放,对各类开发建设申请的许可,还是对公共性开发的安排,主要体现为调控机制的作用。无论是宏观层面还是微观层面的城市规划作用,最终都将传递到经济社会诸多领域的发展和运行中去。因此,城市规划是与经济、社会发展和环境、资源利用等规划相互支撑的政府调控手段。

### 3.3.3 竞争力导向的规划——城市战略规划的理论

好的战略性城市规划能够引领城市发展新理念,并创造出不可估量的价值,例如"伦敦规划 2011"、"香港 2030 规划远景与策略"、"新加坡 2011 年概念规划"(Singapore Conceptual Plan 2011)、"规划纽约"(plaNYC)等。而好的功能空间规划,如广州的天河、北京的朝阳 CBD 等,也可以创造亿级的价值。[31]

中国目前许多城市的战略规划几乎都将"强化竞争优势"作为其中心议题。城市发展战略规划及其编制属于典型的"竞争管治",强调以"增强竞争力"为核心来整合各种社会发展力量与资源,并突出政府在其中的主动作用。战略规划中一般都会制订提高城市竞争力的战略,包括城市发展的目标定位,例如国际性城市、区域中心城市、最佳居住与创业城市等,以及为实现此目标所必须采用的战略,包括经济发展战略、社会发展战略、空间发展战略等。而且,有别于传统的城市空间规划,战略规划更多地从增强城市竞争优势的角度(而不是单纯的工程技术性)来考虑空间的发展。[32]近年来,一个典型的城市发展战略即**城市文化策略**(urban cultural policy)成为国际城市提升竞争力的主体战略。

有学者指出在当前社会主义市场经济体制下,各种要素市场的形成、市场竞争的加剧、城镇体系研究的重心应该转移到对城市竞争力的研究上来。从区域空间角度考虑,城市竞争力应该包含单个城市的竞争力和城市群体竞争力两个方面。[33]

### 3.3.4 "空间的生产"理论

空间的生产理论把空间看成社会属性(社会空间,而非仅自然空间),认为空间本身就是一种生产资料和生产力,具有使用价值并能创造剩余价值。从生产的角度,城市空间的改造和基础设施的投资是实现哈维所谓的资本"第二循环"(second circuit)的工具。因此,资本主义的城市化过程实质是资本的城市化:空间能够通过不断提供资本盈利的场所而改变资本的流动,如通过改善基础设施条件、降低关税壁垒、提供廉价土地等吸纳资本的流入,提高区域的竞争力,从而完成对资本固化和内在积累的危机进行修复的过程。[34]资本的第二循环是指为进行生产而对建成环境的投资,包括固定资产和消费品,或者消费基金。

空间还关系到制度因素。一方面,制度能够通过政府机构和国家机器的力量对空间进行管理、规划甚至创造,如对边界的控制、对区域的规划,甚至政府主导的特区建设、城市更新和"造城运动"。另一方面,空间也对制度结构产生影响,如城乡差别、东西部差别和封闭社区所产生的社会结构变迁和不平等的加深、空间一体化对行政边界调整和区域统筹规划的需要。

哈维认为资本要求国家对长期建设项目进行投资,要求政府及其财政干预资本在三次循环中的投资协调。因此政府在城市化过程中具有不可或缺的作用,如它能够动用财政力量集中建设大学城、大型交通设施甚至新区。为了提升地方的竞争力和提高地方官员的政绩,地方政府的行为出现了明显的"企业化"倾向。在这些过程中,空间资源始终是各级政府/非政府主体的载体和手段,城市和区域越来越成为国家的"引擎"和"增长机器"。

### 3.3.5 城市空间结构竞争力理论

有学者认为城市竞争力包含四大要素,它们是经济、自然与基础设施、人力资源和制度。其中经济因素是最重要的因素,因为它是影响其他因素的基础因素。同样,经济竞争力是城市竞争力最重要的内容,而城市经济竞争力的强弱又取决于城市(资源)效率。城市效率反映在四个方面,即土地市场效率、资本市场效率、劳动力市场效率和有效的城市基础设施投资与城市基础设施的最有效利用。[35] 城市空间结构与城市竞争力有着紧密的关系。西方城市经济学理论认为城市经济发展的主要动力在于空间集聚效应。竞争优势理论也充分肯定集聚经济规律是城市竞争力的本质内涵(保罗·克鲁格曼的规模报酬递增理论)。另外,竞争力又是城市空间规模和结构形成的内在动力,城市竞争力的培育最终应落实到城市空间结构上。因而,城市竞争力与城市空间结构之间存在相互影响、相互制约的内在联系。[36]

一方面,城市空间结构要适应城市竞争力的要求。聚集效应与扩散效应是城市竞争力的核心内涵,培育城市竞争力就是培育城市的聚集与扩散的能力。该能力的培育不仅表现在城市经济方面,而且也表现在城市社会和环境方面。明确一个城市的竞争优势,并将其转化为竞争力的过程中,必然会经历城市经济、社会、环境结构的调整,促使城市经济结构的进化与城市功能的进一步分化,从而使构成城市的物质要素系统发生变化,要素增多,要素类型多样化,要素之间的关系变得错综复杂。这些物质要素都占有城市的一定空间,要求一定数量和质量的土地,并应能很好地满足它们对土地使用的要求。为达到此目的就需在城市空间结构现状的基础上进行重新调整和组织。从这一意义而言,城市竞争力的培育需要城市空间结构作出适应性的调整。另一方面,城市空间结构对城市竞争力具有制约作用。城市空间结构和城市经济运行是一个以前一个阶段为基础不断更替演变的过程。因而,城市空间结构是城市发展历程的积淀物,城市聚集与扩散的能力是城市长期发展的结果,是以城市既有空间结构为基础的,脱离城市既有空间结构培育城市聚集与扩散的能力,培育城市竞争力,势必会事倍功半。故此,城市空间结构对城市竞争力培育具有一定的制约性。城市竞争力是城市聚集经济的运行结果,城市空间结构是城市聚集经济的物质实体,城市竞争力必然要落实到城市空间结构之上。[37]

城市规划主要通过对城市土地和空间利用的引导和控制,影响或决定城市空间结构,从而影响和决定空间中各项活动的效率,进而影响城市竞争力。具体地说,城市规划主要通过以下三个方面影响发展效率:一是各项功能活动(住宅、就业、商业、游憩等功能)的规模、空间形态和布局区位;二是城市空间的开发强度(密度和容量);三是满足各项活动联系需要的交通。其中的每一项规划形成的空间结构特征,都直接或间接地影响城市劳动力、土地、资本和城市基础设施的效率,进而影响城市竞争力。比如城市布局的密集度会影响交通成本和劳动力效率,从而产生集聚经济和集聚不经济;相关活动在空间布局上的接近性会影响它们之间的交流成本;土地利用的强度及其在城市空间中的变化,会影响企业的用地成本;城市空间密度过低会增加基础设施投资量和降低基础设施使用率;等等。因此,城市规划要重视空间背后的经济社会性,制订有利于经济竞争的空间规划方案。

## 3.3.6 城市经营的技术途径理论

如果要使城市规划真正成为一种"生产力",就要在城市规划的工程技术途径中发掘其城市经营的独特作用。当今已经运用的三种有效途径是 TOD、SOD 和 AOD。[38] TOD(transit-oriented development)指政府利用垄断规划带来的信息优势,在规划发展区域首先按非城市建设用地的价格征用土地,然后通过基础设施(主要是交通基础设施)的建设、引导、开发,实现土地的增值。政府基础设施投入的全部或主要部分是来自于出售基础设施完善的"熟地",利用"生熟"地价差平衡建设成本。SOD(service-oriented development)即通过社会服务设施建设引导的开发模式,指城市政府利用行政垄断权的优势,通过规划将行政或其他城市功能进行空间迁移,使新开发地区的市政设施和社会设施同步形成,进一步加大"生熟"地价差,从而同时获得空间要素功能调整和所需资金保障。AOD(anticipation-oriented development)即规划理性预期引导的开发模式,指政府通过预先发布某些地区的规划消息和相关信息,来激发、引导市场力量进行先期的相关投入,以尽快形成与规划目标相一致的外围环境和所需氛围,以便于政府在最为合适的时机,以较小的投入实现原先的规划建设意图。

### 3.3.7 城市形象营造理论

在西方资本主义成熟时期,把城市场所营造(place making)作为城市管治的一项重要内容。狭义地说,其目的是希望**通过改善城市面貌提高竞争力、吸引投资**。广义来看,营造城市形象与商业推广活动一样,主要是利用有效的促销手段,把城市作为商品推向市场,吸引买家(即投资者、消费者、游客等),以达到促进地方经济发展的目的。从城市规划管理的角度,良好的城市形象主要包括两个要素:第一,城市应设有地标(landmarks)。地标可以是现代标志,也可以是历史或传统标志。后两种标志需要通过修复和保护得来,如悉尼歌剧院、巴黎埃菲尔铁塔、东京电视塔、北京故宫、上海外滩、香港中环和伦敦眼等。第二,城市规划和人管理应该像商场规划和管理一样,在设计上要以人为本,主要体现在三个方面:清晰的城市结构、整洁的环境和高效的运输系统。[39]

伦敦港区的振兴是撒切尔主义最强盛时期的产物,是撒切尔时期英国最大、最成功的规划案例,也是该时期英国向国际社会的规划展示品。这片位于伦敦城东部的 22 平方千米的城区,曾经是伦敦最贫困的地区之一。伦敦的道格斯岛被开发成为极为成功的企业区,港区的加那利码头被建设成为新的商贸中心,拥有全英乃至全欧洲最高的摩天写字楼。它的建成使伦敦市中心向泰晤士河上游偏了好几千米,并帮助伦敦继续维持着世界金融中心的地位。为了迎接新纪元的到来,还在格林尼治地区北部建起了千禧穹顶,但民众对这项哗众取宠、政绩意义人过实际需要的工程评价并不高。虽然 1987 年开通了港区轻轨线(DLR),但伦敦港区在交通建设方面一直比较欠缺,而与城市其他地区相连的地铁到 1999 年方始修好。德国和荷兰为了振兴战时被轰炸过的地区,也提出了"花园节"的主张。德国的法兰克福发展迅猛,已经在挑战伦敦作为欧洲第一大世界金融中心的地位,但这一城市直到 20 世纪 80 年代还被人形容为粗鄙、乏味。为了改变其负面面貌,政府在文化建设方面投入了巨资,主要集中在市中心的罗马广场区。政府在那里恢复了一条中世纪景观的街道,建成后吸引了大量游客。至 20 世纪 90 年代初,那里已经有 22 座博物馆、80 处画廊、17 座剧院和 4 座音乐厅投入使用或正在建设当中。

### 3.3.8 信息基础设施和生活质量理论

爱德华(Edward J. Malecki)认为,竞争概念对于城市、区域和国家越来越重要,并且越来越普遍地展开评估,提升各自相对于其他地方的竞争力的努力。对于一个地方来说,竞争必须从网络(Network)的建设入手,包括硬质和软质网络两方面。[18]其中硬质的网络指电信线路通讯基础设施,城市往往是这些设施的集中点和节点。软质网络指的是在全球、国家、地区以及地方层面通过社会性的相互作用来聚合知识的网络。具有竞争力的网络需要有技术容纳力,这就需要将硬质网络纳入因特网,并提升信息流量和使用友好的网络环境。迈克(Mike Freeman)和斯蒂芬妮(Stephanie Nelson)认为从社区层面上而言,**提升城市社区的竞争力有三个途径**:电子化基础设施(迅捷高效的通讯网络)、电子化政府(政府及公共机构能够提供网上服务)和电子化城市设计(能够方便无线社区的建构)。[3]

从提高城市市民生活品质的角度来提升城市竞争力出发,出现了**"生活质量"**(quality of life,QoL)理论。该理论认为"生活质量"在城市间的竞争当中至关重要,因为它能够吸引人力资本,进而吸引投资。[40]这些质量因素被称为"场所品质"(location-specific attributes),主要是指地方环境(气候和物理环境)、公共品和服务、地方政府政策(税收和财政激励)和社会融合度。它们决定了对居住和就业的吸引力,被认为是与纯经济因素(人均GDP、生活成本和就业等)同样重要的决定城市吸引力和城市增长的因素。Florida研究认为,高质量的公共品和服务(称为"场所品质"(quality of place))对于吸引高质量的熟练劳动力非常重要。[40]因此,"生活质量"已经成为一种政策工具用来在国家、地区、城市、邻里社区等层面进行比较与衡量,同时它对于家庭与商业的区位选址也有重要影响,因而成为"场所促进"、"城市营销"等策略中的常用工具。

## 3.4 城市规划与城市竞争力的关系

### 3.4.1 城市规划中的城市竞争力要素

根据上文关于城市竞争力体系和决定机制分析(见图2-10),城市竞争力的主体——产业和功能体系的孕育和发展,要以城市要素环境体系为基础。正因为如此,城市竞争力不仅仅由城市的竞争实力所决定,竞争环境的培育和竞争过程的协调更是保持城市竞争力的根本,是城市竞争成败的关键所在。城市政府应该培育或改善竞争的"硬件"和"软件"环境,借以提升城市的成本优势、创新优势和体制优势,以此来促进城市竞争力的提高。同时,根据城市规划的职能及其与市场经济的关系,城市规划主要是提高维护城市竞争力秩序的背景和基础设施为主体的竞争力要素。因此,城市规划与城市竞争力的关系,主要在于城市规划是城市竞争力体系中的要素环境的提供者,即城市规划通过提供城市要素环境来作用于城市竞争力。

为了把城市规划的具体工作与城市竞争力相挂钩,通过解构城市要素环境的构成体系(见图3-1),辨析城市规划可以发挥作用的方面。城市竞争力要素环境可以分为社会领域、空间领域、经济领域和技术领域四大部分。每一部分可以分为几个子项,子项之下的具体要素可以分为直接作用要素和间接作用要素两类,与城市规划的职能和技术专长相挂钩,从而辨析出城市规划发挥作用的项目。这为分析城市规划对城市竞争力的作用领域提供了思维框架。另外,通过把城市竞争力要素的构成体系,与城市规划职能要素作对应分析,可以把培育城市竞争力的目标落实到城市规划的工作体系之中(见图3-2和图3-3),以此指导城市规划以城市竞争力为目标的具体行为。其中,图3-2的左侧是城市竞争力体系的五大要素,每一要素由次一级的细分要素构成。城市规划主要由规划编制和规划管理两大工作体系,两大体系由具体的规划子项工作组成。然后根据城市规划与城市竞争力的关系,按照与竞争力要素对接的思路,可以将城市规划编制分为六大子项,即城市发展战略规划、城市功能空间结构规划、城市基础设施规划、城市公共服务设施规划、城市生态环境规划、历史文化与城市特色规划。城市规划管理工作主要可分为规划制度和行政管理两项。根据各子项的具体工作职能,可以找到与左侧竞争力要素配对的工作项目。通过图3-3的分析,可以将竞争力要素对应的城市规划工作项目归入城市规划子项。至此,把培育城市竞争力要素的任务落实到了具体的城市规划工作之中。

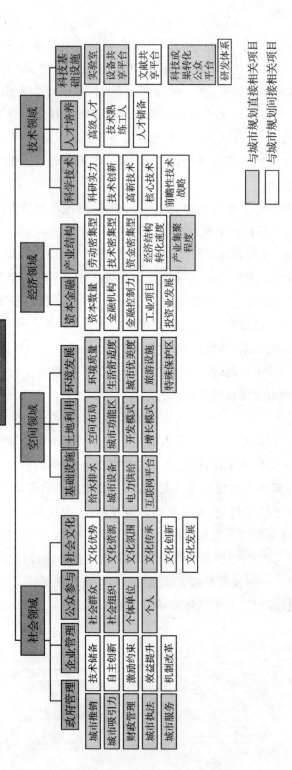

图 3 - 1   城市竞争力环境体系

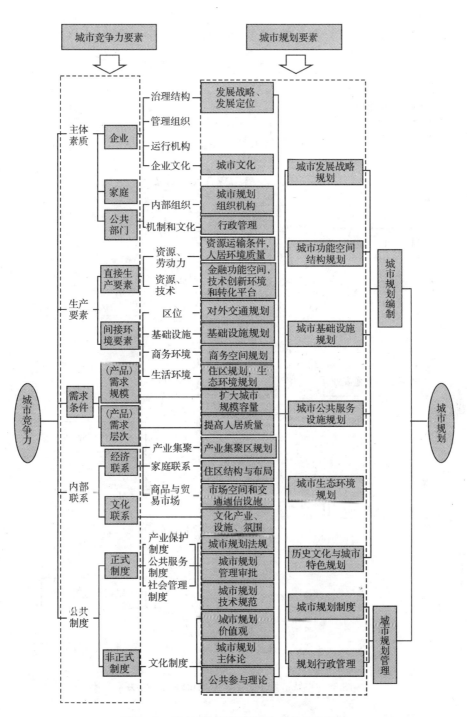

图 3-2　城市规划与城市竞争力关系分析框

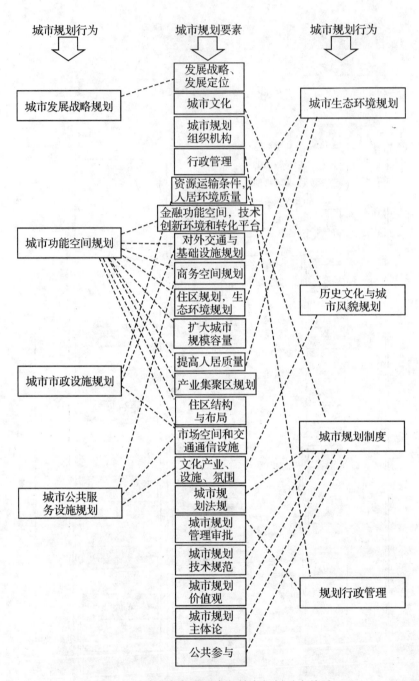

图 3-3　城市竞争力要素与城市规划对应关系

### 3.4.2 城市规划与城市竞争力关系模型

通过上述城市规划与城市竞争力关系的剖析,已经明晰城市规划对培育和提升城市竞争力有重要作用,城市规划扮演为城市竞争力提供要素环境的角色。城市规划提供的竞争力要素环境主要包括制订有效的城市发展战略、规划富有竞争力的功能空间和有序高效的空间布局结构、提供城市市政和公共服务基础设施、营造优越的城市人居和生态环境、保护城市历史文化和塑造城市风貌特色,以及建立适应市场机制的城市规划管理制度。同时,根据城市竞争实力是由产业竞争力组成的原理,产业竞争力又依托于资源要素竞争力、集聚经济竞争力、基础设施竞争力、商务和生活环境竞争力、公共部门竞争力等几大支撑要素的竞争力,而城市规划通过要素环境的营造直接或间接地孕育和提高了这些要素竞争力,从而影响城市综合竞争力。根据这样的逻辑关系,城市规划与城市竞争力的关系模式可以阐述为:城市规划供给要素环境(土壤),要素环境孕育催生要素竞争力(树干),从而形成城市综合竞争力(树冠)。这样的因果关系构成了**城市规划竞争力模型**,可称之为**"壤-树"模型**(见图3-4)。事实上,世界经济社会发展的历程充分体现出,作为一个公共部门,城市规划部门的创新精神和远见卓识,是城市经营和城市竞争力的关键因素。

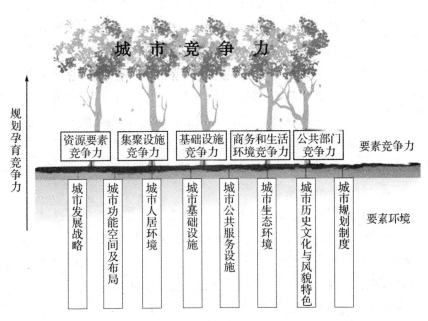

图3-4　城市规划的城市竞争力模型

城市规划营造竞争要素环境的具体含义可以简要表述如下。

（1）城市战略规划

编制城市战略规划已经成为 20 世纪后半期以来国际上城市规划的重要任务。顾名思义，战略规划是对于城市较为远景的整体发展的全局性的谋划。战略规划从城市发展定位的角度，可以为城市产业发展提供大的方向，对企业制定发展战略具有全局性的指导意义。战略规划一般要对城市发展规模特别是土地利用规模提出战略思路，对空间发展模式提出总体设想，这对产业和企业发展有引导作用。战略规划会对事关全局的重大设施作出安排，这会改变竞争环境和提供新的竞争条件。波特认为竞争力的核心是竞争者具有不同于他人的特质，因此特色才是保持竞争优势的核心所在，战略规划在定位战略上为城市竞争力提供具有竞争优势的特色发展战略。根据近十年来国内城市战略规划的实践，认为以竞争力为导向是城市发展战略规划的主导理念，即规划建立在城市竞争力比较研究的基础上，通过对城市发展背景分析和竞争力要素展开分析，寻找城市竞争力系统中的优势和短板，制订竞争策略，选择基本的战略途径，制订城市总体发展战略。

（2）城市功能空间规划

城市功能空间规划是城市规划的核心内容，包括土地使用的分配和布局，是城市产业发展的直接投入要素，是产业竞争力赖以形成的基础。城市规划要适应城市产业竞争力的需要，安排保质保量的产业用地，合理安排有利的区位。特别要重视城市经济的集聚效率，功能区规划要有利于集聚经济的发挥和产业集群的形成。城市规划必须发挥战略性、前瞻性的特点，能够引领性地规划竞争力强的产业功能和功能区布局，如高技术园区。另外，城市规划要提供企业本身难以发展但又必需的城市功能，这是城市规划责无旁贷的职责。根据"生活质量"等理论观点，居住功能区规划是城市竞争力的关键性因素，商业服务、文化教育等功能的重要性也日益凸显。

根据集聚经济理论，城市竞争力的最本质之处在于功能集聚性。城市是产业集聚中心、物资集散中心、信息交换和处理中心、人才集聚中心、技术和创新中心、资金配置中心，城市规划就是通过这些功能集聚空间的合理设置和协调布局，来提高设施配套的。波特在国家竞争优势论述中强调了企业集群的重要性。所谓企业集群是指一组在地理上靠近的相互联系的公司和关联机构，他们同处在一个特定的产业领域，由于具有共性和互补性联系在一起，从而形成"产业区"。因此,城市功能空间规划要重视这样的集群培育,如高技术产业园区等,为城市竞争力提供孕育环境。

空间是一种基础性的战略竞争资源,城市规划的首要任务是合理布局有竞争力的城市空间结构,提高空间资源利用率。城市规划也要预见性地谋划城市经济社会发展,要助力孕育新的经济社会增长空间。城市规划要安排好城市各项功能的空间组织关系,要支撑城市功能的重组和更新,促进城市竞争力优势的再创造。

(3) 城市基础设施规划

从市场机制与政府干预的关系分析中已经看到,自由竞争市场缺乏对公共性基础设施投入的动力,需要政府调用公共财政进行建设。城市规划的一项主要任务是对城市基础设施作出统筹安排,因此,城市规划成为竞争力必不可少的基础。随着经济开放性的加强,特别是全球化趋势的加强,交通通信设施成为竞争的基本条件,城市规划在这方面具有前瞻性的优势,能够为创造新的竞争优势奠定基础。城市市政设施是城市产业、企业间交流联系成本的基本因素,对产业和企业规模、经济集聚产生重要影响。城市各项服务设施的条件是吸引企业和人才的重要因素。国际上,以增强城市竞争力为目标而开展的城市发展战略研究均认为,城市内外基础设施水平是城市竞争力的关键性因素,因为它是集聚发展的保障。同时在竞争全球化和大都市区域化态势之下,机场、高铁等重要门户的质量,以及提高门户与城市连接可达性的城市交通状况,直接影响到城市和地方的竞争力。城市信息网络的联通性是制约城市竞争力的关键因素。因此,城市规划应该发挥基础设施统筹规划的优势。[41]

(4) 城市生态环境规划

生态环境是优化人居环境的根基,当今城市的竞争归根到底是人才的竞争;优越的生态环境状况,已经成为城市竞争力的最基本方面。生态环境还是高技术产业和现代服务业发展需要的基础条件,因此也是城市竞争力的主要因素。城市规划通过合理布局城市建设开发与生态保护用地,规划良好的生态功能空间,设计环境保护和生态保育的基础设施,保障城市集聚发展与生态环境保护相互协调,维护城市可持续发展。

(5) 城市文化和风貌特色规划

竞争优势的核心在于战略的特色。城市文化是一个地域经过长期的历史积淀形成的,是其他地区无法模仿的当地特质所在。因此,城市文化对于城市竞争力具有特殊的意义。文化因素之所以重要是因为它会展现在关键要素上面,进而加强环境与企业的关系。文化的演变需要很漫长的时间,外国竞争者无法模仿复制,所以其对竞争优势的影响力非常大。何况文化要素越来越成为当今城市经济发展的主要基因。城市规划通过对传统文化空间的保护使城市文化以有形的遗产得以传承,其对于城市文化具有不可替代的作用。城市规划设计使城市形成优美且具特色的景观风貌,增强了城市的吸引力,进而促进城市竞争要素的集聚辐射力。总之,城市文化和风貌特色规划为核心的城市文化与特色培育是城市竞争力赋予城市规划的重要使命。

(6)城市规划制度

城市规划制度是政府体制的重要组成部分,因此城市规划制度也是城市竞争力体系的重要因素。城市规划制度从规划编制和管理体制、城市规划部门的工作机制两个方面体现出来。城市规划应该在秉承市场秩序调控维护者本职的前提下,贯彻企业家化的治理原则,从规划管治内容和方法、部门服务机制等方面全方位促进城市各项竞争要素的发育。

# 城市规划提升城市竞争力的
# 国内外经验

综观国内外城市规划在提升城市竞争力方面的应对实践,总体上可以归纳为两个层面的战略措施:一是城市竞争的物质环境塑造,如城市场所促进(place promotion)、城市形象营造等。二是城市竞争的制度环境营造,如城市战略规划、能力建设、能力运用、城市管治等。[16]但是具体的做法有很多种,并且可以分为不同的类型,例如以城市战略或概念性规划为代表的理念型提升战略、目标导向型战略和空间优化型战略等。以下是一些重要方面的总结。

## 4.1　战略规划引领城市竞争策略

城市(空间)发展战略规划已经成为国际城市发展的重要纲领,特别是世纪之交以来,世界主要城市均把编制战略性规划(或概念性规划)作为应对世界竞争环境变化的积极措施。这些规划的一大主导特点是立足于城市竞争力提升战略,尽管可能并不是以直接的方式体现出来的。[42]这些针对某个特定城市所作的整体性战略一般都根据城市发展阶段性突破点,制订明确的发展目标,而且一般是复合型的发展目标,并有与之相应的具体实施策略。

### 4.1.1　国际城市战略规划动向

总结世界名城新一轮发展战略规划的理念、思想和行动,反映出两个具有共性的战略动向。

（1）立足现阶段问题

未来城市的竞争是一种全球性的资源的竞争。"全球城市（或国际化城市）"将成为各个地区中心城市发展的追求。但是，在发展过程中，城市难免出现一些问题，这些问题制约着城市向前迈开的步伐，唯有寻找可能的途径来解决这些问题才能够在城市前进过程中开启更大的马力。

从业已发布的"全球城市"（如纽约、伦敦、东京）2030战略规划看，无不将提升产业能级和密度、满足城市增长、保留优质环境、带动区域整体发展作为主要方向。纵观这些城市的发展，产业增长速度逐渐放缓，精致和谐的生活环境为更多人所追求，以往发展过程中对环境造成的破坏开始逐渐引起人们的重视，城市对区域的辐射带动能力保持稳定。未来城市发展的主要瓶颈就是逐渐放缓的增长速度与良好空间环境的缺失。因此，这些城市纷纷针对这个阶段的城市问题出谋划策。纽约以开发绿色能源、发展低碳经济、开拓新能源产业为助推器，希冀能够让城市得到快速发展；伦敦以强化旅游、文化、创意产业为提升国际竞争力的途径；东京正致力于探索"城市机能活用型"产业和"社会问题解决型"产业。

可见，在战略层面应当清晰判断城市所处阶段以及当下最主要的矛盾与瓶颈，寻求突破，将问题破解。

（2）聚焦永续发展

从世界主要城市的战略规划分析可以看出，城市竞争力的提升与城市要素环境体系的营建和改善密不可分。当前多数城市的重点关心议题是城市自然与人文环境的保护、城市基础设施的完善、充足与可购的住房、便捷与高效的交通系统、资源节约（土地、水、能源等）、应对气候变化等关系永续发展的领域。与顶级世界城市相似，首尔、台北这些区域性的国际城市也都提出以生态、环境为主题的城市未来发展之路。在保证经济增长的同时，给予环境以关怀。在绿色环保产业的发展上，给予充分的关注，以满足城市未来发展的能力。首尔的2030战略规划就以"全球气候友好型城市"为主旨。

## 4.1.2  战略规划范例

（1）伦敦：更宜居的城市

2011年编制的《伦敦规划2011：大伦敦空间发展战略》（*The London Plan 2011：Spatial Development Strategy for Greater London*）对伦敦未来20至25年当中的经济、环境、交通与社会结构方面的发展进行了总括（见图4-1）。规划的目标是从现在到 2031 年(包括以后),伦敦仍位列全球城市前列——为市民和企业提供更多的机会,达到最高环境标准和生活质量,在应对 21 世纪的城市挑战(尤其是气候变化)方面引领世界,提出了"更宜居的城市——2030 年伦敦规划"的发展目标。

规划分项分析了伦敦的空间结构、人(包括住房和社会基础设施)、经济、气候变化应对、交通、生活场所与空间,以及三个交叉议题:经济发展与财富创造、社会发展、改善环境。在城市竞争力方面,规划对伦敦的定位为"在国际上有竞争力的成功城市",具备有益于市民及整个城市的强盛且多样化的经济以及企业精神,在创新和研发方面处于领头位置,且充分利用了其丰富的文化遗产与资源。

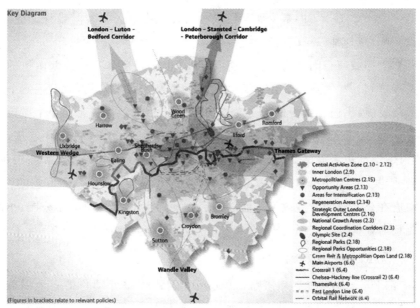

图 4-1　伦敦规划的空间战略(引自 *The London Plan* 2011:*Spatial Development Strategy for Greater London*)

(2) 纽约:更绿色、更宏大的纽约

纽约市政府 2011 年所作的《规划纽约》(plaNYC)的主题为"更绿色、更宏大的纽约"(A Greener, Greater New York)。这个大战略被分解为住房、公园与公共空间、棕地、上下水、交通、能源、空气质量、固体废弃物、气候变化等城市发展议题。对于纽约市而言,既是挑战又是机遇的因素包括:增长的人口、基建投资与完善、增强经济竞争力、提高空气与水的质量、减少对全球变暖所作的负面贡献。

规划指出,要想增强城市的经济竞争力、吸引全世界最优秀的人才和大量资金,最基本的是通过营建功能完善的、经济有效的城市基础建设来形成良好的经济环境,譬如高效的货运与客运系统、彻底满足企业与家庭所需的能源系统等。其他的关键性因素包括生活质量和创新。前者是优秀人才在全球化时代选择居住地和工作场所时必定会考虑的,后者是一个城市在面对动态环境(经济波动、气候变化)时能够比其他城市更快适应和应对的有力工具。

(3)巴塞罗那:营造城市公共空间

西班牙城市巴塞罗那通过对城市公共空间的营造,塑造了极佳的城市形象,并进而提升了城市竞争力。这个城市受地中海文化的影响,市民热爱户外活动并享受户外空间,这给城市公共空间的实践与改造提供了一个生长的沃壤。在过去的1990—2010年,巴塞罗那已经成为许多致力于公共空间设计的建筑师、景观设计师、规划师以及政府官员获得创作灵感的最重要的源泉。

巴塞罗那城市空间的成长首先得益于19世纪西班牙工程师塞尔达的巴塞罗那扩展规划。20世纪80年代,政府通过规划利用各种投资,对以下三个方面进行战略发展:①通过大规模的交通体系和基础设施建设,完善了整个城市的消费和就业网络;②结合基础设施的建设,在全市规划建设了多个次中心区,以疏解中心区,增加边缘城区的活力;③改造老工业区,使之成为三产区和新工业区,以及商业、文化、娱乐设施和大学中心等多功能混合地区。至20世纪90年代,城市政府在公共空间发展政策方面取得了巨大成功,数百座城市小公园、小广场和休闲场所在拆除了的旧公寓、仓库、厂房的基地上兴建起来。

(4)香港:提升中枢功能

《香港2030:规划远景与策略》是香港政府于2009年所作的一个涵盖全市的"全港发展策略"。它根据一系列的假设,建议如何在未来二三十年塑造香港的空间环境,以回应各种社会、经济与环境的需求,令香港迈向一个共同的远景。研究的目标是"提供一个规划远景,并制订一个土地及基建发展的规划大纲,以勾画香港未来二十至三十年的发展方向"。其发展策略可以归纳为四大方向:提供优质生活环境、提升经济竞争力、加强与内地的联系以及确立特色和形象。

从城市竞争力角度分析《香港2030:规划远景与策略》,可以看出战略以"提升香港的中枢功能"为香港城市核心竞争力的定位,并将其解读为"加强香港作为国际及亚洲金融商业中心的地位;加强香港作为国际及区内贸易、运输及物流中心的地位;进一步发展为华南地区的创新科技中心"。为此,提出了提供优质生活环境、美化城市景观、保护自然环境和文化遗产;提供充足的土地及基建配套、发展运输系统;推动艺术、文化及旅游,加强与内地的联系等具体的实施策略,以增强城市要素环境体系。

## 4.2 新一轮的规划理念

综观国际先进城市的新一轮发展规划,未来城市发展的主导理念正在形成趋向,主要有绿色城市、宜居城市、知识城市和创新城市、智慧城市的发展目标,以及全球竞争、精明增长、城市区域化等发展理念。

### 4.2.1 绿色城市

关于绿色城市,国际上还没有统一的定义,但大体上是指既能够给人们创造福利和公平发展的机会,又是生态环境友好的人居环境。绿色城市是综合性的概念,它包含生态城市、风景园林城市、低碳(清洁)城市等内涵。联合国环境规划署 2011 年发布的《迈向绿色经济:通往可持续发展和消除贫困的各种途径》中引用了 Satterthwaite 的观点,绿色城市应当具有以下几点功能:①减少疾病和减轻健康负担;②减少危险废弃物;③为所有市民营造高品质的城市环境;④最大限度地避免向郊区转移环境成本;⑤确保在促进可持续消费方面取得进展。[43]

(1)绿色城市规划

1)大巴黎规划

绿色巴黎规划是人巴黎规划中的一个重要主题。它旨在通过建立带状公园、拓宽林荫道、增强城市"第五立面"绿化覆盖率为城市"添绿"等方式来实践"绿色"的理念。[43]

2)悉尼规划

绿色悉尼战略的出台,反映出城市规划者对传统"可持续发展"理念的坚持。在战略的实践上,主要有旧城区可持续型更新发展、发展区域活动中心等着力点(见表 4-1)。

旧城区可持续型更新发展的着眼点主要在于降低旧城区建筑房屋的能耗、提高建设标准。政府鼓励性措施的出台很好地引起了相关部门与当地居民的重视,诸如更新节能节水的基础设施、提供经济适用房、设计高质量的公共空间、发展多样的交通方式都是鼓励性政策所涵盖的方面。

表 4-1 "绿色悉尼"战略及行动方案(引自参考文献[44])

| 战略 | 规划策略 | 行动方案 |
|------|----------|----------|
| 绿色悉尼战略 | 旧城区可持续型更新发展 | 提高区域范围内能源循环利用和水资源自给 |
| | | 减少废物/废水的产生以及可能造成的污染 |
| | | 改进现有建筑的环保性能 |
| | | 促进现有绿地系统的网络化 |
| | | 展开政府、企业与社区间在环保领域的合作 |
| | 发展区域活动中心 | 提供丰富且便利的社区服务设施 |
| | | 创建地方性的活动集中区域 |
| | | 出台鼓励性措施发展当地经济、提高就业水平 |
| | | 保持本地特色、增加社区的认同感和归属感 |

发展区域活动中心正是为了应对当地活动服务过于集中于市中心的问题而提出的。根据悉尼市政府的规划,到 2030 年,在悉尼市辖区的 26 平方千米内共有 10 个主要的区域活动中心,分布在各区域内适宜步行的距离内。这种多中心的结构、贴近的生活配套服务将在很大程度上减少人们出行对汽车的依赖,并大大提高公共交通的使用率。

3)堪培拉规划

土地利用的高效及更可持续是每一个澳洲城市思考的问题。堪培拉规划就是从城市土地利用的可持续、紧凑开发、公共交通导向的角度来进行的规划实践。

堪培拉的土地利用格局是分散的,不兼容的土地用途被分离。虽然以往低密度分散的土地利用模式给市民提供了良好的住宅和环境市容,但这一土地利用模式,在建设和维护大规模的公共基础设施上已经付出了持续的相当大的投资,尤其是公路,居住的交通成本显著增加,公共设施的共享性降低。因此,从城市绿色开发的角度考虑,堪培拉在开始强调适度混合的土地利用模式,如住宅、零售、商业等的适度混合,能够提供更为便捷的服务,降低城市运营成本。

4)新加坡

举世闻名的花园城市新加坡在绿色城市的建设上可圈可点。在新加坡"绿色城市"的构建中,尤以"绿色和蓝色规划"最为瞩目。新加坡在城市规划中专门有一章"绿色和蓝色规划",该规划为确保在城市化进程飞速发展的条件下,新加坡仍拥有绿色和清洁的环境,充分利用水体和绿地提高新加坡人的生活质量。

与此同时,公园、开放空间、绿色廊道、海岸线等都是"绿色和蓝色规划"里考虑的重要方面。[45]

从空间角度来看,绿色空间的点线面处理是其亮点所在。城市道路是花园城市诠释的一大载体:街道、城市快速路两旁宽阔的绿化带中种植着形态各异、色彩缤纷的热带植物,体现着赤道附近热带城市的特色。连接各大公园、自然保护区、居住区公园的廊道系统,则为居民不受机动车辆的干扰,通过步行、骑自行车游览各公园提供了方便。新加坡还计划建立数条将全国的公园都连接起来的"绿色走廊",该走廊至少 6 米宽,其中包括 4 米的路面。目前该项目已进行了1/3。新加坡均匀分布的城市公园、居住区公园及其正在实施的"公园廊道"计划,使市民能够充分享用这些休闲地。

同时,新加坡这座花园城市,在城市景观和品质上还注重各地区的特色。在克拉码头改造中,新加坡政府并没有将其拆除重建更具经济价值的商业或办公,而是将这里的数十座货仓和店铺改成了多元特色的餐馆和酒吧。这种因地制宜、体现地域内涵的城市景观构建也为新加坡的绿色花园城市加分不少。

绿色城市的理念实践,不仅仅是景观上的可知可感觉,绿色交通这种隐含在城市永续发展视角下的绿色城市构建还成为一种时髦。新加坡举行了"绿色交通周"活动,倡导安全、畅通、洁净的交通体系。其中,充分强调绿色交通工具的使用,如地铁、轻轨铁路、液化石油气汽车、新型电力助动车、电车等。

5)东京规划

东京提出"重塑东京景观,再现蜿蜒和绿色植物环抱的美丽城市",同时提出将东京建设为"全球环境负荷最小城市"。

根据以上对绿色城市含义的理解,像低碳、健康、生态城市等一些国际上流行的城市发展概念可以纳入绿色城市理念之中。

(2) 低碳城市

"低碳"是 2003 年由英国提出的新概念,出现在《我们未来的能源——创建低碳经济》白皮书的"低碳经济"概念中。由于气候变化对人类活动的影响日益加剧,旨在减少碳排放、减缓气候变化速度的低碳发展理念在短短几年间已深入人心,并逐渐成为未来发展趋势。由于城市作为人类活动的主要场所使用了大量能源,排放的温室气体占世界总量的 75%,因此城市是碳减排的关键,低碳化是城市建设的必然趋势。随着全球气候变化的问题日趋严峻,建设低碳生态城市正在成为世界各地越来越多城市政府追求的新目标,"低碳竞争力"的概念也逐渐被重视。一般认为,低碳城市是以城市空间为载体,发展低碳经济,实施绿色交通和建筑,转变居民消费观念,创新低碳技术,从而实现最大限度地减少温室气体的排放。

在理论层面上,同济大学的潘海啸等提出了低碳城市空间规划策略,探索了区域、总体规划、详细规划三个层面的低碳发展模式。[46]在区域层面提出以区域公共交通导向的走廊式发展模式;在总体规划层面提倡绿色交通支撑的空间结构,实现短路径的土地混合使用,适合人与自行车的地块尺度,以公共交通可达性确定开发强度;在详细规划层面主要以居住区规划为例,建议限定居住小区规模,避免大街区空间来促进步行和自行车的使用。

低碳理念融入城市规划的实践,主要结合城市生态规划进行探索较多。深圳的光明新区结合"绿色新城"建设,在《深圳市近期建设规划(2006—2010)之新城规划》中提出"低碳"城市建设理念,通过着力培育低碳城市机能、加快推进经济的低碳转型、建立公交主导的交通系统和大力发展绿色建筑等措施来实现。

目前国际上一些城市在低碳发展的某些领域起到了领跑的作用。常见的做法有以下几方面。

1)能源领域

一些城市通过鼓励使用新能源和可再生能源,由不可再生能源向可再生能源转变,以使城市向低碳化发展。

伦敦制订了包括碳减排、可再生能源利用等目标,建立伦敦气候变化管理局、设施分布能源管理供给部门。西班牙巴塞罗那则规定所有新的开发建设都需安装太阳能集热器。德国弗赖堡吸引研究与推广太阳能的国际组织总部进驻该市,并设立太阳能培训中心和研究机构,引进专业人才,带动了该市太阳能技术的应用和交流,同时弗赖堡的政策规定可再生能源生产的电能价格优惠,并保证该优惠价格 20 年不变,并且由政府控股的电力公司为安装太阳能设备的普通居民提供 300 欧元的津贴,以减轻其负担并促进能源的更新。葡萄牙的 Serpa 市利用其光照充沛,每年日照时间超过 3300 小时的优势,建成世界上最大的光伏太阳能发电厂。丹麦哥本哈根宣布到 2025 年,成为世界上第一个碳中性城市。丹麦大力推行的是风能和生物质能发电,这使得哥本哈根的电力供应大部分依靠零碳模式,在电力基础上实行热电联产、区域性供热。荷兰海牙利用附近海域为居民住宅供热,为此更新了整套热交换机和热泵组成的系统,并帮助居民在住宅安装独立的热泵。英国的莫顿市则制订了强制可再生能源使用政策,要求所有大于 1000 平方米的商业发展项目必须有不少于 10%能源作为可再生能源。东京逐渐普及建筑节能,进行天然气发电,同时充分进行余热利用。柏林建立了完善的热电联产和区域供热网络,同时发展微型发电。

2)产业领域

有数据显示第二产业的能耗远高于第一产业和第三产业。除了进行产业升级、转型以外,可促使电力、建筑、冶金、化工等传统高能耗工业部门与新能源、新技术开发结合,向新型低碳工业转变。美国西雅图通过提高建筑排放标准,实现每座建筑的碳减排,逐步形成年收入达 6.7 亿美元的可持续建筑工业。东京市正致力于推动建筑节能技术,探索碳税政策手段,具体相关政策主要集中发展建筑和工业减排技术,目标是在 2050 年时可以使碳排放量比 2000 年减少 25%。丹麦哥本哈根也有严格的建筑标准,推广节能建筑,推行高税能源的使用政策。澳大利亚墨尔本通过大型项目的建设带动低碳技术的应用,其新市政办公楼使用了包括太阳能供暖、水循环处理等多项建筑节能新技术,达到碳减排 87%、节约电能 82%、节约燃气 87%、节水 72% 的效果。

3)城市空间领域

紧凑的城市形态、综合的土地利用性质和健康的生态网络构建是低碳城市形态发展的主要方向。

哥本哈根的手指形规划(见图 4-2)通过控制城市发展形态,保护现有生态基础,为长远的低碳建设打下基础;市内长达 300多千米、与机动车道宽度相等的自行车道路系统规划改变了城市的道路形态,保证自行车行优先,达到碳减排效果(见图4-3)。瑞典的斯德哥尔摩自20 世纪50 年代以来已经

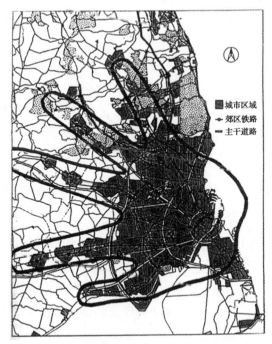

图 4-2　哥本哈根指形规划(引自参考文献[47])

从战前的单中心城市转变成了战后以 Tunnelbana 地铁为骨架的多中心大都市,许多新城的轨道交通车站与城镇中心连接在一起,车站附近禁止小汽车进入。

这种在新城和走廊层面上以公共交通为主导的城市发展理念使得如今超过一半的斯德哥尔摩新城居民都乘坐地铁或公交车上下班。

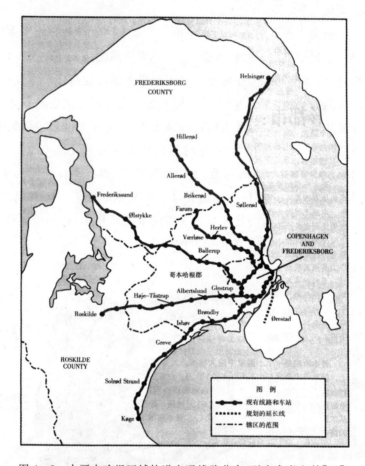

图 4-3　大哥本哈根区域轨道交通线路分布（引自参考文献[47]）

4）交通领域

交通基础设施建设和绿色技术应用能为低碳城市的长远发展提供技术和硬件的支撑。

美国芝加哥政府计划在 3 年内将全市 2900 个路口的交通灯升级为 LED 灯，此项交通基础设施升级规划将比改造前节能 85%。旧金山打造低碳交通系统，将一半以上的地方铁路车组升级为零碳排放车型，在公交领域投入超过 700 辆使用天然气等清洁燃料的汽车，救护车、救火车改用生物柴油，并增加 160 辆低碳出租车。

5)生活领域

国外城市也通过宣传、经济等手段调整城市居民生活方式,推广低碳家电,减少一次性用品的使用,循环使用生活资料,改变高能耗娱乐方式。

韩国首尔为改变居民依赖私人轿车的生活方式采取了一系列规划手段:政府鼓励人们每周选择一日作为"无车日",并提供由社会机构和私企赞助的打折汽油、免费停车、洗车、减税、拥塞费打折等优惠措施来吸引居民参与。该活动每年减少二氧化碳排放 24.3 万吨,不但没有影响居民出行,而且还缓解了城市交通拥堵的问题。丹麦哥本哈根明确规定市民的责任,鼓励居民减少包装、重复利用物品并建立详细的废物回收分类体系,回收点临近消费密集地且工作时间有弹性,住区附近的药店和小商店也是回收站,居民可以将过期或多余的药物直接送到这里。通过培养居民回收再利用废弃物的生活习惯,每年可减少碳排放约 4 万吨。

(3)健康城市

当前出于能源瓶颈以及生态污染,城市竞争力的概念与测度已经从传统的效率优先转向环境优先。在未来,"健康城市"所倡导的各项指标将成为衡量城市竞争力的重要度量。1984 年在加拿大的多伦多举行的"健康的多伦多 2000:超越卫生保健"研讨会,是加拿大健康城市运动的起源。运动的主要目的是想超出传统的公共健康的范畴,重申并改进那些曾经提高了 19 至 20 世纪西方城市卫生状况的方法。采用的方式是建设在经济上切实可行的,具备上佳物质环境、优越的公共服务,尊重文化传统与多样性,并有基层民众参与的社区。这样一来,健康的标准就不仅仅是医疗机构、医院与健康中心的技术内容,而是源自人们生活的场所与社会的本质。

健康城市的理念一经确立,就在加拿大国内广为传播,又因 1986 年被世界卫生组织采纳,而掀起了一场国际风潮。世界卫生组织 1986 年的"欧洲健康城市网络"项目自实施以来,已经吸引了欧洲超过 30 个国家的近 1000 个城市参加。当前的 3 个核心主题是:健康的老年人、健康的城市规划及健康影响评估。1997 年出版的《健康城市指标:全欧洲资料分析》一书中,首次全面分析了健康城市的各项总体参数,包括卫生健康、公共医疗服务、环境、社会经济 4 个方面53 个指标,其中直接与城市规划相关联的就有 12 项,如城市绿地及类似空间面积、公众能进入的绿色空间面积、废弃工业用地、步行网络街、公交能力、公交网络覆盖面、居住空间分布、紧急服务数量与覆盖面等,这些指标中既有传统空间规划所关注的部分,如绿地率、居住空间分布、公共设施服务半径等,又包含了大量以往城市空间规划所忽略的部分,如住房、就业公交便捷度、人行网络覆盖度等。

(4) 生态城市

与"健康城市"类似,"生态城市"同样是基于可持续发展的提升城市竞争力的理论。"生态城市"(ecocity)一词派生自生态系统(ecosystem)。生态城市理念出现于 20 世纪 80 年代,最初是在城市中运用生态学原理,现已发展为包括城市自然生态观、城市经济生态观、城市社会生态观和复合生态观等的综合城市生态理论,并从生态学角度提出了解决城市弊病的一系列对策。北欧国家一直在环保意识和技术上居于世界领先地位。20 世纪 90 年代开始的斯德哥尔摩滨水区哈姆滨湖城的开发,在能源制造与利用、水供给、废物处理、建材和交通系统方面运用了先进的环保技术。哈姆滨湖城采用的生态循环方式被称为"哈姆模型",其目的是创造一个基于资源可持续利用的居住环境,能源消耗最低、废物产生最少,资源的节约、再利用和循环最大化。丹麦在生态城市规划方面在世界上居于领先地位,对环保建材和环保技术的应用非常重视。最为知名的两处规划分别位于斯莱格思和科灵市,在那里,居住社区被生态技术改造,还添加了很多生态设施。类似的建设项目在 20 世纪 90 年代后期起在丹麦遍地开花,丹麦也因"小即是美"的可持续规划方法闻名于欧美。哥本哈根 1989 年的区域规划对环境问题和非建区的规划也非常重视,埃斯比约市和霍尔森斯市也在 1990 年开展了生态城市规划。

## 4.2.2 宜居城市

1996 年联合国第二次人居大会提出了城市应当是适宜居住的人类居住地的概念。至此,一种以人为本体的城市发展观逐渐形成。根据中华人民共和国建设部批准立项 06-R1-26 项目《宜居城市科学评价指标体系研究》验收成果,"宜居城市"是指那些社会文明度、经济富裕度、环境优美度、资源承载度、生活便宜度、公共安全度较高,城市综合宜居指数在 80 以上且没有否定条件的城市。中国城市竞争力研究会连续多年发布中国十大宜居城市排行榜。

在城市竞争力的提升过程中,宜居城市之所以受到广泛关注正是由于它强调了政治、经济、文化、环境的充分协调,并重点关注一座城市是否满足人们的物质和精神文化需求。唯宜居的城市才具备永续发展的可能,才能参与更大范围的国际城市竞争。

（1）城市案例

1）悉尼

在"绿色悉尼"战略中（见表 4－1）的一些践行理念和措施也包含了宜居城市理念下的悉尼城市建设。

旧城区可持续型更新发展和发展区域活动中心都旨在为悉尼构建更为融洽、休闲、适宜的居住环境。悉尼适当考虑转变旧建筑或保护性建筑的用途，使其更具当代性，在使用中保护它的历史风貌。另外，在区域活动中心的构建中，强调这些区域活动中心在一定范围的区域内发挥核心作用，提供包括商业、医疗、零售与购物、交通、文化与学习、休闲等设施。[48]

悉尼的战略规划主要关注城市住房、就业、产业、空气质量等问题，这些与城市生活息息相关的问题成为城市国际竞争力的主要方面。只有一座能够吸引人停留、居住的城市才是具有竞争力的城市。悉尼鼓励性措施包括发展当地经济、提高就业水平，同时，提供充足的住房供给、更多的就业岗位。政府出台一系列措施完善低租金住房的安全设施，避免因安全问题引发事故。

2）巴黎

"宜居巴黎"是并行于"绿色巴黎"的大巴黎规划的另一重要主题。它涵盖住房、经济、交通、生活自然环境、均衡的服务配套设施等项目。

具体来看，在外来人口增加的背景下，大巴黎地区计划每年新建 6 万套住宅，使公共租赁房的比例至 2030 年达到 30％，以此来缓解日益增大的住房压力。大巴黎地区为减小城市中小企业和个体手工业者面临着被排挤的风险，计划对城镇现有的经济活动区进行整治翻新，对要改变经济活动性质的地区进行重新组织；致力于改善慢行交通使用条件、发展区域自行车线路网等举措也为巴黎的交通条件提升奠定了基础；林地的保留与开放、加快基础设施薄弱地区的设施构建，都处处践行着大巴黎规划的"宜居"理念。[49]

3）堪培拉

堪培拉 2030 战略规划在"土地利用与规划"一章中提到，其在土地利用模式的选择上，强调以更大的环境责任感行动并保持一个宜居城市，考虑一种能够提供更大的灵活性、多样性和使用强度的土地利用模式。在规划中，堪培拉强调功能使用的混合——住宅、零售及商业混合开发，这不仅提供了良好的市容，而且还营造了更为丰富的社交空间。

4) 巴塞罗那

巴塞罗那将新的公园和广场在"将博物馆搬至街上"这个原则上建立起来。通过空间本身的设计和独特的艺术作品,强化每一个广场的个性和特色,为所在地区的日常活动提供一个公共平台。自1981年至今,巴塞罗那政府已经对450多个公共空间进行了改造与建设,旨在提升居民生活、工作、学习的公共空间品质,创造更为宜人的城市环境。

一方面,运用"碎片式"的更新保护,采用"针灸法",单点切入,改建和创造了许多小公园、小广场,彻底改善了城市面貌和居民的生活质量;另一方面,大型公共空间的改造与建设转变,以国际大型盛会为契机迅速发展,并强调城市大型公共建筑与城市整体的协调。[50]

公共空间决定了城市整体面貌和市民生活质量,巴塞罗那针对小公园、小广场和人行道的更新与建设,获得了立竿见影的效果。而大型公共设施和一系列相关配套设施的建设,则全面提升了城市的发展水平,推动设施所在地迅速发展。

5) 芝加哥

芝加哥大都市规划通过提供区域性住房和就业混合来促进区域繁荣。从居民角度来看,这种"健康"的居住与就业平衡可以降低交通时间和成本;从商业角度来看,"健康"的居住与就业平衡有利于企业接近强大的劳动力市场。大都市规划通过平衡就业机会和居住来最大限度地减少城市交通需求。

(2) 规划聚焦:住房、就业、生活质量

从以上规划案例可以看出,住房、城市服务中心是城市生活的刚性需求,这些设施的配备,直接决定了城市是否适居。所有宜居的概念必然以适合居住、能够生存为基本条件。因此,诸多城市在面临日益增多的外来人口的压力下,纷纷开始着眼于提供充足的住房与就业、服务中心。

## 4.2.3 知识城市和创新城市

知识城市通常成为一个城市综合竞争力战略的一部分,例如伦敦作为一个有着多种竞争优势的国际都市,其做法是以"知识城市"发展为契机,以文化艺术活动为先导。伦敦市政当局瞄准更高目标,继续挖掘利用"城市创新引擎"新的内涵,以文化艺术活动为依托和纽带,联系产业、旅游等城市发展的诸多方面。

知识城市也是城市竞争战略的主体。例如为使巴塞罗那能在欧洲知识经济中有更明确的定位,1999年地方政府与地方知识团体将"知识城市"作为城市发展策略。原本地方部门策略各自独立,例如巴塞罗那市政府中的经济部门致力于扶持科技新兴企业,透过企业孵化器的方式提供贷款与财务协助;地方议会的知识策略仅关注如何透过创新来重建老旧之邻里小区;巴塞罗那自治大学独自致力于技术研究群与地区企业社群间的"知识移转",这样即使各层级推动的策略再有效,但由于不相关联,导致巴塞罗那的知识关联政策变得含糊不清。而"巴塞罗那:知识城市"的策略计划就是要避免该政策推行之分化现象,协调各部门对知识经济之相关提议,免除重复的资源浪费,以期达到各部门协力合作的互动模式。针对知识城市发展,城市议会将巴塞罗那知识经济领域中当前的提议,制订成工作清单,地方议会必须在复杂政策领域中建立清晰的政策架构,同时必须带动起地方企业界的热情以及在执行计划过程中动员所有的努力。位于巴塞罗那市中心边缘的老旧地区 PobleNou 转变成"知识邻里"(knowledge neighborhood)就是该计划执行的成果,近200万平方米的邻里区域透过分区计划的协助成为新形态产业活动发展的培育基地。为了吸引信息与通讯技术领域开发商与投资商对该计划的兴趣,市议会在分区计划内给予一些特别的条件,例如在办公区街廓内,提供给知识密集产业使用的办公大楼能比供给传统产业使用的办公大楼多盖二层楼。透过类似的创意技巧,城市当局成功地说服私人企业团体共同地支持"巴塞罗那:知识城市"。[51]

提升城市竞争力的另外一种规划目标是**创新城市**,其提出的背景是当代社会已进入知识经济阶段。"创新城市"是能够整合集聚力、多样性、不稳定性和正面形象的有竞争力的城市。它有各种类型,包括技术创新型、文化智力型、文化技术型和技术组织型,而集聚力、多样性和不稳定性正是创新城市或城市创新能力的三大要素或条件。[52]从提升城市竞争力和建设创新城市的战略出发,在城市规划的实践领域中形成了不同的策略组合,主要有建设高科技产业园、建设办公楼集聚区、城市中央商务区的重塑、城市更新和滨水地区的开发、文化设施建设和传统文化特色的发扬光大等手段。因此,创新城市也是以知识为基础的智力型发展模式,是对知识城市范畴的拓展。

**厄勒地区**(Oresund)——**人性首都**:厄勒地区位处跨国界的"双城",连接丹麦的哥本哈根市与瑞典的马尔默市,借跨海大桥将两城相连接。依面积而言,拥有约300万人的厄勒地区可视为一个区域而不是一个城市,亦可视为一个都市知识地区。20世纪90年代该区从传统工业地区蜕变成为"创意中心",其最大的优势在于"**健康**"。例如所有的产业活动都与健康照护(医药科技与生命科学)

有关,该区已成为仅次于伦敦、巴黎的欧洲新兴知识经济的热点地区。两国界间的医学事务的共同合作于 1997 年通过最大的医疗科技公司、大学与医院间成立 Medicon Valley Academy 的合资企业,由于其创新的特点,获得欧盟国家的高度支持。厄勒地区从事健康部门的就业人口近年有大幅的增长,特别是关于技术性的工作,这大多是因为该地区医疗试剂产业的蓬勃发展,吸引与日俱增的外国知识密集型公司的投入。

部分研究显示,该地区至少有两个成功的要素:地方部门的有效共同合作与明确的城市品牌策略。在厄勒地区,政府、学界与企业界在同一个基调下运作,由所有社会各部门的代表组成厄勒地区委员会,共同选择以"人的需求"为地区发展的宗旨,投注大量的人力与物力以建设优质的医学科技场所与多样的文化设施;通过维护完善的网站建立与宣传小册,积极地在欧洲打响厄勒地区的名号,在大众媒体上以"人性首都"为号召,强调该地区是一个适合居住、工作与休闲的区域,给人们留下深刻的印象。[53]

**蒂尔堡**(Tilburg)——**现代产业城市**:自 1990 年代初期,蒂尔堡如同荷兰其他城市一样自诩为知识城市,城市的政策明显地揭示着:城市必须创造崭新与高附加价值的工作,来吸引年轻与受良好教育的人,并将他们留下来定居。蒂尔堡深知这不足以在城市竞赛中脱颖而出,并以"蒂尔堡:知识城市"为口号意图吸引众人的目光,然而该模糊的城市印象并未奏效。因此 1992 年地方政府经过与地方企业社群的密集商议,市议会打出巨幅的标语"蒂尔堡:现代产业城市"。其中"产业城市"意指与城市传统经济结构和工作相关联,而"现代"一词,即代表蒂尔堡是当代与创新的意象,而当地的蒂尔堡大学与丰蒂师高等技术学院均被视为是"现代产业"的启蒙来源。

为了维持该城市的品牌名声"现代产业城市",政府公共部门与私人投资者在 Veemarkt 地区,主动将教育与文化相结合,除设置流行信息中心、创意课程、新传媒与广告、图像产业外,在创意领域中各式各样的创意公司均在这个地区出现,因而该区域亦形成另一种"知识园区",在园区内拥有教育、信息及娱乐的肥沃土壤。蒂尔堡的成功,源自其地方政府与最大教育机构的通力合作。[53]

表 4-2 为世界创意城市的主要信息及行动策略。

自 20 世纪 80 年代以来,欧美国家都意识到城市文化保护的重要性,它不仅是城市确保自身特色的途径,也是振兴城市经济、提升城市竞争力的有力措施。于是**城市文化策略**(urban cultural policy)应运而生,它全面关注城市的艺术性,鼓励城市中举行艺术与文化方面的活动,期望提高城市的艺术与文化内涵。城市文化政策的产生,究其深层根源,与日益激烈的城市竞争中各城市积极提升自身吸引力,以吸引更多高素质人才落户城市有关。"文化"成为一种新的资源要素,原本只是推进国家/地区艺术文化发展的文化政策,现已成为政府借以推动经济复兴的政策工具,并有文化部门以外的其他部门(议会政府、规划部门等)的介入和参与。由于许多实践活动是从恢复城市文化和传统地区的活性(包括修缮传统文化建筑、提高这些地区的经济活力)开始的,因此城市设计及文化策略又与城市的历史传统、社会经济条件联系起来,而文化的含义也从艺术活动扩大到包含城市日常生活的方方面面,因为正是它们构成了广义的城市文化。

表 4-2  世界创意城市主要理念及行动策略(根据参考文献[54]整理)

| 城市/地区 | 战略理念及实践行动 |
|---|---|
| 莱比锡(德国) | 把创意城市概念当作一种城市战略,发展中采用完全依赖于城市基层倡议(grass-roots initiatives)和支持小尺度的环境演变,而不是推行传统意义上的城市整体规划;改造废弃工业空间和廉价的住房供创意产业和年轻创意人才使用 |
| 毕尔巴鄂(西班牙) | 修律古根海姆博物馆;城市委员会和地方发展局计划将一片旧工业用地建设成为整片的创意街区来为专业服务、知识活动和创意产业部门提供使用空间;采用"毕尔巴鄂创意指标"体系来监测所有创意活动在毕尔巴鄂的动态发展 |
| 里尔(法国) | 城市规划建设将创造力、文化方针和文化经济结合起来,致力于在都市圈和跨界大区中通过多元途径确保城市经济发展条件;由艺术家发起的城市变革成为激发城市创造性和公民意识的原动力 |
| 汉堡(德国) | 建造大量标志性的文化建筑和旗舰项目,独特的建筑设计与丰富的文化节庆活动齐头并进;在易北河一侧引入国际建筑展活动 |
| 苏黎世(瑞士) | 将老工业区的物质开发与全面的创意集群发展结合;规划对创意阶层在全球经济中的生存条件和目标有详尽认知,不断促成公共和私营部门间的沟通,达成合作 |
| 安特卫普(比利时) | 在城市衰败地区组织高端文化活动和空间改造项目;利用欧盟"城市1"和"城市2"计划以及其他政府资金资源对城市中的问题或废弃地区进行开发再利用 |

在城市文化策略上纽约打出了"我爱纽约"(I ♥ New York)的旗号,格拉斯哥跟风地提出了"更好的格拉斯哥"(Glasgow's Miles Better),其目的都是为了让城市保持文化旅游中心地的地位。英国将**"城市文化"**与**"公共艺术"**联系起

来,并与千禧年的准备相结合,注重开展国家事件、节庆日、城市奇景和大型纪念项目(如伦敦的千禧穹顶)。德国和荷兰为了振兴战时被轰炸过的地区,也提出了"花园节"(garden festival)的主张。

英国的曼彻斯特是另一个典型案例。曼彻斯特深刻地意识到"**21世纪的成功城市将是一个文化城市**","**文化是知识经济中至关重要的创造力**"。因此,城市当局和利益攸关人自觉把发展文化产业和"知识城市"战略放在城市发展的核心地位上,打出"知识城市"的口号,通过发展创意产业来提升自身的竞争力。城市当局确定了两大目标:其一是确保城市的复兴计划得到认同和支持,使之成为一个震撼性的文化和知识之都。其二是鼓励本地市民围绕五大主题踊跃参与文化活动:①文化之都,即建设、持续发展文化基础设施,保护文化投入的利益;②文化与学习,即确立文化在学习、提高教育水平中的角色地位;③文化大同,即鼓励市民参与文化活动;④文化经济,即推进可持续发展的文化经济;⑤文化营销,即协调开展各种营销活动,提升城市文化形象。

### 4.2.4  智慧城市

随着全球物联网、新一代移动宽带网络、下一代互联网、云计算等新一轮信息技术的迅速发展和深入应用,信息化发展正酝酿着重大变革和新的突破,向更高阶段的智慧化发展已成为必然趋势。在此背景下,一些国家、地区和城市率先提出了建设智慧国家、智慧城市的发展战略,并着力建设更为"智慧"的城市。其中以美国"智慧地球"国家战略、欧洲"物联网"计划、新加坡2015"智慧国"计划、韩国"u-Korea"战略下的"u-City"建设、日本"i-Japan 2015"战略、马来西亚"信息技术觉醒运动"等比较知名。

表4-3为世界智慧城市的主要理念及行动策略。

表4-3  世界智慧城市主要理念及行动策略

| 国家/地区 | 战略理念 | 实践行动 |
|---|---|---|
| 美国 | "智慧地球"国家战略 | 要求政府投资于诸如智能铁路、智能高速公路、智能电网等基础设施,刺激短期经济增长,创造就业岗位;利用新一代智能基础设施为未来科技创新开拓巨大空间,增强国家的长期竞争力;提高对于有限的资源与环境的利用率,有助于资源和环境保护;建立必要的信息基础设施 |

城市规划提升城市竞争力的国内外经验

| 国家/地区 | 战略理念 | 实践行动 |
|---|---|---|
| 欧洲 | "物联网"计划 | 制订欧洲物联网政策路线图;以《欧盟物联网行动计划》作为全球首个物联网发展战略规划;致力于物联网项目的研究,如欧洲 FP7 项(CASAGRAS)、欧洲物联网项目组(CERP-IoT)、全球标准互用性论坛(Grifs)、欧洲电信标准协会(ETSI)以及欧盟智慧系统整合科技平台(ETP EPoSS)等;欧洲各大运营商和企业加强物联网应用领域的部署,如 Vodafone 推出了全球服务平台及应用服务的部署,T-mobile、Telenor 与设备商合作,特别关注汽车、船舶和导航等行业等 |
| 新加坡 | 2015"智慧国"计划 | 建设新一代资讯通信基础设施,发展具有全球竞争力的资讯通信产业;开发精通资讯通信并具有国际竞争力的资讯通信人力资源,实现关键经济领域、政府和社会的转型 |
| 韩国 | "u-Korea"战略下的"u-City"建设 | 城市设施管理方面,利用无线传感器网络,管理人员可以随时随地掌握道路、停车场、地下管网等设施的运行状态;城市安全方面,利用红外摄像机和无线传感器网络,突破人类视野限制,提高监测自动化水平;城市环境方面,u-环境系统自动给市民手机发送是否适宜户外运动的提示,提供实时查询气象、交通等信息服务;城市交通方面,u-交通系统涵盖包括公交信息系统、残疾人支持系统、公共停车信息系统、智能交通信号控制系统、集成控制中心,并与 u-家庭、u-安全、u-设施管理、u-门户、u-服务等系统互联互通;首尔、釜山、仁川等 6 个地区成为 u-City 示范区 |
| 日本 | "i-Japan 2015"战略 | 包括电子政务、医疗和教育三大核心领域。在电子政务领域,提出整顿体制和相关法律制度以促进电子政府和电子自治体建设;设置副首相级的 CIO,赋予其必要的权限并为其配备相关辅佐专家,增强中央与地方的合作以大力推进电子政务和行政改革;延续过去的计划并确立 PDCA(计划—执行—检查—行动)体制,以通过数字技术推进"新行政改革",简化行政事务,实现信息交换的无纸化和行政透明化;广泛普及并落实"国民电子个人信箱(暂称)",为国民提供专用账号,让其能够放心获取并管理年金记录等与己相关的各类行政信息;一站式行政服务,方便市民参与电子政务 |
| 马来西亚 | "信息技术觉醒运动" | 建设总面积为 750 平方千米的多媒体超级走廊(multimedia super corridor,MSC)。该走廊包括 7 个"旗舰计划":电子政府、智慧学校、远程医疗、多用途智慧卡、研究与开发中心、无国界行销中心和全球制造网,范围涵盖吉隆坡城市中心、布特拉贾亚(Putrajaya)政府行政中心、电子信息城(Cyberjaya)、高科技技术孵化创新园区和吉隆坡国际机场,实现缔造"知识经济"的社会梦想 |

资料来源:根据 http://www.cnscn.com.cn/整理。

### 4.2.5 全球竞争理念

全球的竞争不仅表现为城市对外部资源的吸引、集聚能力，而且还体现在城市对现有资源的优化配置能力。世界各大城市开始探索晋级全球竞争的渠道，具体路径无疑从这两方面着手，一方面扩大城市的对外影响力，另一方面也更加关注城市自身内涵、品质的提升。

(1) 城市全球竞争战略

1) 巴黎

随着全球竞争的扩大，世界上的各个城市都面临着来自世界各个级别、各个类型的城市的竞争压力。在当今全球化的时代，"大巴黎计划"给巴黎提供了一次难得的机会：构想和创造共同的"世界之城"。这样的发展目标定位无疑是针对全球竞争的背景提出的。

从产业规划上来看，巴黎在未来一段时间内将不断强化巴黎大区的支柱产业服务经济。在世界规模的第三产业市场中，巴黎总部设址将更为集中，以促进对科技研究潜力的强有力支持。这种不断上升的动力将使巴黎享受到更好的产业接纳和发展条件。

2) 悉尼

随着地域联系的不断加强，作为澳大利亚首屈一指的门户城市，悉尼为保持在澳大利亚及亚太区域的商业、金融、文化、旅游、科技领先地位，并将自己融入到快速变化的世界中，完成全球性物质和信息的交换，提出了"全球化悉尼"的战略规划与行动方案（见表4-4）。

针对新一轮的全球化浪潮及日趋激烈的城市间竞争，从过去悉尼在全球所处的优势地位中总结经验，经济的高增长与低成本、投资、发展区域协作及旅游产业的巩固是悉尼经久不衰的重要保障。悉尼要在新条件下继续实现这些成功的经验，必须要考虑在中心区其他地方培育新的经济增长点和就业增长点，并保证它们与市中心紧密而高效的联系。这些区域性经济中心（如CBD）从事的是市中心经济的辅助或相关产业，将成为经济发展与社区发展的纽带。这种培育悉尼全球竞争力与创新能力的规划，是悉尼着眼于全球竞争环境下的远视战略。

(2) 全球城市竞争的强劲引擎：发达的城市中心区

发达的城市中心能够吸引资源、人才向城市集聚，也同时是城市综合实力的象征。在全球城市竞争的背景下，发达的城市中心区就如同强劲的引擎，为城市输出更大的辐射力。

表4-4 "全球化悉尼"战略及行动方案(引自参考文献[44])

| 战略 | 规划策略 | 行动方案 |
|------|----------|----------|
| 全球化悉尼战略 | 为市中心重新注入活力 | 增加中心区内公共场所的吸引力,为市民提供更多的交流、休闲和娱乐的机会 |
| | | 确保中心区用地多功能的综合发展 |
| | | 鼓励商业及零售的发展、丰富街道生活 |
| | | 保证中心区的住房结构的多样性 |
| | | 利用海港优势、鼓励滨水空间的多功能发展 |
| | | 鼓励中心区的文化产业和文化设施的发展,尤其是发展特色的澳洲土著文化 |
| | 培育全球竞争力和创新能力 | 保证中心区内各类基础设施的更新与维护 |
| | | 鼓励中心区内新的区域性中心的发展、创造性的经济和就业增长点 |
| | | 鼓励有高度竞争力和领先地位的行业在中心区内集中发展 |
| | | 在中心区内培育高新产业、创意产业区 |
| | | 加强机构间的合作,促进旅游产业和会展经济的发展 |

悉尼市中心作为整个大悉尼地区文化、商业、旅游、零售等活动最集中的区域,为在这里生活、工作、休闲的人们提供了一个安全、舒适的活动场所。这个场所包含各种服务、街道元素、文化活动及夜生活,为游客和消费者提供足够的吸引力。同时,在改善中心区内的居住条件方面,悉尼重视提供部分经济适用房,维持中心区多元文化的特质。而且还继续利用悉尼得天独厚的海港、海湾条件,通过融入商业、休闲、娱乐和文化活动,打造一个更具魅力的滨水空间。

### 4.2.6 精明增长理念

"城市病"始终伴随国际大都市的发展,成为阻碍城市发展环境的症结。国际上的理论和实践均采取对城市土地使用结构与交通体系的调控,来达到缓解城市病的愿望。"集约型的城市形态和短距离的交通出行环境"是基本的城市规划对策。

因此,国际上对于可持续的城市空间结构已经基本形成共识,即以城市土地使用与交通整合规划为手段,采取精明增长(smart growth)的发展模式。精明增长的主要规划理念包括:实施"有规划的增长";区域统筹发展;公共交通主导的发展模式,新开发项目围绕公交线路和站点布局;新城市主义社区设计;重视在已有城市化地区进行插建;功能混合布局,形成"集约、紧凑、混合、公交导向、短距离城市、插建"等关键词。

### 4.2.7　城市区域化理念

城市是区域、国家和地方经济的引擎,这表明城市决策者将对增强地区竞争力扮演十分重要的角色。欧洲几个城市的政策实施就是一个例子,即所谓的"集聚效益"高的整体创新能力强,城市战略规划的评估解释了它的原因:较小城市获得的集聚效益小于较大城市。[55]国外城市的发展方向体现出通过空间重组以增强弹性应变与城市竞争力的理念:即对外进行区域联合,融入更大的经济圈层,扩大市场份额以抵御发展风险;对内整合资源、构筑多中心体系,以增强城市综合实力。

巴黎计划通过修建高速铁路和提高塞纳河的航运功能,让大巴黎一直延伸到法国北部诺曼底港口城市勒阿弗尔,而不仅仅是现在的巴黎,即指巴黎环线之内的中心城区,其人口只有 200 万左右的巴黎中心区块。与此同时,《悉尼2030》中所定义的"悉尼"是指悉尼市政府管辖的区域,它集中了悉尼大都市区及所在新南威尔士州的诸多最重要功能区。

## 4.3　功能空间塑造

### 4.3.1　新的功能空间建设

(1) 新产业空间

新经济时代城市竞争效应在城市层面上的空间表象伴随城市功能变迁的城市结构重构,其中一个重要方面就是新产业空间的发展。新产业空间往往比旧城更能吸引人才、资金和信息。其表现形式是城市综合体,就是将城市中的商业、办公、居住、旅店、展览、餐饮、会议、文娱和交通等城市生活空间的三项以上进行组合,并在各部分间建立一种相互依存、相互帮助的能动关系,从而形成一个多功能、高效率的综合体。

如巴黎市区西北部的拉德方斯新区,是集办公、商务、购物、生活和休闲于一身的现代化城区,也是世界上最具代表性的城市综合体。集中的商务体系、大规模的居住面积、优良的绿化以及快速的交通捷运使它成为欧洲著名的现代城区代表，引领着巴黎新经济的快速发展。东京的六本木新城建设定位为"艺术智能城"，在新城内混合了办公、居住、购物、休闲、文化艺术等多种功能建筑；在交通组织上六本木新城处理好功能组团与轨道交通的关系，体现了"让居住区和办公区更接近，让在六本木新城办公、居住的人享受足够的便利"的设计理念。新城建成后极大地改变了城市面貌，被认为是日本新都市主义居住空间的范本，是日本东京继银座、新宿等著名商业中心后，又一个新崛起的新型综合商业体。

国内成功的案例是浦东新区的实践，它不仅在战略上缓解了城市中心区开发的压力，拓展了城市的建设用地，重要的是在空间结构上成功地为上海增加了一个新的商务中心。此外，更为上海经济结构的转型以及在全球经济一体化下的国际竞争奠定了高竞争力的空间平台。

（2）空港城和综合交通枢纽

1992年，美国北卡罗来纳大学的卡萨达教授提出了"第五波理论"，认为过去世界上大城市发展先后依托内河航运、海运、铁路和高速公路等"四波"浪潮，之后依托第五波浪潮，即航空时代。全球化、以时间为基础的竞争将居主流，速度和便捷对新经济来说非常重要，航空商务迅速成为符合逻辑的支柱。世界贸易总值的45%通过空运，而且比例还在增长。[44] 在航空浪潮中，在大都市区出现了新的经济增长点"空港城"，成为后工业化经济中的新型城市功能区。荷兰阿姆斯特丹市的史基浦机场在20世纪90年代首次提出了"机场城市"的构想，此后被广为效仿。依托机场功能，通过机场吸引新的运输和服务功能，建立空港自由贸易区等产业区形式，使其成为带动周边地区发展的"发动机"，这样的做法已经成为国际化城市的重要发展战略。

全球化时代，一个地区或城市的交通能力直接影响着这座城市的未来发展。城市中心区是城市交通矛盾最集中的区域，有限的地面道路资源已经难以满足日益增加的交通需求。国际大都市纷纷开始寻找一些途径来增强城市交通的承载力。一种集地面、地下交通于一体，并且具有良好的交通接驳功能的城市客运交通枢纽的建设应运而生。从提升城市竞争力的角度来看，这将大大提高城市的运行效率，并且对提高城市客运交通体系的服务水平，促进城市综合交通体系形成，最终实现城市交通畅通具有积极意义。

例如，柏林来哈特（Lehrter Bahnhof）枢纽是德国集轨道交通（高速铁路、普通铁路、市域快速轨道交通（S-Bahn）、地铁）、道路交通于一体的重要综合交通枢纽,它于 1993 年开始规划设计,1996 年开工建设,于 2006 年建成。该枢纽占地 10 万平方米,总建筑面积为 17.5 万平方米。

整个枢纽由东西向的高架轨道交通线和南北向的地铁线构成,主要出入口布设在 2 条轨道交通线交汇处;地面层为路面交通,港湾式停车场;在高架桥西侧设置地面、地下四层私家车停车场,提供方便的停车设施;在轨道桥东西两端建造办公楼,提供商业活动,吸引客流(见图 4-4)。[56]

再如,拉德芳斯(La Defense)换乘枢纽,是集轨道交通(高速铁路、地铁线路)、高速公路、城市道路于一体的综合交通枢纽,每天约有 40 万人次在这里换乘各种交通工具。该枢纽具有交通、商业服务等

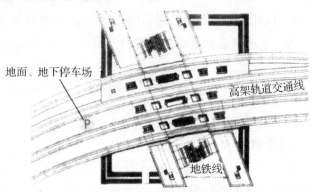

图 4-4　柏林来哈特枢纽平面布局

功能。公交车站层,在枢纽的东侧,公交线路包围了小汽车停车场,设有大量清晰的道路标志,引导车辆快速通过,有序停放;中央为售票和换乘大厅,有商业及其他服务设施;西侧为郊区铁路和有轨电车 T2 线。乘客通过地面出入口和换乘大厅的换乘楼梯,可以很方便地到达商业中心,以及地下三、四层的地铁 M1 和 RER-A 线,通过地铁线路将拉德芳斯区域与巴黎市中心区紧密联系起来(见图 4-5)。[57]

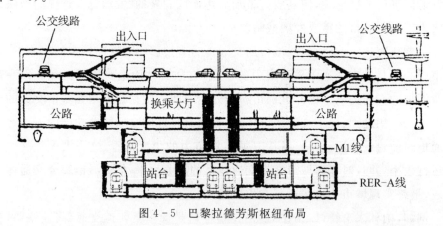

图 4-5　巴黎拉德芳斯枢纽布局

从上述案例来看,综合交通枢纽实现了多种交通方式之间的换乘设施一体

化布置,各种交通方式之间在平面和立面布局方面应高度"综合"。同时,在保证客流集散便捷的前提下,这些交通枢纽还对周围空间进行了综合开发,植入了商业、旅游、居住等功能。这种良好的枢纽布局设计大大提高了综合交通换乘效率,也充分利用了换乘站人流资源的商业价值。

（3）滨水区

滨水区是城市中一个特定的空间地段,尤指靠近江、海、湖等的区块,海边、江边、湖滨等。与城市其他地段相比,滨水区是城市居民基本的公共空间,是表现城市形象的重要节点,也是外来旅游者开展观光活动的主要场所。因此,滨水地区的成功开发不仅能促进城市经济发展,为政府增加税收,增加就业机会,为市民提供就业休闲场所,还能美化市容,增强市民对城市的自豪感。从提升城市竞争力的角度来看,滨水区不仅能通过景观要素吸引观光、游憩,也可以通过功能性改造提升城市经济实力、综合实力。下面以芝加哥湖滨地区和伦敦码头区为例,说明滨水区在当今大都市空间竞争力中的作用。

芝加哥湖滨地带宏伟的古典建筑、宽阔的林荫大道和优美的游憩场地,显示出良好的城市规划对美化城市景观、改善脏乱的城市面貌所起的作用。这里（芝加哥沿密歇根湖所保留的湖滨绿化带和湖滨区）的公共性空间建设是依据伯汉姆（Daniel Hudson Burnham）和班奈特（Edwevrel H. Bennet）在 1909 年所制订的"芝加哥规划"完成的。对湖滨地区和滨水区域的保护和限制性开发是芝加哥保持城市特色的一个重要举措。他提出要注重保护城区内的自然环境,使城区绿化和湖滨绿化带相结合,以形成全市的公共空间系统。[57]

在这份规划中,从当时长远的角度来看,水运交通方式将被铁路和公路运输所取代,近期需要整治芝加哥河及南北支流,加强密西根湖与芝加哥河的联系。因此在此基础上规划了一系列的码头设施,远期规划将湖滨地区保护成永久性的城市公共空间。在整个湖滨地区,除一组被称作博物馆区的建筑群外,其余以大面积的草地、树木和停车场为主。

这种"城市美化"理念下的滨水区改造为芝加哥带来了优美的城市景观,也为这座城市激发了新的活力。

伦敦码头区是英国的第一大港口,然而随着 20 世纪初世界贸易局势的变化,老码头工业区无法适应新的航运技术和现代交通联系要求,地位迅速下降。1977 年,伦敦内城复兴计划将码头区列入其中,希望再现码头区的昔日活力。

码头区在功能开发上,主要以办公楼、商业区、旅游区和大量的社会住宅、豪华住宅为主。在码头区四大开发区域中,夏德威尔大码头区和萨里码头区主要以开发住宅和商业区为主,适当配置一些旅游开发功能。在住宅的配套和建筑外形的特点上,格局特色,满足不同层次人的消费和居住要求;在住宅区内,还利用原来的港池加以整治,开发与住宅相配套的游艇码头,供居民和游人休闲游玩。[58]

伦敦码头区的改造是一种随着经济建设的发展而适时进行产业结构和用地布局调整的滨水区改造策略。这种科学的定位不仅有利于码头区的经济效益提升,也为码头区带来了更多的人气和活力。

### 4.3.2　历史遗产保存与城市再生

（1）历史遗产保存

考察位列顶级的世界城市,均对自己的建筑遗产有独到的保护历程,对于后来者有借鉴意义。**"城市的美在于其独特的历史,旧城的责任就是延续城市的历史。"** 珍视建筑遗产,建设具有民族文化特征的差异化世界城市,是纽约、伦敦、巴黎、东京、罗马等国际顶级城市的共同举措。尽管它们各自的历史长短不同、所存建筑遗产内容不同、遗产保存多少不同、历史上遭受各种原因各种形式的破坏的程度不同,但无一例外地,在经济发展的同时,都十分关注并越来越关注自己的民族建筑遗产,保护和展示各自的文化魅力,坚守着彼此之间必须保留的差异。因为"只有民族的才是世界的"是真切的道理。

年轻化的都市纽约,保护着年轻的建筑遗产(如苏荷区铸铁建筑街区);历史悠久的伦敦,保护着千年的古老的城市格局(伦敦城、威斯敏斯特城),保护着"使市民精神愉悦的因素";繁华的巴黎,完整地保留了旧城的风格,使塞纳河上风光无限;超现代的东京,在修复战争创伤进程当中,决不忘记修复古迹,尽管是修复;历史辉煌的罗马,允许大片大片的遗址占据宝贵的旧城空间,旧城随处可见那见证历史的建筑遗迹片断,高大的建筑,亲切的街巷节点广场和清泉,使古城依旧辉煌。它们都保持着民族的文化特色,保持着城市的差异化。[59]

只因为建筑遗产是彰显各自民族文化特征最直观的、无可替代的、物化的、最可读的一种语言表述;只因为建筑遗产在世界城市的建设中是城市文化特色建设的直接资源和必需的支撑;只因为建筑遗产是此世界城市有别于彼世界城市的实物标签;只因为建筑遗产是打破千城一面,造就差异化的、具有民族文化特征的世界城市的根本要素;也因为建筑遗产在面对轰轰烈烈的城市建设运动时的脆弱地位;也因为建筑遗产的不可再生性……所以,在文明高度发展的世界城市中,建筑遗产越来越受到重视。

杭州有五千年的良渚文化,有两千年的建城历史,有吴越和南宋的都城的辉煌,但杭州还没有鲜明的历史城区遗产标志,因此,杭州需要大力度构建历史城市元素系统,增添历史文化城市筹码。

(2)城市再生

城市再生的主要原因,在于进入后工业社会时期的西方面临着城市内部大面积工业时期建造的工业区、仓储区与交通站场、港口区的功能转换问题。成功的城市再生能将原本萎靡不振、拖累城市经济发展的衰退地区转化为新的经济增长龙头,同时能够改善生态环境、城市景观,提升宜居性。

最典型的再生案例是德国的鲁尔工业区。过去几年中鲁尔区大大小小的工业建筑被改造成为各种文化活动的场所,有两百多个年度、双年度或者三年度的文化活动,吸引着来自各地的艺术家、参观者和旅游者。鲁尔区的文化产业并不能弥补传统工业中的失业问题,但就创造就业岗位和促进城市发展而言,它仍然是本地区新经济发展必不可缺的元素。在创新精神及公共部门主导的政策作用下,一个传统的工业地区可以通过文化及文化产业的发展实现转型并焕发生机。这种转型需要一个开明的、有创新精神的和有胆识的公共部门,并且愿意投入相当数目的公共资金,否则将很难在大都市以外的其他地区推动市场的发展。

阿姆斯特丹的东港区改造也是城市更新中的一个比较成功的案例。东港区位于城市中心的东北角,与中央车站仅咫尺之遥。19世纪末到20世纪中叶,东港区一直是阿姆斯特丹的水运枢纽中心。随着城市的航运业逐步向西部的现代化新港转移,东港区逐渐衰落。20世纪70年代中期,政府在东港区开始进行多层、高密度的廉租住宅建设。20世纪末,为了增强城市对高层次人才和投资者的吸引力,政府将东港区建设的重心转变为建设面向中高收入阶层的高档商品住宅和公寓。其成功的原因有如下几点:①高质量的大容量。东港区改造以低层高密度的组合模式,实现了既要高强度又有良好环境质量的开发。②空间角色分配。低层住宅和高层住宅被赋予了不同而又明确的使命。③弹性设计。增加平街层的层高,既改善了住宅的采光通风条件,又为以后向商业功能转变预留了一个"接口"。④多样性创造。通过鼓励设计者在遵守公共规则前提下的自由发挥,丰富整个建筑街景的立面。[60]

# 杭州城市竞争力策略分析

## 5.1 杭州城市竞争力现状

### 5.1.1 国际机构的城市竞争力分析

（1）世界经济论坛全球竞争力报告的分析

随着全球化的继续深入，一些世界机构针对城市竞争力的提升对各个国家、城市作了新的评估。例如，世界经济论坛（WEF）的"竞争力报告组"（Competitiveness Team）撰写的年度经济报告，认为竞争力是决定一国生产力水平从而决定一国经济所能达到的繁荣程度的因素、政策和制度的结合。通过"竞争力报告组"对全球竞争力的剖析，认为世界各国处于不同的发展阶段，报告中列出的全球竞争力指数排名，将各国分成3个特定阶段：要素驱动阶段、效率驱动阶段和创新驱动阶段。

这份报告从世界的层面为国家竞争力的提升提供了分析结论，认为我国处于效率驱动阶段的初期。另外，《2012中国新型城市化报告》指出，2011年中国城市化率首次突破50%，前10位的城市分别是上海、北京、深圳、天津、成都、广州、苏州、重庆、杭州和无锡。

结合世界经济论坛对我国所处阶段的判断与我国城市化水平的实际情况，杭州作为城市化水平较高的地区之一，可以率先进入创新驱动阶段。

（2）世界银行世界竞争力排名的分析

2006年，世界银行开展了基于政府治理、投资环境与和谐社会构建的中国

120 个城市竞争力的研究。这项竞争力研究主要表明中国 120 个城市(共 12400 家公司)的投资环境差异,其主要结论是与商业有关的法律法规要素环境在全国基本相同,差异主要反映在地方政府的管理效率上。

在投资环境方面,在根据内资公司的投资环境水平所得出的城市排名中,杭州位列第 2,仅次于北京,略高于苏州;在根据对外资公司的投资环境水平得出的城市排名中,杭州位列 13,前 12 名分别为东莞、深圳、苏州、珠海、惠州、佛山、青岛、江门、厦门、广州、大连和威海。因此,可以认为杭州创造的投资环境更适宜于内资公司的投资发展,杭州应当同步创造更适宜于外资公司的投资环境。

在政府治理效率方面,在根据内资公司反馈的政府效率得出的城市排名中,杭州仅次于临沂和江门,位居第 3;在根据外资公司反馈的政府效率得出的城市排名中,杭州位于 12 名。由此可见,杭州对于外资公司的服务有所欠缺。

在社会环境方面,在构建和谐社会的客观绩效排名中,杭州位于第 5,与位居其前的北京、东莞、佛山和广州差距较小。构建和谐社会的指标主要涉及人均教育支出、工业废物无害化处理率、人均绿地面积、空气质量优良的天数、失业率、年平均工资、新生婴儿死亡率、固定职工医疗保险覆盖率、女童入学率几个方面,涵盖了除经济以外的其他方面。可见,杭州在社会建设方面具有一定的优势。

## 5.1.2 国内城市综合竞争力排名

中国社会科学院的《中国城市竞争力报告》从全球的视角分析中国城市的整体地位,包括优势、劣势、机遇和挑战,同时提出中国城市的全球竞争战略,为相关省区和具体城市分析自身竞争力,制订提升竞争力的战略提供启示和参考。同时,报告中还针对城市的单项竞争力进行了解读与相关分析,通过指标体系解释竞争力要素的状况。

根据《中国城市竞争力报告 No.10》的城市综合竞争力排位,2011 年前10 位城市依次是(见表 5-1):香港、台北、北京、上海、深圳、广州、天津、杭州、青岛和长沙。其中,珠三角 3 个、环渤海 3 个、长三角 2 个、台湾 1 个,中部地区湖南省 1 个,杭州位居第 8。[61]

从表 5-1 中可以看出,杭州在全国城市中具有较高的竞争力,且竞争力排名呈上升趋势,从 2010 年的第 10 名上升到 2011 年的第 8 名。

表 5-1　2011 年前 10 位城市综合竞争力指数及与 2010 年排名对比（引自参考文献[61]）

| 城市 | 2011 年综合竞争力<br>指数 | 2011 年排名 | 2010 年排名 | 排名变化 |
|---|---|---|---|---|
| 香港 | 1.000 | 1 | 1 | 0 |
| 台北 | 0.906 | 2 | 4 | 2 |
| 北京 | 0.896 | 3 | 3 | 0 |
| 上海 | 0.889 | 4 | 2 | −2 |
| 深圳 | 0.877 | 5 | 5 | 0 |
| 广州 | 0.865 | 6 | 6 | 0 |
| 天津 | 0.840 | 7 | 7 | 0 |
| 杭州 | 0.806 | 8 | 10 | 2 |
| 青岛 | 0.804 | 9 | 11 | 2 |
| 长沙 | 0.804 | 10 | 9 | −1 |

　　在 2011 年的排名中,北京首次超过了上海,这意味着以上海为代表的东部城市已经进入了一个结构转型的关键时期。根据《中国城市竞争力报告 No.10》的研究,上海一年间人口增加 390 万,再加上相关产业的转移,是竞争力下降的主要原因。杭州地处长三角南翼,正处于工业化后期阶段,城市部分产业空间出现功能置换,部分工业、制造业向外转移,在此过程中杭州应当吸取上海竞争力排位下降的经验,在经济转型过程中,关注人口、经济、社会的和谐发展,保持强劲的竞争力。

　　从竞争力相对指数的比较(见图 5-1)上可以看出,前 10 位的城市大致分为 3 个等级:

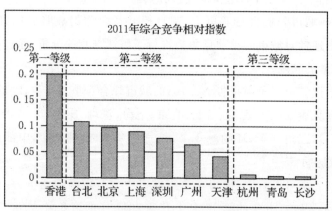

注:2011 综合竞争力指数取 0.8 为基准点,进行折算获得。

图 5-1　2011 年城市竞争力相对指数比较

第一等级是香港,它与第二等级的城市拉开了明显的差距,是属于发展速度较快、基础较好、短期内难以追赶的一类。

第二等级的城市数量较多,有台北、北京、上海、深圳、广州和天津,这类城市属于既有优势的快速发展型城市,是杭州将来旨在赶超的一类城市。

第三等级的城市以杭州、青岛、长沙为代表。这些城市的发展条件较好,发展速度较快,而且未来发展的潜力较大,但它们之间的差距较小,排位容易变化。

回顾10年来杭州竞争力排名的变化(见表5-2和图5-2),可以看出2003年至2009年期间,杭州的竞争力排位一直在12位左右徘徊,呈现"W"字形的上下浮动。2010年第二次进入前10,并继续保持上升趋势;2011年,杭州综合竞争力实现了较大幅度的提高,位列第8。连续两年来优势的保持与之前2006年出现的短暂上升不同,可以认为,杭州已经完成了优势地位的巩固,并提高了劣势项目的抵抗和应对能力。

表5-2　杭州2002—2011年竞争力回顾(引自参考文献[61])

| 城市 | 2011 | | 2010 | | 2009排名 | 2008排名 | 2007排名 | 2006 | | 2005排名 | 2004排名 | 2003排名 | 2002 | 2002 | 10年平均排名 | 10年排名变化 |
|---|---|---|---|---|---|---|---|---|---|---|---|---|---|---|---|---|
| | 综合竞争力指数排名 | 排名 | 综合竞争力指数排名 | 排名 | | | | 综合竞争力指数排名 | 排名 | | | | 综合竞争力指数排名 | 排名 | | |
| 杭州 | 0.806 | 8 | 0.765 | 10 | 12 | 11 | 12 | 0.720 | 10 | 12 | 13 | 12 | 0.623 | 14 | 11 | 6 |

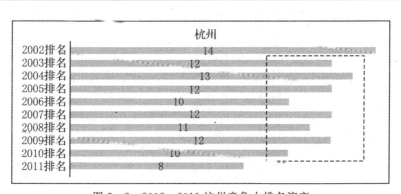

图5-2　2002—2011杭州竞争力排名演变

表5-3为中国重点城市2011年度分项竞争力指数及排名情况。

表5-3 中国重点城市2011年度分项竞争力指数及排名(引自参考文献[61])

| 城市 | 综合竞争力指数 | 排名 | 人才本体竞争力指数 | 排名 | 企业本体竞争力指数 | 排名 | 主要产业本体竞争力指数 | 排名 | 公共部门竞争力指数 | 排名 | 生活环境竞争力指数 | 排名 | 商务环境竞争力指数 | 排名 | 创新环境竞争力指数 | 排名 | 社会环境竞争力指数 | 排名 |
|---|---|---|---|---|---|---|---|---|---|---|---|---|---|---|---|---|---|---|
| 香港 | 1.000 | 1 | 0.995 | 2 | 0.834 | 8 | 0.706 | 6 | 0.884 | 6 | 0.924 | 4 | 1 | 1 | 0.916 | 2 | 1 | 1 |
| 台北 | 0.906 | 2 | — | | | | | | | | | | | | | | | |
| 北京 | 0.896 | 3 | 1 | 1 | 0.799 | 14 | 1 | 1 | 1 | 1 | 0.968 | 2 | 0.707 | 21 | 1 | 1 | 0.729 | 40 |
| 上海 | 0.889 | 4 | 0.925 | 3 | 1 | 1 | 0.812 | 2 | 0.943 | 3 | 0.927 | 3 | 0.934 | 2 | 0.888 | 3 | 0.758 | 31 |
| 深圳 | 0.877 | 5 | 0.917 | 4 | 0.826 | 10 | 0.717 | 5 | 0.743 | 30 | 0.849 | 8 | 0.788 | 6 | 0.84 | 5 | 0.782 | 21 |
| 广州 | 0.865 | 6 | 0.814 | 14 | 0.84 | 7 | 0.738 | 4 | 0.896 | 5 | 0.865 | 7 | 0.804 | 5 | 0.768 | 19 | 0.773 | 26 |
| 天津 | 0.840 | 7 | 0.774 | 20 | 0.783 | 21 | 0.65 | | 0.787 | 17 | 0.71 | 17 | 0.751 | 10 | 0.77 | 17 | 0.729 | 42 |
| 杭州 | 0.806 | 8 | 0.875 | 7 | 0.798 | 15 | 0.757 | 3 | 0.827 | 9 | 0.814 | 9 | 0.672 | 28 | 0.805 | 8 | 0.893 | 6 |
| 青岛 | 0.804 | 9 | 0.808 | 16 | 0.736 | 31 | 0.582 | 19 | 0.732 | 34 | 0.691 | 24 | 0.717 | 17 | 0.772 | 15 | 0.829 | 11 |
| 长沙 | 0.804 | 10 | 0.617 | 52 | 0.661 | 48 | 0.526 | 37 | 0.691 | 44 | 0.883 | 6 | 0.579 | 45 | 0.758 | 22 | 0.758 | 31 |
| 大连 | 0.802 | 11 | 0.823 | 13 | 0.784 | 20 | 0.574 | 20 | 0.694 | 43 | 0.686 | 27 | 0.695 | 25 | 0.715 | 33 | 0.796 | 18 |
| 佛山 | 0.792 | 12 | 0.722 | 33 | 0.81 | 12 | 0.546 | 29 | 0.921 | 4 | 0.669 | 34 | 0.654 | 34 | 0.73 | 28 | 0.777 | 24 |
| 澳门 | 0.790 | 13 | 0.794 | | 0.768 | 23 | 0.519 | 41 | 0.774 | 22 | 1 | 1 | 0.722 | 15 | 0.771 | 16 | 0.732 | 39 |
| 苏州 | 0.784 | 14 | 0.877 | 6 | 0.998 | 2 | 0.544 | 30 | 0.809 | 13 | 0.683 | 29 | 0.858 | 3 | 0.77 | 17 | 0.783 | 20 |
| 无锡 | 0.780 | 15 | 0.826 | 11 | 0.834 | 8 | 0.6 | 14 | 0.747 | 29 | 0.681 | 31 | 0.759 | | 0.767 | 20 | 0.825 | 13 |
| 沈阳 | 0.779 | 16 | 0.731 | 29 | 0.674 | 45 | 0.618 | 11 | 0.681 | 46 | 0.683 | 29 | 0.605 | 43 | 0.692 | 39 | 0.743 | 37 |
| 成都 | 0.777 | 17 | 0.761 | 24 | 0.743 | 29 | 0.523 | 39 | 0.765 | 24 | 0.787 | 11 | 0.677 | 27 | 0.765 | 21 | 0.793 | 19 |
| 高雄 | 0.777 | 18 | — | | | | | | | | | | | | | | | |
| 南京 | 0.775 | 19 | 0.847 | 9 | 0.798 | 15 | 0.633 | 10 | 0.779 | 21 | 0.8 | 10 | 0.759 | 8 | 0.845 | 4 | 0.917 | 5 |
| 东莞 | 0.769 | 20 | 0.732 | 28 | 0.873 | 3 | 0.542 | 31 | 0.78 | 20 | 0.744 | 13 | 0.707 | 21 | 0.813 | 7 | 0.852 | 9 |
| 武汉 | 0.768 | 21 | 0.687 | 44 | 0.676 | 44 | 0.604 | 13 | 0.79 | 16 | 0.898 | 5 | 0.626 | 40 | 0.741 | 25 | 0.77 | 27 |
| 宁波 | 0.768 | 22 | 0.796 | 17 | 0.793 | 18 | 0.584 | 18 | 0.768 | 23 | 0.697 | 21 | 0.787 | 7 | 0.707 | 34 | 0.765 | 28 |
| 鄂尔多斯 | 0.763 | 23 | — | | | | | | | | | | | | | | | |
| 济南 | 0.761 | 24 | — | | | | | | | | | | | | | | | |
| 合肥 | 0.749 | 25 | 0.648 | 50 | 0.767 | 24 | 0.569 | 22 | 0.678 | 48 | 0.678 | 32 | 0.561 | 49 | 0.609 | 53 | 0.747 | 36 |
| 包头 | 0.749 | 26 | 0.61 | 53 | 0.392 | 54 | 0.494 | 49 | 0.422 | 54 | 0.582 | 52 | 0.372 | 54 | 0.536 | 54 | 0.659 | 54 |
| 常州 | 0.744 | 27 | 0.81 | 15 | 0.873 | 3 | 0.54 | 32 | 0.794 | 15 | 0.633 | 43 | 0.717 | 17 | 0.738 | 26 | 0.811 | 15 |
| 基隆 | 0.744 | 28 | — | | | | | | | | | | | | | | | |
| 东营 | 0.735 | 29 | — | | | | | | | | | | | | | | | |
| 厦门 | 0.733 | 30 | 0.768 | 22 | 0.692 | 41 | 0.651 | 8 | 0.699 | 42 | 0.69 | 25 | 0.725 | 13 | 0.706 | 35 | 0.8 | 17 |

## 5.1.3 国内城市要素竞争力状况

表 5-4 为 2010 年中国 294 个城市综合竞争力前 15 名排名。将杭州 2010 年、2011 年的单项竞争力指数与综合竞争力位居前 15 名的城市进行横向比较(见图 5-3 和图 5-4),并对各项指数的排名进行分析,可以剖析杭州发展的长板和短板。

**表 5-4　2010 年中国 294 个城市综合竞争力前 15 名排名**(引自参考文献[20])

| 城市 | 综合竞争力指数 | 排名 | 综合增长竞争力指数 | 排名 | 经济规模竞争力指数 | 排名 | 经济效率竞争力指数 | 排名 | 发展成本竞争力指数 | 排名 | 产业层次竞争力指数 | 排名 | 收入水平竞争力指数 | 排名 | 幸福感竞争力指数 | 排名 |
|---|---|---|---|---|---|---|---|---|---|---|---|---|---|---|---|---|
| 香港 | 1.000 | 1 | 0.256 | 288 | 0.979 | 2 | 0.966 | 2 | 0.818 | 4 | 0.992 | 2 | 1.000 | 1 | 0.797 | 271 |
| 上海 | 0.892 | 2 | 0.621 | 267 | 1.000 | 1 | 0.606 | 14 | 0.618 | 55 | 0.735 | 3 | 0.408 | 9 | 0.833 | 205 |
| 北京 | 0.881 | 3 | 0.626 | 265 | 0.893 | 3 | 0.460 | 32 | 0.569 | 101 | 1.000 | 1 | 0.378 | 10 | 0.928 | 9 |
| 深圳 | 0.859 | 4 | 0.723 | 193 | 0.731 | 5 | 0.609 | 13 | 0.615 | 60 | 0.685 | 6 | 0.365 | 11 | 0.815 | 243 |
| 台北 | 0.858 | 5 | 0.186 | 290 | 0.540 | 9 | 1.000 | 1 | 0.787 | 6 | 0.716 | 3 | 0.595 | 2 | 0.898 | 33 |
| 广州 | 0.843 | 6 | 0.726 | 188 | 0.741 | 4 | 0.556 | 17 | 0.666 | 34 | 0.593 | 11 | 0.318 | 17 | 0.891 | 48 |
| 天津 | 0.803 | 7 | 0.861 | 40 | 0.674 | 6 | 0.464 | 31 | 0.609 | 68 | 0.498 | 29 | 0.288 | 23 | 0.877 | 75 |
| 大连 | 0.794 | 8 | 0.842 | 48 | 0.426 | 16 | 0.540 | 19 | 0.672 | 31 | 0.541 | 18 | 0.309 | 19 | 0.848 | 146 |
| 长沙 | 0.783 | 9 | 0.818 | 76 | 0.362 | 24 | 0.535 | 20 | 0.753 | 10 | 0.554 | 14 | 0.277 | 28 | 0.863 | 114 |
| 杭州 | 0.781 | 10 | 0.685 | 223 | 0.502 | 10 | 0.489 | 26 | 0.551 | 115 | 0.592 | 12 | 0.326 | 16 | 0.851 | 141 |
| 青岛 | 0.771 | 11 | 0.828 | 60 | 0.408 | 18 | 0.528 | 21 | 0.667 | 28 | 0.489 | 31 | 0.298 | 21 | 0.877 | 78 |
| 佛山 | 0.778 | 12 | 0.879 | 30 | 0.550 | 8 | 0.646 | 9 | 0.592 | 82 | 0.370 | 89 | 0.248 | 38 | 0.886 | 56 |
| 澳门 | 0.773 | 13 | 0.676 | 231 | 0.140 | 97 | 0.801 | 6 | 0.611 | 61 | 0.547 | 15 | 0.592 | 3 | 0.887 | 54 |
| 东莞 | 0.770 | 14 | 0.746 | 170 | 0.481 | 13 | 0.655 | 8 | 0.532 | 131 | 0.446 | 48 | 0.279 | 26 | 0.848 | 149 |
| 苏州 | 0.768 | 15 | 0.753 | 159 | 0.424 | 17 | 0.528 | 22 | 0.616 | 57 | 0.478 | 33 | 0.330 | 15 | 0.794 | 276 |

(1)优势要素

根据《中国城市竞争力报告 No.9》的研究结论(见表 5-4),杭州具有优势的单项竞争力是:经济规模竞争力(排名第 10)、产业层次竞争力(排名第 12)、收入水平竞争力(排名第 16)。首先,经济规模竞争方面,衡量的指标为城市 GDP 总量,2010 年杭州实现生产总值 5949.17 亿元(杭州市统计局),经济总量稳居全国大中城市第 8 位、副省级城市第 3 位和省会城市第 2 位。杭州的经济规模竞争力指数较一、二层级城市的香港、上海、北京有一定差距,但在排名上,杭州依然靠前。其次,产业层次竞争力以非农产业比例、服务业比例、高端服务业比例、

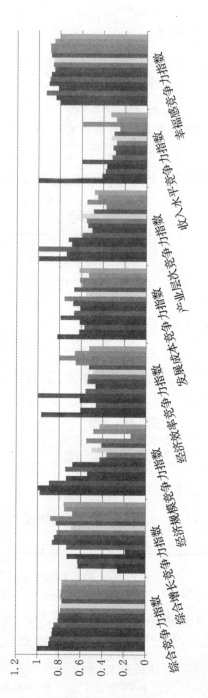

香港
北京
台北
天津
长沙
青岛
澳门
苏州
上海
深圳
广州
大连
杭州
佛山
东莞

图 5-3　2010 年排位前 15 的城市单项竞争力指数对比(根据参考文献[61]绘制)(附彩图)

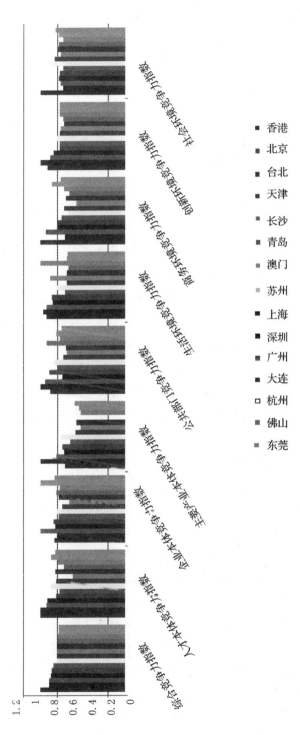

香港
北京
台北
天津
长沙
青岛
澳门
苏州
上海
深圳
广州
大连
杭州
佛山
东莞

图 5-4  2011 年排位前 15 的城市单项竞争力指数对比(根据参考文献[61]绘制)(附彩图)

人均服务业增加值和人均金融服务业,以及人均科学研究、技术服务和地质勘查业增加值,再加人均信息传输、计算机服务和软件业增加值构成,2010 年杭州服务业总产值达2896.69亿元,约占全市 GDP 总量的 48.69%,继 2009 年服务业总产值首次超过工业总产值后继续保持上升趋势。从这方面看,杭州服务业较为发达,形成了较高的产业层次竞争力。收入水平竞争力以人均财政收入和人均可支配收入为衡量指标,充分反映出杭州居民货币化的收益和福利水平都较高。

同时,根据《中国城市竞争力报告 No.10》(见表 5 - 3),杭州单项竞争力的优势部分有:杭州具有极强的产业本体竞争力(排名第 3),这包括建筑业竞争力、制造业竞争力、物流服务业竞争力、消费性服务业竞争力、社会性服务业竞争力、生产性服务业竞争力。每一项又涵盖单项行业占总从业人员的比重、近两年该单向行业的从业人员数、专业化程度、从业人员数。从绝对值、相对值以及近两年的变化趋势、专业化程度进行考量,可见杭州的产业就业率、专业化程度都具有明显优势。在社会环境竞争力上,杭州排名第 6,该项指标包括社会公平、社会协调、城乡协调、社会保障、社会包容、社会秩序等项内容。可见杭州的和谐社会构建具有一定的成效。另外,人才本体竞争力(涵盖人才健康水平、人才知识水平、人才技术水平、人才财富水平、人才技能水平、人才观念水平)也是杭州单项竞争力中的一项优势,排位第 7。此外,公共部门竞争力、生活环境竞争力、创新环境竞争力都名列前茅。

概括起来,杭州城市的竞争优势主要体现在以下 4 个方面。

1) 经济规模具有较大优势

从经济规模竞争力指数来看,杭州 2010 年度的经济发展状况良好,经济发展已经形成较大的规模。2010 年规模以上工业总产值达到 8665.39 亿元,占该年度全部工业总产值(9430.01 亿元)的 91.89%。规模以上的企业在工业生产中担负了龙头作用,并以高额的生产总值体现其优势。

2) 生活富裕

2010 年度,杭州单项竞争力指标中,收入水平竞争力指数较高,2010 年杭州市区城镇居民人均可支配收入达到 30035 元,全市农村居民纯收入 13186 元,分别增长 11.8%和 11.5%。居民收入水平直接影响了居民的生活水平,收入水平的提高意味着杭州市居民的普遍生活水平得到提升,安居乐业的城市生活状态利于杭州建设宜居城市,并能够有效调动起城市建设中居民的积极性,保障社会安定,有利于城市建设的可持续发展。

3）产业发展水平良好

产业层次竞争力指数包含建筑业竞争力、制造业竞争力、物流服务业竞争力、消费性服务业竞争力、社会性服务业竞争力、生产性服务业竞争力等项目。总体排名上，杭州该项指数与其综合竞争力排名相符。从单项指标的绝对值来看，杭州各产业的发展水平良好，增长速度较快（见表5-5）。

表5-5　2010年杭州市区生产总值与上年的比较　　　单位:亿元

| 行业 | 2010年生产总值 | 为上年（%） |
|---|---|---|
| 全市生产总值 | 4740.78 | 112.0 |
| 第一产业 | 94.16 | 101.3 |
| 第二产业 | 2145.22 | 112.3 |
| 工业 | 1865.46 | 112.6 |
| 建筑业 | 279.76 | 110.0 |
| 第三产业 | 2501.40 | 112.2 |
| 交通运输、仓储及邮政业 | 124.63 | 103.3 |
| 批发和零售业 | 445.05 | 113.2 |
| 住宿和餐饮业 | 83.73 | 106.5 |
| 金融业 | 539.21 | 114.0 |
| 房地产业 | 369.38 | 103.0 |
| 科学研究、技术服务和地质勘查业 | 112.90 | 119.9 |
| 居民服务和其他服务业 | 39.74 | 103.9 |
| 教育 | 148.63 | 111.7 |
| 卫生、社会保障和社会福利业 | 80.55 | 116.0 |
| 文化、体育和娱乐业 | 37.18 | 112.1 |
| 公共管理和社会组织 | 163.72 | 109.6 |

资料来源:杭州市统计局网站,杭州市2011年统计年鉴。

但与其他位居前列的城市比较,以深圳（排名第5）为对照,杭州的工业总产值、社会消费品零售总额都具有较大的差距（见表5-6）。

表5-6　2010年杭州市（市区）建筑业总产值与深圳的比较　　　单位:亿元

| 项目 | 杭州 | 深圳 |
|---|---|---|
| 建筑业总产值 | 2441.62 | 1452.42 |
| 工业总产值 | 9430.01 | 18879.66 |
| 社会消费品零售总额 | 1843.23 | 3000.76 |

资料来源:杭州市统计局网站,深圳市统计局网站。

4) 优美的自然环境,宜居的城市生活

杭州优美的城市环境历来为世人所赞叹,从衡量城市社会环境的分项目指标来看,城市环境舒适度指数(第4)、城市自然环境优美度指数(第4)以及城市人工环境优美度指数(第5)杭州都名列前茅。在与广州、深圳、天津的对比中,这3项指标均能够名进前10的仅有杭州,其他城市均存在一定程度上的缺陷。这是由杭州得天独厚的自然环境与具有特色的城市建设风貌息息相关的。以风景园林城市著称的杭州,其城市环境的舒适度成为强有力的竞争优势。然而,其中城市环境质量指数杭州偏低。由此,在享有环境天赋的同时,要加强生态和环境的保护,提升环境质量,维持持续的环境竞争力。

(2)劣势要素

当然,杭州也有一些方面与其综合竞争力地位不相适应的相对劣势的单项竞争力,根据《中国城市竞争力报告 No.9》,杭州的综合增长竞争力指数排在223位,发展成本竞争力指数排在第115位,说明继续增长的动力不足。杭州的经济结构转化速度指数在第26位,省内城市中宁波位于第21,温州位于第10。杭州的开放竞争力仅排在第17位,其经济区域化程度虽然很高,但经济国际化程度不高。杭州的文化竞争力和制度竞争力中的创业精神和创新氛围、个体经济决策自由度需要进一步培育和完善。

《中国城市竞争力报告 No.10》显示杭州竞争力的劣势部分有:杭州的商务环境竞争力落后于宁波,排第28位。这与杭州商务经营的基本要素、市场需求环境、商务基础设施水平、市场竞争环境、营商环境、全球联系有密切关系。另外,杭州的企业本体竞争力(涵盖企业成长能力、企业创新能力、企业制造能力、企业营销能力、企业管理能力、企业文化动力、企业制度动力)排在第15位,与杭州良好的产业本体竞争力(排名第3)不相协调,企业本体的竞争力有待进一步提高。

概括起来,杭州城市竞争力的相对劣势主要体现在以下3个方面。

1)后续增长动力有待提高

从2010年度综合增长竞争力来看,浙江地区的总体水平不佳,杭州更是位于223名,这与综合实力排第10名的水平不相匹配,并存在未来发展动力不足的发展隐患。与香港、上海、北京、深圳等城市一样,这主要是由金融危机导致的出口下降造成的。危机的爆发和深层次发展,使以出口导向型为主的企业深受打击。以劳动密集型出口加工、"两高一低"的粗放式增长工业为主的产业结构和增长方式亟待调整。

2)发展成本高

从发展成本来看,2010 年杭州城市竞争力的该单项指标位于第 115 名,是该年度综合竞争力前 10 名城市中除北京外仅有的另一个位于百名以外的城市。与广州(34 名)、深圳(60 名)、天津(68 名)相比,杭州发展成本指数排名偏低,周边城市中苏州位于 57,南京位于 84,这意味着对发展资本的吸引能力减弱,不利于竞争优质资源,对城市后续发展的动力有所制约。

3)企业个体自身发展能力有待提升

企业个体自身发展能力指标包含企业成长能力、企业创新能力、企业制造能力、企业营销能力、企业管理能力、企业文化动力、企业制度动力。2011 年,该指标杭州排名第 15,广州第 7、深圳第 10、天津第 21。尽管这些城市从综合上来看,企业本体竞争力依然靠前,但应当继续提升企业自身的创新、制造、管理、营销能力,为企业的长期发展提供动力。

## 5.1.4 国内相关城市竞争力比较

为了从杭州的周边城市、标杆城市和后面追赶城市的角度对杭州进行竞争力比较分析,表 5-7 列举了杭州、苏州、深圳、青岛 2010 年度各项竞争力指数及其二级指标的指数和排名。从中可以看到杭州在发展成本指数(第 115)、自然区位便利度指数(第 18)、经济区位便利度指数(第 14)上都与深圳存在不同程度的明显差距,这 3 个指数应当成为杭州竞争力提升的重要追求目标。同时,这些项目中杭州的经济区位便利度指数与苏州、青岛相比,仍具有一定优势,应当适时巩固。在经济国际化程度指标上(第 23),杭州与苏州、深圳、青岛相比,存在较大差距,杭州应当在城市国际化程度上寻求突破。另外在城市环境质量指数上(第 42),杭州落后于苏州、青岛较多,可以重点关注,力争赶超。

表 5-7 2010 年杭州、广州、深圳、天津竞争力对比(引自参考文献[20])

| 指标名称 | 杭州 | | 苏州 | | 深圳 | | 青岛 | |
|---|---|---|---|---|---|---|---|---|
| | 得分 | 排名 | 得分 | 排名 | 得分 | 排名 | 得分 | 排名 |
| YY 综合竞争力 | 0.781 | 10 | 0.768 | 15 | 0.859 | 4 | 0.781 | 11 |
| Y1 综合增长指数 | 0.685 | 223 | 0.753 | 159 | 0.723 | 193 | 0.828 | 60 |
| Y2 经济规模指数 | 0.502 | 10 | 0.424 | 17 | 0.731 | 5 | 0.408 | 18 |
| Y3 经济效率指数 | 0.489 | 26 | 0.528 | 22 | 0.609 | 13 | 0.528 | 21 |
| Y4 发展成本指数 | 0.551 | 115 | 0.616 | 57 | 0.615 | 60 | 0.677 | 28 |
| Y5 产业层次指数 | 0.592 | 12 | 0.478 | 33 | 0.685 | 6 | 0.489 | 31 |
| Y6 收入水平指数 | 0.326 | 16 | 0.330 | 15 | 0.365 | 11 | 0.298 | 21 |

续表

| 指标名称 | 杭州 | | 苏州 | | 深圳 | | 青岛 | |
|---|---|---|---|---|---|---|---|---|
| | 得分 | 排名 | 得分 | 排名 | 得分 | 排名 | 得分 | 排名 |
| Y7 幸福感指数 | 0.851 | 141 | 0.794 | 276 | 0.815 | 243 | 0.877 | 78 |
| Z1 人才竞争力 | 0.669 | 7 | 0.622 | 13 | 0.650 | 9 | 0.538 | 25 |
| Z1.1 人力资源数量指数 | 0.559 | 9 | 0.449 | 19 | 0.789 | 4 | 0.429 | 21 |
| Z1.2 人力资源质量指数 | 0.467 | 34 | 0.516 | 15 | 0.564 | 5 | 0.492 | 22 |
| Z1.3 人力资源配置指数 | 1.000 | 1 | 0.957 | 4 | 0.865 | 29 | 0.956 | 5 |
| Z1.4 人力资源需求指数 | 0.290 | 14 | 0.325 | 8 | 0.302 | 11 | 0.277 | 19 |
| Z1.5 人力资源教育指数 | 0.553 | 8 | 0.514 | 13 | 0.338 | 36 | 0.365 | 33 |
| Z2 资本竞争力 | 0.605 | 6 | 0.584 | 7 | 0.625 | 4 | 0.491 | 17 |
| Z2.1 资本数量指数 | 0.328 | 12 | 0.438 | 4 | 0.322 | 14 | 0.188 | 44 |
| Z2.2 资本质量指数 | 0.987 | 3 | 0.922 | 5 | 0.840 | 33 | 0.888 | 19 |
| Z2.3 金融控制力指数 | 0.656 | 6 | 0.524 | 22 | 0.766 | 4 | 0.562 | 15 |
| Z2.4 资本获得便利性指数 | 0.976 | 3 | 0.931 | 5 | 0.896 | 8 | 0.890 | 11 |
| Z3 科学技术竞争力 | 0.334 | 8 | 0.465 | 3 | 0.419 | 4 | 0.250 | 16 |
| Z3.1 科技实力指数 | 0.217 | 12 | 0.230 | 10 | 0.282 | 6 | 0.202 | 15 |
| Z3.2 科技创新能力指数 | 0.294 | 7 | 0.561 | 3 | 0.391 | 4 | 0.151 | 24 |
| Z3.3 科技转化能力指数 | 0.711 | 10 | 0.637 | 19 | 0.793 | 3 | 0.675 | 13 |
| Z4 结构竞争力 | 0.891 | 3 | 0.918 | 2 | 0.866 | 5 | 0.762 | 25 |
| Z4.1 产业结构高级化程度指数 | 0.574 | 20 | 0.509 | 40 | 0.563 | 23 | 0.535 | 30 |
| Z4.2 经济结构转化速度指数 | 0.664 | 26 | 0.942 | 2 | 0.652 | 28 | 0.555 | 54 |
| Z4.3 经济体系健全度指数 | 0.865 | 4 | 0.865 | 4 | 0.799 | 18 | 0.807 | 15 |
| Z4.4 经济体系灵活适应性指数 | 0.824 | 16 | 1.000 | 1 | 0.737 | 34 | 0.898 | 5 |
| Z4.5 产业集聚程度指数 | 1.000 | 1 | 0.877 | 9 | 0.993 | 2 | 0.778 | 21 |
| Z5 基础设施竞争力 | 0.538 | 14 | 0.456 | 28 | 0.582 | 6 | 0.576 | 8 |
| Z5.1 市内基本基础设施指数 | 0.656 | 11 | 0.655 | 12 | 0.803 | 4 | 0.655 | 12 |
| Z5.2 对外基本基础设施指数 | 0.295 | 15 | 0.064 | 48 | 0.323 | 11 | 0.370 | 8 |
| Z5.3 信息技术基础设施指数 | 0.648 | 14 | 0.664 | 11 | 0.650 | 13 | 0.674 | 9 |
| Z5.4 基础设施成本指数 | 0.753 | 48 | 0.834 | 23 | 0.825 | 28 | 0.724 | 52 |
| Z6 综合区位竞争力 | 0.689 | 14 | 0.565 | 39 | 0.730 | 8 | 0.643 | 20 |
| Z6.1 自然区位便利度指数 | 0.725 | 18 | 0.810 | 6 | 0.810 | 6 | 0.810 | 6 |
| Z6.2 经济区位便利度指数 | 0.410 | 14 | 0.302 | 24 | 0.799 | 4 | 0.282 | 29 |
| Z6.3 资源优势度指数 | 0.386 | 43 | 0.449 | 33 | 0.291 | 53 | 0.593 | 17 |
| Z6.4 政治文化区位优势指数 | 0.700 | 5 | 0.400 | 35 | 0.475 | 29 | 0.475 | 29 |
| Z7 环境竞争力 | 0.920 | 2 | 0.892 | 4 | 0.845 | 7 | 0.783 | 13 |
| Z7.1 城市环境质量指数 | 0.690 | 42 | 0.764 | 5 | 0.687 | 43 | 0.749 | 8 |
| Z7.2 城市环境舒适度指数 | 0.937 | 4 | 0.895 | 6 | 0.825 | 12 | 0.811 | 18 |

| 指标名称 | 杭州 | | 苏州 | | 深圳 | | 青岛 | |
|---|---|---|---|---|---|---|---|---|
| | 得分 | 排名 | 得分 | 排名 | 得分 | 排名 | 得分 | 排名 |
| Z7.3 城市自然环境优美度指数 | 0.543 | 4 | 0.438 | 13 | 0.743 | 2 | 0.413 | 19 |
| Z7.4 城市人工环境优美度指数 | 0.948 | 5 | 1.000 | 1 | 0.682 | 32 | 0.793 | 15 |
| Z8 文化竞争力 | 0.948 | 7 | 0.915 | 12 | 0.951 | 6 | 0.960 | 5 |
| Z8.1 价值取向指数 | 0.920 | 4 | 0.875 | 14 | 1.000 | 1 | 0.890 | 11 |
| Z8.2 创业精神指数 | 0.884 | 12 | 0.769 | 45 | 0.926 | 6 | 0.921 | 8 |
| Z8.3 创新氛围指数 | 0.941 | 8 | 0.932 | 9 | 0.985 | 2 | 0.914 | 13 |
| Z8.4 交往操守指数 | 0.904 | 11 | 0.933 | 6 | 0.818 | 29 | 0.933 | 6 |
| Z9 制度竞争力 | 0.725 | 26 | 0.850 | 10 | 0.845 | 11 | 0.626 | 43 |
| Z9.1 产权保护制度指数 | 0.909 | 6 | 0.882 | 10 | 0.752 | 36 | 0.846 | 18 |
| Z9.2 个体经济决策自由度指数 | 0.406 | 35 | 0.632 | 14 | 0.723 | 8 | 0.286 | 51 |
| Z9.3 市场发育程度指数 | 0.911 | 24 | 0.946 | 8 | 0.935 | 14 | 0.915 | 21 |
| Z9.4 政府审批与管制指数 | 0.878 | 10 | 0.883 | 7 | 0.830 | 19 | 0.842 | 17 |
| Z9.5 法制健全程度指数 | 0.830 | 4 | 0.804 | 9 | 0.639 | 48 | 0.747 | 22 |
| Z10 政府管理竞争力 | 0.630 | 7 | 0.607 | 11 | 0.668 | 4 | 0.599 | 12 |
| Z10.1 政府规划能力指数 | 0.781 | 17 | 0.847 | 7 | 0.758 | 22 | 0.811 | 10 |
| Z10.2 政府推销能力指数 | 0.180 | 8 | 0.138 | 14 | 0.227 | 7 | 0.120 | 19 |
| Z10.3 政府社会凝聚力指数 | 0.777 | 6 | 0.709 | 19 | 0.627 | 38 | 0.754 | 11 |
| Z10.4 政府财政能力指数 | 0.512 | 14 | 0.543 | 10 | 0.987 | 2 | 0.489 | 20 |
| Z10.5 政府执法能力指数 | 0.709 | 8 | 0.650 | 17 | 0.532 | 48 | 0.701 | 10 |
| Z10.6 政府服务能力指数 | 0.964 | 5 | 0.872 | 15 | 0.668 | 49 | 0.918 | 7 |
| Z10.7 政府创新能力指数 | 0.741 | 12 | 0.698 | 18 | 0.638 | 27 | 0.608 | 18 |
| Z11 企业管理竞争力 | 1.000 | 1 | 0.965 | 5 | 0.794 | 34 | 0.963 | 6 |
| Z11.1 管理应用水平 | 1.000 | 1 | 0.882 | 5 | 0.759 | 29 | 0.934 | 3 |
| Z11.2 管理技术和经验 | 0.985 | 2 | 1.000 | 1 | 0.758 | 39 | 0.970 | 4 |
| Z11.3 激励和约束绩效 | 1.000 | 1 | 0.889 | 7 | 0.627 | 55 | 0.937 | 2 |
| Z11.4 产品和服务质量 | 0.766 | 5 | 0.743 | 8 | 0.720 | 11 | 0.750 | 7 |
| Z11.5 企业管理经济效益 | 0.787 | 11 | 0.907 | 3 | 0.720 | 32 | 0.782 | 14 |
| Z12 开放竞争力 | 0.541 | 17 | 0.789 | 5 | 0.838 | 3 | 0.638 | 10 |
| Z12.1 经济国际化程度 | 0.197 | 23 | 0.598 | 5 | 0.703 | 2 | 0.388 | 13 |
| Z12.2 经济区域化程度 | 0.822 | 10 | 0.849 | 6 | 0.804 | 14 | 0.805 | 12 |
| Z12.3 人文国际化指数 | 0.820 | 7 | 0.888 | 3 | 0.872 | 4 | 0.794 | 9 |
| Z12.4 社会交流指数 | 0.776 | 9 | 0.738 | 14 | 0.713 | 18 | 0.758 | 11 |

从这些城市的比较中,杭州的优势项目主要有:Z1.3 人力资源配置指数(第1)、Z2.2 资本质量指数(第3)、Z4.3 经济体系健全度指数(第4)、Z4.5 产业集聚程度指数(第1)、Z7.2 城市环境舒适度指数(第4)、Z7.3 城市自然环境优美度指数(第4)、Z7.4 城市人工环境优美度指数(第5)、Z9.1 产权保护制度指数(第6)、Z9.4 政府审批与管制指数(第10)、Z9.5 法制健全程度指数(第4)、Z10.3 政府社会凝聚力指数(第6)、Z10.5 政府执法能力指数(第8)、Z10.6 政府服务能力指数(第5)、Z11.1 管理应用水平(第1)、Z11.3 激励和约束绩效(第1)、Z11.4 产品和服务质量(第5)。可见,杭州的政府服务能力较好,同时在自然环境、产业集聚度和经济体系健全度上具有较高的水平。

同样处于长三角地区的苏州、南京在 2010 年和 2011 年的城市综合竞争力排名中,分别位于第 15、19 和第 14、19,从整体排名的角度来看,杭州的城市竞争力高于苏州、南京,但从杭州较弱的企业本体竞争力、商务环境竞争力方面来看,苏州 2011 年分居第 2 和第 3,南京分居第 15 和第 8,可见这两座城市,在企业、商务方面具有较大的优势。

在城市竞争的潜力方面,广州优越的地理环境,作为中国的"南大门",具有良好的贸易往来渠道,自主创新能力的提高使得广州市科技服务业的规模与实力在全国各大城市中名列前茅,并能够推进广州后续更长时间内的竞争力提升;青岛根据海洋经济发展、资源节约与环境保护等战略不断明确自身定位,同时注重结合区域实际落实战略部署和实施战略行动,使得城市竞争力的提升始终建立在坚实的现实基础之上。

在 2011 年最具竞争力的 10 个城市中,综合竞争力位于杭州之后的青岛、长沙分别凭借着海洋经济和制造业、创意产业的发展获得了未来发展的优势。

另外,作为国务院确定的国家历史文化名城和全国重点风貌保护城市,青岛还特别注重绿色发展,努力构建宜人之居,市区空气质量优良率保持在 91% 以上,这与空气质量排名在后的杭州相比,成为了其掠夺杭州自然环境优势的利剑;长沙通过数字新城建设,使得城市营销享誉海外,这对刚以西湖申遗走向世界的杭州来说,也构成了一定的威胁。

因此,无论从发展潜力还是从综合竞争力的现状排名来看,青岛、长沙都对杭州产生了不小的威胁,杭州唯有继续深化自身优势,弥补短板,在企业发展、经济商务上面学习苏州、南京,并加以赶超,才能保持长足的竞争力。

同时也应看到,这些城市几乎具有类似的地理条件,在区位优势、经济环境等方面都具有共同性,这使杭州弥补短板和赶超优势成为可能。

从城市规划与建设的角度来看,发展成本包含政府政策、城市发展战略导向等因素;幸福感指数包括各项涉及城市居民生活的配套设施等;经济区位便利度涵盖了大都市区层面的城市经济关联与互动,便捷的空港设施是保证其扩大经济交流圈的重要手段;经济国际化程度也包括城市对外交通设施的覆盖对世界经济体之间交流的促进以及良好的城市经济、社会、生活环境等。这些项目的提升都有赖于城市规划基础设施的投入和空间布局、相关政策的引导。良好的自然环境和政府服务能力是杭州既有的优势,在城市规划与建设方面应当注重城市优质空间的品质提升和塑造,并且在政府决策、服务上注重城市规划对城市的引导作用。

## 5.1.5 全球城市竞争力比较

《全球城市竞争力报告 2009—2010》中杭州的综合竞争力排位是 223 位。分析各要素统计指标,偏离(前于和后于)这一排位的情况可以一定程度上说明比较优势(见表 5 - 8)。在竞争力综合表现指标中,杭州的 GDP 规模有优势(86),但人均 GDP(269)、地均 GDP(353)处于劣势;杭州的科技创新功能是优势因素,指标中专利申请数(190)、大学指数(93)、专利指数(78)、R&D 中心数(191)均较多超前于综合排名;杭州的气候和历史文化指数优势明显,分别排位 68 和 33。杭州的国际化已有一定优势,反映全球联系因素的跨国公司联系度(126)、金融公司联系度(94)、科技公司联系度(146)、国际组织指数(118)等指数,以及反映企业素质的全球企业品牌(89)充分说明了这一优势状况。但是杭州的跨国公司指数(252)、全球 2000 总数(285)、全球 2000 变动(454)处于劣势;还有,杭州的文化公司指数(250)和文化公司联系度指数(250)反映出杭州的文化公司(产业)不占优势。基础设施方面,杭州的道路便利度(142)和公路线数(105)、互联网服务器(87)仍占优势,但航空线数(236)不占优势。

表 5 - 8 2007—2008,2009—2010 年杭州全球城市综合竞争力指数排名(引自参考文献[8])

| 杭州 | | 指标名称 | 指标名称 | 杭州 | |
|---|---|---|---|---|---|
| 指数 | 排名 | | | 指数 | 排名 |
| 0.4080 | 222 | O 2007—2008 全球城市综合竞争力 | O 2009—2010 全球城市综合竞争力 | 0.4390 | 223 |
| 0.0478 | 107 | O1 GDP 规模 | O1 GDP 规模 | 0.0599 | 86 |
| 0.0968 | 273 | O2 人均 GDP | O2 人均 GDP | 0.1148 | 269 |
| 0.0124 | 360 | O3 地均 GDP | O3 地均 GDP | 0.0157 | 353 |
| 0.4848 | 42 | O4 GDP 增长 | O4 GDP 增长 | 0.6512 | 51 |

续表

| 杭州 | | | | 杭州 | |
|---|---|---|---|---|---|
| 指数 | 排名 | 指标名称 | 指标名称 | 指数 | 排名 |
| 0.0216 | 181 | O5 专利申请 | O5 专利申请 | 0.0377 | 190 |
| 0.0670 | 208 | O6 跨国公司指数 | O6 跨国公司指数 | 0.0285 | 252 |
| 0.4200 | 233 | I 2009—2010 全球城市要素环境 | C 全球城市产业链 | 0.0285 | 236 |
| 0.0868 | 201 | I1 企业素质 | I4.1 劳动力密度 | 0.9911 | 66 |
| 0 | 285 | I1.1 全球 2000 总数 | I4.2 产业集中度 | 0.4668 | 337 |
| 0.2774 | 454 | I1.2 全球 2000 变动 | I4.3 科技园区 | 0.0909 | 32 |
| 0 | 89 | I1.3 全球企业品牌 | I4.4 通货膨胀率 | 0.6565 | 338 |
| 0.1338 | 94 | I1.4 金融公司指数 | I4.5 失业率 | 0.9643 | 141 |
| 0.1021 | 146 | I1.5 科技公司指数 | I4.6 政治稳定性 | 0.6797 | 186 |
| 0 | 250 | I1.6 文化公司指数 | I4.7 犯罪率 | 0.9581 | 261 |
| 0.3611 | 77 | I2 当地要素 | I4.8 气候指数 | 0.8550 | 68 |
| 0.4419 | 250 | I2.1 教育指数 | I4.9 人均二氧化碳排放 | 0.9989 | 316 |
| 0.8608 | 146 | I2.2 最低工资 | I4.10 历史文化指数 | 0.4200 | 33 |
| 0.0800 | 93 | I2.3 大学指数 | I4.11 语言多国性指数 | 0.0833 | 177 |
| 0.0004 | 267 | I2.4 银行指数 | I5 公共制度 | 0.6690 | 261 |
| 0.3478 | 78 | I2.5 专利指数 | I5.1 经商便利度 | 0.9806 | 267 |
| 0 | 191 | I2.6 R&D 中心数 | I5.2 自由度指数 | 0.4077 | 368 |
| 0.8699 | 142 | I2.7 道路便利度 | I5.3 中央地方财税比例 | 0.8025 | 202 |
| 0.9110 | 130 | I2.8 基准宾馆价格 | I5.4 政府公共治理指数 | 0.4348 | 270 |
| 0.1525 | 142 | I2.9 医院床位数 | I6 全球联系 | 0.2261 | 146 |
| 0.8814 | 156 | I2.10 基准住房租价 | I6.1 跨国公司联系度 | 0.1386 | 126 |
| 0.4291 | 233 | I3 当地需求 | I6.2 金融公司联系度 | 0.1362 | 94 |
| 0.2081 | 49 | I3.1 人口总量 | I6.3 科技公司联系度 | 0.1039 | 146 |
| 0.8697 | 396 | I3.2 人口增长潜力 | I6.4 文化公司联系度 | 0 | 250 |
| 0.2416 | 143 | I3.3 一小时飞行圈 GDP | I6.5 国际组织指数 | 0.3706 | 118 |
| 0.6603 | 62 | I3.4 一小时飞行圈人口 | I6.6 国际知名度指数 | 0.0009 | 248 |
| 0.4083 | 139 | I3.5 三小时飞行圈 GDP | I6.7 距海距离 | 0.9532 | 287 |
| 0.5374 | 410 | I3.6 三小时飞行圈人口 | I6.8 航空线数 | 0.0525 | 236 |
| 0.0284 | 347 | I3.7 国家人均收入 | I6.9 公路线数 | 0.3750 | 105 |
| 0.2593 | 435 | I3.8 国家经济增长 | I6.10 互联网服务器 | 0 | 87 |
| 0.6102 | 102 | I4 内部结构 | I6.11 国际会展指数 | 0.0034 | 175 |

## 5.1.6 对杭州城市竞争优势的认识

上述指标对比显示，城市竞争力涵盖的范围日趋全面，从单一的经济导向逐渐演变成为真正"综合"的指标。

　　根据以上分析,杭州在国内城市中具有较强的竞争力,特别是在同层次城市中处于较为领先的地位,有些单项的竞争力可以与上一层次的城市媲美。但是,综合竞争力与北(京)上(海)广(州)深(圳)等上层次城市比还有较大差距,一些单项竞争力在同类城市中也处于劣势。在国际城市竞争力比较中,杭州也已进入较发达的阵营。

　　总结来说,杭州的禀赋条件竞争力上有先天不足,主要是自然区位条件上缺少大型港口和腹地领域,经济区位便利度也与一线城市有较大差距。但是,杭州有优越的自然生态环境、人居建设环境和生活富裕度;有人才和公共部门服务方面的竞争优势,科技创新和历史文化竞争力也处于领先地位;杭州的已有经济(产业)竞争力亦较强,发展基础较好。

　　杭州的竞争劣势主要还有后金融时代的后续增长动力不足、城市的发展成本较高;杭州经济的国际联系度较高,但是外资投资环境并不佳,所以外资直接投资规模不大,国际大公司落户较少;在国际城市比较中杭州的人均、地均 GDP 低,经济集约化水平处于劣势;杭州的环境污染仍较严重,环境质量指数不高;杭州的航空交通还不具备优势,航线相对较少。

　　**由此可见,杭州的城市竞争力不在于禀赋资源条件,而在于依靠人的创造,依靠科技、文化、制度的创新,以实现经济、社会、生态环境的持续竞争力。**

　　表 5-9 为杭州与国内城市单项竞争力比较(2011 年)及改善策略。

表 5-9　杭州与国内城市单项竞争力比较(2011 年)及改善策略

| 单项指标 | 杭州排名 | 策略 |
|---|---|---|
| 人才本体竞争力指数 | 竞争力指数为 0.875,位列中国城市排名第 7,具有一定竞争优势。从人力资源数量指数上看,杭州位列第 7,而人力资源质量指数不能进入前 10,人力资源配置指数位列第 1,人力资源需求指数和人力资源教育指数均位列第 8 | 主要缺口在于人力资源的质量,因此要强化培养创新模式,促进城市人才质量提升;强力推进人才结构优化,提升人才配置的专项竞争力;优化创新创业环境,营造良好人才生态,吸引高端化、专业化人才集聚杭州 |

续表

| 单项指标 | 杭州排名 | 策略 |
|---|---|---|
| 企业本体竞争力指数 | 竞争力指数为 0.798,位列中国城市排名第 15。相较于综合排名,较为落后。这包括资本数量、资本质量、金融控制力、资本获得便利性指数。资本数量和金融控制力上,由于省会城市的属性,杭州具有先天的集聚优势,但在资本质量和资本获得便利性上来自于二线城市的压力尤为巨大 | 借鉴前期的生产知识和技能,形成前期积累对当期生产的"溢出",促进知识资本为本地资本创作所利用;与地区内金融中心城市(上海、苏州、南京)继续保持金融促进关系;推进金融集聚的自我强化作用,加快"金融集聚—本地经济增长—促进金融集聚"的循环 |
| 主要产业本体竞争力指数 | 竞争力指数为 0.757,位列中国城市排名第 3 | 发挥人力资源优势、适度加大 R&B 经费投入强度,进一步搞好创新基础设施建设;以提高产业集群创新环境为重点,在加强产业集聚的同时,加大知识密集型服务业和高技术产业在创新中的作用;在改善科技与产业部门联系的质量过程中,发挥政府的基础性作用 |
| 公共部门竞争力指数 | 竞争力指数为 0.827,位列中国城市排名第 9 | 提高宏观调控能力以及政府政策的准确性,注重执法能力、服务能力、推销能力的进一步提升 |
| 生活环境竞争力指数 | 竞争力指数为 0.814,位列中国城市排名第 9 | 继续重视生活环境的改善,均衡区域间和人群间的生活环境质量 |
| 商务环境竞争力指数 | 竞争力指数为 0.672,位列中国城市排名第 28。商务环境涵盖价值取向、创业精神、创新氛围、交往操守等 | 要同创新环境竞争力的提升相结合,营造良好的商务活动创新环境;在交往中,强调诚信法制;形成商业文化的一股"文化力" |
| 创新环境竞争力指数 | 竞争力指数为 0.805,位列中国城市排名第 8 | 大力培育城市创新氛围,激发城市求新意识,培养城市的平等观念和兼容心理;基于文化优势打造商业环境 |
| 社会环境竞争力指数 | 竞争力指数为 0.893,位列中国城市排名第 6 | 继续发扬优势,使之成为杭州的核心竞争力 |

## 5.2 杭州城市竞争力策略

### 5.2.1 竞争力的城市价值链定位

竞争力总是在与竞争对象的比较中显现出来的,竞争不能脱离竞争对象,即是在一定价值链中的竞争关系,这是定位竞争力战略的基础,应该作为培育杭州城市竞争力的基本思路。

根据全球生产网络与城市体系的关系原理,在全球生产网络的组织框架下,依据不同框架特定优势而分配价值链区段,促成各空间经济主体之间密集的经济联系(见图5-5)。[62]

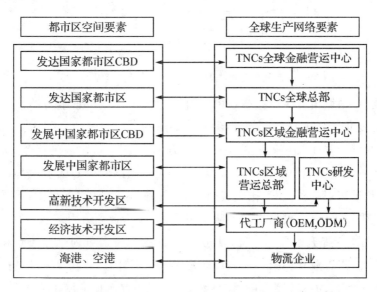

图5-5 全球生产网络与都市区空间要素对应关系(引自参考文献[62])

因此,世界城市体系可以按功能环节分配形成微笑曲线体系结构(见图5-6)。[63]在这一体系结构中,第一高端为全球城市,如纽约、伦敦和东京,是价值链管理、生产服务和营销最高端和集中的城市等级。第二高端是高科技城市,如硅谷、筑波、新竹、班加罗尔等。它们形成全球高科技城市的"技术极",对全球经济和产业转型和升级具有重大影响力。第三是区域级世界城市,如法兰克福、波士顿、新加坡等,在总部管理功能上次于全球城市。第四是体系中的中层级城市,是制造业腹地区域的核心城市,具有现代服务和高科技产品制造业的较强功能和能力,如上海、北京、首尔等。第五是以新兴工业化国家和发展中国家的制造业城市为主体的低端城市,主要承担低端价值链环节的制造和组装功能,如苏州、昆山、东莞、胡志明市等,杭州也在此列。

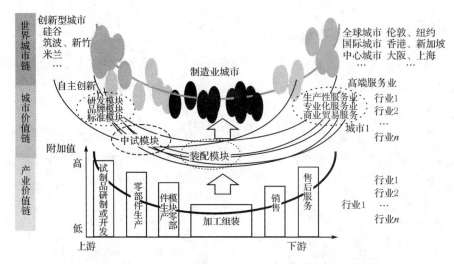

图 5-6 产业价值链与城市价值链(引自参考文献[63])

　　根据《中国城市竞争力报告(2010)》的评价,世界城市竞争力的格局正在发生迅速的变化。[20]首先,美欧等顶尖城市如纽约、伦敦、巴黎依然占据着城市竞争体系的高峰,显示无可匹敌的强劲竞争力;其要素环境也表现优越,表明其未来依然有着持续引领的潜力。其次,新兴工业化国家的中心区及大都市区表现突出、增长迅速;其要素环境排名普遍靠前,彰显其巨大的发展潜力,预示其将快速赶超顶尖城市,进入较高水平梯队。例如,上海综合竞争力进入全球前50,排名37,比前1年提升最多达9位,且北京、上海要素排名分列全球第8和全球第15。再次,新兴工业化国家整体城市体现大幅度提升态势,在要素环境排名中表现尤为突出,未来的发展潜力不容小觑。总之,一方面顶尖城市实力依然抢眼,另一方面,新兴城市追赶态势凶猛激烈。这种态势将刺激迅速变化的世界城市竞争力格局继续进行,而且愈演愈烈。尤其是中国、墨西哥、印度、巴西4个国家的很多城市迅速崛起,不少城市正在逐步向着世界顶级城市的标准发展,它们在无形之中向传统的世界顶级城市发起了挑战。杭州城市竞争力的提升正赶上这一波潮流。

　　通过对全球城市综合竞争力的聚类分析,发现:在全球城市化迅速发展的今天,影响城市的因素越来越多,除经济发展外,科技创新和国际影响力对于提升一个城市的综合竞争力越来越重要。有很多城市的经济规模并不大,但是这些城市的科技创新能力和国际影响力提升很快,这就加速了这些城市综合竞争力的提升。此外,每个城市要素环境的升级配置对城市综合能力提升的影响力度也越来越大。要素环境的好坏,直接影响着城市的内外部需求与供给、提供公共产品和私人产品的能力,而且要素环境的好坏也会深深地影响到城市的科技资源的吸引与利用,影响到国际资源在世界城市中的选择与流动。只有自身的要素环境建设完善,才可能吸引更多的国际资源,也才能深深地融入全球城市化飞速发展的潮流中。

根据上述理论框架、国际城市竞争力的发展趋势和杭州所处的世界城市等级体系当中的位置,杭州的城市竞争力定位应制订**"制造业基地+创新城市+区域服务中心"**相结合的战略思路。即杭州城市的基本定位是区域性的服务中心城市和创新型制造业城市。一方面,杭州要提升自身在总部管理与服务中心等级中的层次,发展包括生产性服务业、专业化服务业和商业贸易服务业等在内的高端服务业,争取向微笑曲线体系中的第四层城市靠拢。另一方面,将前沿竞争力——创新城市——作为重要目标,强化自主创新能力,建立研发模块、品牌模块和标准模块,力争向第三层次城市靠拢。

## 5.2.2 竞争力的阶段性定位

城市是动态发展的系统,在不同的发展阶段,城市的主导功能和核心竞争力构成会发生变化,其竞争力战略内涵也不一样。因此,分析城市竞争力必然要有长远目标与阶段性目标的综合考虑。

对于杭州来说,主要是长期的以生态、文化、社会发展目标为主导的定位,与近期注重经济增长目标的定位之间的协调与分阶段设计。

提高社会生活质量,让在杭州的人们能够享受良好的居住和生活环境,这是城市竞争力的重要内容。目前,生态城市、低碳城市、健康城市等理念已经被越来越多地提及,并且逐渐被人们所重视,不少城市已将此理念上升到新的高度,并且在规划和管理过程中越来越注意到这个问题。在杭州北部有不少大型工业,需要对这些工业厂房产生的废气、废水、废渣进行处理,并保证其卫生标准,大烟囱也要进行改造,希望成为环境质量一流的城市,力争做到幸福感最好的城市。

社会保障体系是整个市场经济运转的最低线,因此必须完善社会保障体系,处理好公平与效率问题。人是城市的主体,如果一个城市发展了,但是城市居民却没有分享到发展成果,就不能认为这样的城市竞争力是完美无缺的。只有城市真正体现人与人、人与政府、人与建筑、人与环境的和谐统一,城市居民才会全身心投入城市建设,城市的发展才会充满生机和活力。因此提升城市竞争力的各个层面,都必须坚持以人为本的原则。

### 5.2.3 竞争力的问题导向定位

"城市病"已经成为城市竞争力的障碍,主要体现为:交通拥堵、环境污染、贫困失业、住房紧张、健康危害、城市灾害、安全弱化。针对性地弱化这些城市病,是城市竞争力提升的现实途径。

对于杭州来说,交通拥堵是城市规划面临的重大难题,是提升城市竞争力需要着力改善的关键因素。为居民提供合适的住房,是城市竞争力的重要因素,杭州需要在推进城市化、现代化进程中,适时调控房价与居民收入构成及其与人才需求之间的协调问题,保证社会和谐发展。城市规划以提供多类型住房并合理布局为解决之道。随着城市化程度的不断提高,城市应对天灾人祸的机能越来越脆弱,城市灾害成为大城市隐含的危机。对此,杭州需要未雨绸缪式的规划和应对。杭州城市的环境质量指标在某些方面与其他一些城市相比还有较大差距,如大气环境质量,因此要以建设优秀人居城市为目标,制订高标准的环境治理和规划方案。

同时,杭州城市经济处在转型升级时期,如何定位新的发展战略和目标,是竞争力研究需要重点应对的现实问题。

### 5.2.4 区域化竞争力

整合相邻区域发展,已经成为国际大都市普遍的竞争力发展战略。通过区域资源和条件的整合,提升要素发展潜力和抵御风险能力,是区域整合发展的基本目的。杭州城市已经进入区域中心城市成长阶段,与周边市县的区域整合发展是城市功能发展空间的必然要求,是提升未来竞争力的重要途径。

(1) 杭州都市圈已显雏形

杭州都市圈是贯彻区域发展战略、加快城市群建设的具体实践。杭州都市圈是以杭州主城区为核心,联结湖州、嘉兴、绍兴三市的部分县市形成一体化发展的区域化都市(见图5-7)。杭州都市圈文化底蕴深厚、科教基础扎实、旅游资源和基础产业均居于全国前列。在2012中国都市圈评比中,杭州都市圈仅次于首都都市圈、广州都市圈和上海都市圈,位列第4。[64]

图 5-7　杭州都市圈范围

　　杭州城市竞争力的提升有赖于周边城市的协同作用,通过良好的区域分工与协调,提升城市群体的综合实力。

　　根据近几年的发展,绍兴形成了以先进装备制造、新材料、生物医药、节能环保、新能源、新兴信息产业为主导的经济体系,建立了绍兴国家高新区、袍江国家经济开发区、柯桥国家经济开发区、绍兴滨海新城等产业集聚平台。同时在地区文化上,以吴越文化、浙学发源地著称。嘉兴以高新技术产业、现代服务业的发展,在 2011 年实现生产总值 2668.06 亿元,位列浙江各地市第 6,享有"鱼米之乡"、"丝绸之府"之称。湖州有湖州经济开发区、长兴经济技术开发区两大经济开发区。另外,浙江省地理信息产业园项目选址于德清科技新城核心位置,同时以丝绸文化、湖笔文化成为吴越文化交流融会之地。杭州都市圈范围已经形成浙江省、长三角区域主要的经济集聚圈。

　　在功能空间发展方面,嘉兴南部的海宁、西部的桐乡以及杭嘉湖平原正中心的德清已经开始成为产业发展的重要支撑点,在皮革、家纺、丝绸纺织、机械电子、光伏等特色工业制造业上具有一定的竞争力。德清县的经济开发区、临杭工业区、德清工业园区、德清高新技术园区、德清科技新城与杭州城市空间和产业联系日益加强。绍兴轻纺城、海宁皮革城、桐乡濮院羊毛衫市场为著名的专业市场群密集在城市周边区域发展。

　　在各市政府的联合推动下,杭州都市经济圈合作发展正在稳步推进。因此,具有江南水乡文化特色,以现代制造业、现代服务业、文创产业为主导产业的区域分工与合作的杭州都市圈正在显现长三角"金南翼"的发展优势。

(2)杭州市域分工与合作格局已现

从杭州市五县市的发展情况来看,临安市以打造成为长三角独具魅力的山地度假休闲旅游目的地为远景;富阳市旅游形象定位于"山水富阳,运动休闲",旨在将其建设成为国际知名的运动休闲旅游目的地;建德市发展目标是建设成为全国著名的清凉避暑和养生休闲旅游目的地,成为杭州西部旅游集散中心;淳安市依托千岛湖核心风景旅游资源,不断凸显区位交通优势和坚实的发展基础;桐庐打造以富春山水风光为特色的观光旅游、商务会议、休闲度假胜地。这些定位与发展目标反映出杭州的县市多集中于发展旅游休闲产业,形成区域旅游经济体系,但在其他产业经济发展方面略显单薄。这可以从与苏州市的比较中窥见一斑(见表5-10至5-12)。苏州市所辖各市县的工业和第三产业较大规模地超越杭州市辖余杭、富阳、桐庐、建德、淳安、临安六区市县。苏州五县市(除太仓外)的总体经济实力都在千亿元以上,而杭州两区五县市中除萧山外,都不能达到千亿元。苏州周边常熟、昆山、张家港、太仓、吴江五县市的发展则各有侧重,常熟是中国"区域经济强县统筹发展组团"成员,2010年人均GDP突破2万美元,人均经济超越欧盟创始国葡萄牙;昆山是中国大陆经济实力最强的县级市,连续多年被国家统计局评为"全国百强县"之首;张家港是新兴的港口工业城市,依赖于港口经济;太仓经济增速位居苏州市域第一位,也是中国经济最为发达的县市之一;吴江以同里古镇、震泽古镇、垂虹桥、退思园而闻名,其中,退思园被联合国教科文组织列入《世界遗产名录》。这些县市各有特色,并依赖于不同的产业发展,常熟以高新技术产业迅速崛起,昆山以光电产业发展,张家港依赖于港口经济,太仓着力发展化工工业,吴江以丝绸纺织、电子信息为主导,为苏州竞争力的提升提供了有力的经济保障。

表5-10　2011年杭州市分地区生产总值　　　　　　单位:亿元

| 地区 | 生产总值 | | | | | |
|---|---|---|---|---|---|---|
| | 合计 | 第一产业 | 第二产业 | | | 第三产业 |
| | | | 合计 | 工业 | 建筑业 | |
| 全市 | 7019.06 | 236.77 | 3323.79 | 2943.99 | 379.79 | 3458.50 |
| 市区 | 5589.86 | 105.44 | 2498.46 | 2191.47 | 306.99 | 2985.96 |
| 萧山区 | 1445.92 | 52.88 | 886.98 | 825.22 | 61.76 | 506.06 |
| 余杭区 | 738.72 | 43.68 | 387.91 | 347.64 | 40.27 | 307.13 |

续表

| 地区 | 生产总值 | | | | | |
|---|---|---|---|---|---|---|
| | 合计 | 第一产业 | 第二产业 | | | 第三产业 |
| | | | 合计 | 工业 | 建筑业 | |
| 桐庐县 | 233.52 | 18.33 | 141.99 | 127.93 | 14.05 | 73.20 |
| 淳安县 | 140.17 | 24.88 | 60.39 | 46.59 | 13.81 | 54.91 |
| 建德市 | 224.01 | 23.86 | 127.01 | 116.95 | 10.06 | 73.14 |
| 富阳市 | 491.10 | 33.16 | 297.23 | 277.86 | 19.36 | 160.71 |
| 临安市 | 340.39 | 31.10 | 198.71 | 183.19 | 15.52 | 110.58 |

资料来源:杭州市 2011 年统计年鉴。

**表 5-11　2010 年杭州市分地区生产总值**　　　　　　　　单位:亿元

| 地区 | 生产总值 | | | | | |
|---|---|---|---|---|---|---|
| | 合计 | 第一产业 | 第二产业 | | | 第三产业 |
| | | | 合计 | 工业 | 建筑业 | |
| 全市 | 5949.17 | 208.41 | 2844.07 | 2502.09 | 341.98 | 2896.69 |
| 市区 | 4740.78 | 94.16 | 2145.22 | 1865.46 | 279.76 | 2501.40 |
| 萧山区 | 1220.04 | 47.22 | 752.28 | 697.84 | 54.44 | 420.54 |
| 余杭区 | 628.77 | 38.45 | 339.11 | 302.84 | 36.27 | 251.21 |
| 桐庐县 | 197.93 | 16.00 | 121.40 | 108.91 | 12.49 | 60.53 |
| 淳安县 | 117.48 | 21.84 | 49.87 | 38.47 | 11.40 | 45.77 |
| 建德市 | 189.65 | 20.76 | 107.17 | 98.49 | 8.68 | 61.72 |
| 富阳市 | 415.67 | 28.67 | 252.14 | 235.80 | 16.34 | 134.86 |
| 临安市 | 287.66 | 26.99 | 168.27 | 154.96 | 13.31 | 92.40 |

资料来源:杭州市 2011 年统计年鉴。

**表 5-12　2010 年苏州市分地区生产总值**　　　　　　　　单位:亿元

| 地区 | 生产总值 | | | | | |
|---|---|---|---|---|---|---|
| | 合计 | 第一产业 | 第二产业 | | | 第三产业 |
| | | | 合计 | 工业 | 建筑业 | |
| 全市 | 9228.91 | 155.70 | 5253.81 | 4916.49 | 337.32 | 3819.31 |
| 市区 | 3572.75 | 31.02 | 1948.71 | 1791.00 | 157.71 | 1593.02 |
| 常熟 | 1453.61 | 29.40 | 815.89 | 783.12 | 32.77 | 608.32 |
| 张家港 | 1603.51 | 21.94 | 974.75 | 941.47 | 33.28 | 606.82 |
| 昆山 | 2100.28 | 19.40 | 1345.86 | 1283.58 | 62.28 | 735.02 |
| 吴江 | 1003.39 | 27.04 | 605.10 | 575.71 | 29.39 | 371.25 |
| 太仓 | 730.32 | 26.98 | 418.96 | 397.07 | 21.89 | 284.38 |

资料来源:苏州市 2011 年统计年鉴。

综上所述,杭州城市的区域化竞争力还比较薄弱,主要表现为杭州市辖五县市的经济规模和制造业发展基础薄弱,并缺少发展集聚经济的空间条件。杭州的区域化竞争力的后续希望在市域外的周边市县,但受行政区划因素制约明显。因此,近期的区域化竞争力培育应立足于萧山、余杭两区制造业和现代服务业的发展,五县市以发展特色休闲度假旅游和知识技术型的部分产业为主。

## 5.3 杭州城市核心竞争力和综合竞争力策略

城市核心竞争力是一个城市能够长期获得竞争优势的能力,是城市所特有的、能够经得起时间考验的、具有延展性,并且是竞争对手难以模仿的能力。[65]现代城市的核心竞争力是一个以知识、创新为基本内核的某种关键资源或关键能力的组合,是能够使城市在一定时期内保持现实或潜在竞争优势的动态平衡系统。

竞争力是由竞争资源和竞争能力组成的。分析杭州的竞争力资源,可以肯定生态环境资源、历史文化资源和人才资源是杭州城市竞争力能够长期延续的优势资源。而知识和创新,包括科技创新、文化创新和政府管理创新能力,是杭州已有一定基础,并且能够不断保障竞争优势必须依托的核心能力。

所以,杭州城市**竞争力的培育策略**应该是:依托优越的自然环境、人居环境和历史文化基础的优势,以打造优秀人居城市和休闲旅游城市为核心,以环境引人才,实现知识型、创新型发展,形成城市**核心竞争力**。同时,通过提供高品质的城市基础设施和城市服务功能,提升特色制造、商贸等传统优势产业,大力发展现代服务业和高新技术产业,不断增强城市**综合竞争力**。

杭州不仅要继续发扬自己的优势,同时还要大力提升相对落后的要素,通过各个要素的优化组合,达到提升自身竞争力的效果。首先要加快弥补落后项目:对杭州城市发展制约性较大的是城市后续的增长动力和发展成本,因此要采取综合措施,建立持续有效的长效机制,大力提升科技、人才、创新环境城市的高等生产要素,注重城市潜力的提高,营造良好的投资、消费、生活环境,降低生活、生产成本;杭州要加快改善外资公司的投资环境并提高政府对于外资企业的反馈效率,为其提供更好的服务以改变杭州发展成本过高的现状;在企业个体发展能力上,要更加注重企业自身的发展能力和创造、管理能力,与城市产业发展相协调。其次,要继续保持优质城市环境和经济规模较大、产业层次较高的优势:良好的生态生活环境为杭州总体竞争力的提升添加了砝码,这种强大的既有优势是杭州未来与其他城市拉开差距、提高城市宜居程度、提升居民幸福感的重要部分；在城市宜居水平上，增加人均绿地面积，通过减排来增加空气质量优良的天数；在社会保障上，降低失业率、提高年平均工资、逐步降低新生婴儿死亡率、扩大固定职工医疗保险覆盖率、女童入学率等。作为省会城市的杭州，在经济规模上的优势是其集聚资源、扩大城市产品和服务市场的重要方面；产业层次处于高级化水平的杭州，可以适时通过产业创新挖掘增长潜力点，推进城市产业持续升级。

# 基于城市竞争力的杭州城市规划行动

## 6.1 基于城市竞争力的城市规划行动框架

根据 3.4 中阐述的城市规划与城市竞争力的关系,结合基于城市竞争力的城市规划理论和实践经验,本节以培育城市竞争力要素为目标,梳理出城市规划行动清单(规划要素)及其与城市规划工作职能的关系(城市规划子项),构成基于城市竞争力的城市规划行动框架(见表 6 - 1)。

表 6 - 1 基于城市竞争力的城市规划行动框架

| 城市竞争力要素 | 城市规划要素 | | 城市规划子项 |
|---|---|---|---|
| 公共部门组织、机制和文化 | 管理体制机制 | 规划管理机构<br>规划管理事权<br>规划管理工作制度<br>规划管理法规、条例 | 规划管理 |
| | 市场化机制 | 规划管理与城市主体关系创新<br>公众参与决策<br>培育中介咨询机构 | |
| | 管理硬件建设 | 智慧管理系统 | |
| | 城市发展战略 | 城市(空间)发展战略<br>发展定位<br>城市核心竞争力<br>城市发展模式 | 城市战略规划<br>城镇体系规划 |

| 城市竞争力要素 | 城市规划要素 | 城市规划子项 |
|---|---|---|
| 资源要素 | 自然资源 | 区位条件 | 对外交通、信息系统规划 |
| | 劳动力 | 人居环境 | 总体规划、专项规划 |
| | 资金 | 金融功能空间 | |
| | 技术 | 大学、研发功能区 | |
| 集聚效应 | 城市集聚环境 | 空间布局模式 | 城市总体规划 |
| | 产业集聚 | 功能集聚空间<br>功能综合配套 | |
| | 空间生产力 | 空间容量<br>土地利用模式 | 控制性详细规划 |
| 基础设施 | 交通 | 综合交通体系<br>公交优先战略<br>慢行系统<br>智能化公交管理<br>低碳交通 | 交通规划 |
| | 信息基础设施 | 智慧城市 | 信息系统规划 |
| | 生命线系统 | 供排水<br>能源供给 | 市政设施规划 |
| 商务环境 | 商务空间 | 商务中心区<br>商务中心体系 | 专项规划 |
| | | 商务交流 | 城市布局规划<br>交通、通信规划 |
| 生活环境 | 住区环境 | 居住区布局 | 城市总体规划 |
| | | 居住区规划设计 | 居住区规划设计 |
| | 社区建设 | 智慧社区<br>生活质量社区<br>学习型社区<br>低碳社区 | 社区规划 |
| | 服务设施 | 多级商业服务中心<br>行政管理服务中心<br>医疗卫生设施<br>教育设施<br>体育运动设施 | 专项规划 |
| | 自然环境 | 社区绿色空间 | 绿色空间规划 |
| | | 水环境 | 水系治理规划 |

**续表**

| 城市竞争力要素 | | 城市规划要素 | 城市规划子项 |
|---|---|---|---|
| 可持续发展 | 生态环境 | 环境治理 | 环境治理规划 |
| | | 绿色基础设施 | 绿色基础设施规划 |
| | 气候 | 热岛效应 | 城市空间结构规划 |
| | 水资源 | 城市水系 | 水系治理规划 防洪排涝设施规划 |
| | 能源消耗 | 节能系统 | 低碳交通规划 |
| 城市文化 与创新环境 | 城市历史 | 历史空间保护与更新 遗址保护与开发 城市再生 | 历史文化名城保护 规划 |
| | 城市文化 | 文化设施 | 文化设施规划 |
| | | 文化创意环境 | 文化创意功能区规划 |
| | 城市特色 | 城市景观风貌 | 城市景观风貌专项 规划 城市设计 |
| | 城市形象塑造 | 城市地标打造 特色风貌空间 以人为本的设计 | 城市设计 |

# 6.2 城市规划的城市竞争力指标体系

为了更直接地指导城市规划工作,以及衡量城市规划竞争力的状态,有必要制订一套城市规划的城市竞争力指标体系,作为评估标准。

## 6.2.1 评价指标选取原则

综合以上对城市竞争力的分析,根据城市规划研究的需要,从城市规划的角度选取相关性较高的指标,构建出一套评价指标体系,以考量城市规划的城市竞争力水平。在指标选择时主要遵循以下原则。

(1)可采集性

尽可能选取可量化的指标,注重数值资料的可信度与可获取性,一般以现有的统计资料数据作为基础。但考虑到城市系统的复杂性,也设定了需要定性判定的指标。

（2）代表性

选取的指标对于城市竞争力的提高具有关键的作用，可以反映城市发展战略规划、城市功能空间及结构规划等的规划状态和发展趋势。

（3）针对性

指标须是城市规划的工作范畴，诸如交通信号控制优化率、城市教育水平等对于衡量城市竞争力十分重要的指标，由于不是城市规划范畴，应予以放弃。

（4）动态性

除了选取城市竞争力通用的指标外，也考虑到了杭州城市的实际发展需求。结合杭州实际，指标能够反映城市发展的实际。

## 6.2.2 评价指标体系的构建

参考城市竞争力的一般指标体系，结合杭州城市竞争力的目标定位，提取衡量城市规划体现城市竞争力的指标体系（见表6-2）。

表6-2 城市规划的城市竞争力指标体系

| 一级指标城市<br>规划作用要素 | 二级指标<br>目标因素 | 三级指标<br>规划状态 | 指标衡量方法 |
|---|---|---|---|
| A 城市发展<br>战略规划 | A1 战略规<br>划工作 | A11 战略规划适时性 | 优，中，差 |
| | | A12 战略规划编制 | 是，否 |
| | A2 战略思<br>路（模式） | A21 先进性 | 优，中，差 |
| | | A22 适宜性（特色性） | 优，中，差 |
| | A3 城市<br>定位 | A31 城市功能定位 | 优，中，差 |
| | | A32 城市特色定位 | 优，中，差 |
| B 城市功能<br>空间及结构<br>规划 | B1 规模容量 | B11 人口、产业容纳度潜力 | 大，中，小 |
| | | B12 容量现状 | 大，中，小 |
| | B2 商务空间 | B21 数量 | 宽裕，适中，偏少 |
| | | B22 质量（品质） | 优，中，差 |
| | B3（市场）商贸<br>空间 | B31 数量 | 宽裕，适中，偏少 |
| | | B32 质量（品质） | 优，中，差 |
| | B4 居住空间 | B41 数量 | 宽裕，适中，偏少 |
| | | B42 质量（品质） | 优，中，差 |

续表

| 一级指标城市规划作用要素 | 二级指标目标因素 | 三级指标规划状态 | 指标衡量方法 |
|---|---|---|---|
| B 城市功能空间及结构规划 | B5 产业空间 | B51 数量 | 宽裕,适中,偏少 |
| | | B52 种类 | 多,适中,偏少 |
| | | B53 质量(品质) | 优,中,差 |
| | B6 研发创新空间 | B61 数量 | 宽裕,适中,偏少 |
| | | B62 质量(品质) | 优,中,差 |
| | B7 空间结构模式 | B71 空间集聚度(集约度) | 功能产出强度(GDP/km²) |
| | | B72 空间协调度 | 空间感受(适宜,较适宜,不适宜) |
| | | B73 空间艺术性(形象) | 优美,一般,差 |
| | | B74 公共空间与人居融合度 | 公共开放空间与居住、就业区接近指数(区位匹配比例) |
| | | B75 职住空间平衡度 | 城区单元就业自容率 |
| | | B76 用地混合性 | 控规单元用地类型混合度(用地类型熵值) |
| | | B77 用地平衡指标 | 不同功能用地比例与国标符合率 |
| C 城市基础设施规划 | C1 能源系统 | C11 城市能源结构 | 再生能源发电比例 |
| | | C12 电网布局保障性 | 线路供电半径超过规定值的比例、变电所是否位于负荷中心、变电所是否有双能源 |
| | | C13 人均生活用电量 | 每一用电人口平均每年的生活用电量(间接反映城市供电水平) |
| | C2 水资源及给排水系统 | C21 工业废水排放达标率 | 工业废水排放达标量/工业废水排放量×100%(间接反映各类水体的污染水平) |
| | | C22 城市污水集中处理率 | 城市污水处理量/城市污水排放总量×100%(城市污水设施的拥有程度和处理能力) |
| | | C23 供水普及率 | 城市供水覆盖范围内的人口数目与城市总人口的比率(城市供水设施的实际服务范围) |
| | | C24 人均生活用水量 | 每一用水人口平均每年的生活用电量 |
| | | C25 水资源重复利用率 | 基础资料查询 |

| 一级指标城市规划作用要素 | 二级指标目标因素 | 三级指标规划状态 | 指标衡量方法 |
|---|---|---|---|
| C 城市基础设施规划 | C3 交通系统 | C31 道路交通规划体系 | 是否完善 |
| | | C32 道路网密度 | 建成区内道路长度与建成区面积的比值 |
| | | C33 道路网级配比例 | 干路网和支路网密度的比例 |
| | | C34 交通工具使用多样性 | 通过不同交通工具的使用之比来判断交通工具的使用是趋向于单一还是多样 |
| | | C35 公交线网覆盖率 | 服务区域内公交线网总长度与道路网总长度之比 |
| | | C36 公共交通专用车道设置率 | 城市主干道上设置公交专用车道的道路长度占主干道总长度的比例 |
| | | C37 公众出行感受 | 通过问卷调查 |
| | C4 通信系统 | C41 宽带网络覆盖水平 | 无线网络覆盖率、主要公共场所 WLAN 覆盖率 |
| | | C42 基础设施投资建设水平 | 基础网络设施投资占社会固定资产总投资比重 |
| | | C43 网络互动率 | 市民、企业和政府通过信息化手段沟通互动的比例 |
| | C5 防灾系统 | C51 避难场所基础设施建设状况 | 数量是否足够,质量是否满足 |
| | | C52 面积在 50hm² (5×10⁵ m²)左右的避难场所个数 | 通过调查得到 |
| | | C53 应急通讯设施状况 | 专家估计 |
| | | C54 防灾空间抗震性能 | 专家估计 |
| D 城市公共服务设施规划 | D1 教育设施 | D11 区位性 | 选址是否合理 |
| | | D12 安全性 | 是否布置在交通频繁城市干道附近 |
| | | D13 数量 | 宽裕,适中,偏少 |
| | | D14 方便性 | 是否便于接送 |

续表

| 一级指标城市规划作用要素 | 二级指标目标因素 | 三级指标规划状态 | 指标衡量方法 |
|---|---|---|---|
| D 城市公共服务设施规划 | D2 医疗卫生设施 | D21 区位性 | 选址是否合理 |
| | | D22 安全性 | 是否布置在交通频繁城市干道附近 |
| | | D23 数量 | 宽裕,适中,偏少 |
| | | D24 方便性 | 是否便于就医 |
| | D3 文化娱乐设施 | D31 区位性 | 选址是否合理 |
| | | D32 安全性 | 是否布置在交通频繁城市干道附近 |
| | | D33 数量 | 宽裕,适中,偏少 |
| | | D34 方便性 | 出入设施是否方便,停车位是否充足 |
| | | D35 便于经营管理性 | 根据设施的集中程度及区位性来判定 |
| | D4 体育设施 | D41 区位性 | 选址是否合理 |
| | | D42 安全性 | 是否布置在交通频繁城市干道附近 |
| | | D43 数量 | 宽裕,适中,偏少 |
| | | D44 方便性 | 出入设施是否方便,停车位是否充足 |
| | | D45 便于经营管理性 | 根据设施的集中程度及区位性来判定 |
| | D5 社会福利设施 | D51 区位性 | 选址是否合理 |
| | | D52 安全性 | 是否布置在交通频繁城市干道附近 |
| | | D53 数量 | 宽裕,适中,偏少 |
| | | D54 人文关怀性 | 是否有充足的休憩交往空间 |
| E 城市生态环境设施规划 | E1 绿色基础设施指数 | E11 类型多样性 | 绿色基础设施的种类(宽裕,适中,偏少) |
| | | E12 设施数量 | 绿道、公园面积 |
| | | E13 设施可接近性 | 设施的使用频率 |
| | E2 城市生态环境指数 | E21 城市山水环境 | 禁止建设用地比例 |
| | | E22 城市自然风景 | 植被覆盖率 |
| | | E23 城市绿化程度 | 人均公共绿地面积 |

| 一级指标城市规划作用要素 | 二级指标目标因素 | 三级指标规划状态 | 指标衡量方法 |
|---|---|---|---|
| F 历史文化和风貌特色规划 | F1 特色价值度 | F11 艺术价值 | 建筑、景观艺术性(高,一般,低) |
| | | F12 技术价值 | 规划设计合理性(高,一般,低) |
| | | F13 文化内涵 | 城市本土文化性(强,一般,低) |
| | F2 原貌保存度 | F21 历史建筑保存情况 | 占主要比重的建筑是否反映了历史面貌(是,有部分,否) |
| | | F22 生活(生产)形态 | 是否具有生活延续性(是,有部分,否) |
| | | F23 空间格局 | 是否有历史延续性(是,有部分,否) |
| | F3 整体规模度 | F31 功能结构 | 现存的功能结构及相关要素较于历史的功能结构和要素的保存完整程度(好,一般,差) |
| | | F32 风貌 | 历史建筑用地占街区建筑总用地的百分比 |
| | | F33 环境 | 自然与人文环境保存情况(好,一般,差) |
| | F4 城市地标 | F41 地标打造知名度 | 知名,不太知名,不知名 |
| | | F42 城市色彩设计 | 优,中,差 |
| G 城市规划管理制度 | G1 市场化 | G11 企业参与度 | 高,一般,低 |
| | | G12 公私合作度 | 高,一般,低 |
| | | G13 公众参与度 | 高,一般,低 |
| | G2 政府性 | G21 政府监管有效性 | 高,一般,低 |
| | | G22 规划法规健全程度 | 高,一般,低 |
| | | G23 政府服务能力 | 高,一般,低 |
| | G3 规划审批 | G31 审批效率 | 高,一般,低 |
| | | G32 审批程序 | 高,一般,低 |

## 6.3 城市规划提升城市竞争力的行动举措

根据城市规划与城市竞争力的关系及城市规划行动框架的拟定,遵循杭州城市竞争力的培育策略,借鉴国内外相关规划实践的经验,设计杭州城市规划提升城市竞争力的行动举措。

### 6.3.1　实施优秀人居战略，引领核心竞争力

加强城市规划的竞争力导向，发挥城市规划对城市发展和建设的综合调控功能，通过制订高效率的城市发展战略和城市定位目标，整体上提高城市资源、要素的配置效率，提升城市竞争力。因此，**要树立城市发展战略规划引领地位**，发展战略规划能够为城市发展、提升城市竞争力提供一套战略纲领，形成一个系统、综合、跨区域解决城市问题的一揽子行动方案或办法。根据杭州城市竞争力策略和当代世界城市发展的先进理念、技术及发展趋势，制订具有长远指导性和时代引领性的城市发展战略。

建设优秀人居城市是培育杭州城市核心竞争力的路径基础。优秀人居城市包含以下主要城市发展目标。

(1) 绿色城市：完善绿色基础设施，打造低碳城市

丰富的绿色空间和清新的自然、可持续的生态环境是国际名城超越一般城市的基础优势。杭州具有发展绿色城市的自然环境优势和建设与保护的基础，应将其作为杭州的核心竞争力因素倾力打造绿色城市。

1）建设绿色基础设施

绿色基础设施（green infrastructure，GI）是将城市周围和城市地区之间，甚至所有空间尺度上的一切自然、半自然和人工的多功能生态网络组合起来，形成综合性的绿色生态网络系统。在城市地区 GI 与灰色基础设施（grey infrastructure，指道路工程、排水、能源、洪涝灾害治理以及废物处理系统等）相协调，即以生态化手段来改造或代替灰色基础设施。绿色基础设施的合理战略布局可以减少对灰色基础设施的需求，节省下公共资金用于社区其他需求，同时还可减少社区对洪水、火灾等自然灾害的敏感性。GI 一方面对生态环境作出保护，另一方面改善社区和居民的健康及生活质量，服务于人。在提倡"可持续发展"、"低碳"、"绿色发展"的今天，绿色基础设施规划为人类探索人与自然和谐发展提供了一条思路，对提升城市生态质量具有重要意义，是城市竞争力的重要基础。具体可以从下述三方面规划入手：

**绿道规划：以滨河绿带和道路绿带为主体，优化生态廊道体系**

艾里克森（Erickson）将绿道定义为沿着自然或者人工要素，如河流、山脊线、铁路、运河或者道路的线性开放空间。它们被规划和设计为连接需要保护的自然生态区、风景区、游憩地、文化遗址区的通道。绿道可以作为绿色基础设施

网络中的连接廊道(link corridor)。构建绿道可以连接生态孤岛,提高生态多样性。图 6-1 为巴黎北部带状公园的设计方案。绿道可以有文化遗产廊道和自然遗产廊道、健康绿道体系等类型。

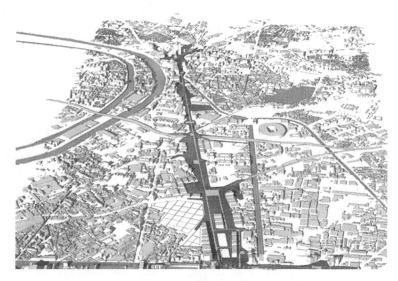

图 6-1　巴黎北部带状公园设计方案(引自参考文献[66])

杭州市区域内水体河道众多,应根据不同河流的特点及其历史等作针对性的设计,以体现各自的特色滨河绿道。在西湖等景区的滨湖绿地,可将休闲景观步道与绿色慢行远足走廊结合设计,并建设慢行设施。钱塘江作为杭州生态景观标志廊道,其两侧可规划稍宽的绿地,增设观景平台作江景观赏和观潮之用。杭州运河则应更多地体现传统文化特色,可结合运河两岸的一些古街区和传统建筑等,在其两侧设置文化公园等,体现人文气息;其次,加大道路绿化力度,打造优美的林荫道系统。杭州是著名的风景旅游城市,景区周围确实绿树成荫,风景优美,但是市区内的一些道路两侧绿化偏少,整体环境质量较差,因此如有条件,可在道路中间或者两侧保留绿化带,既可吸收汽车尾气,也可美化景观。

杭州有悠久的历史文化传承,可以着力打造若干绿色文化遗产廊道,整合和连接沿线自然风光、人文历史、休闲旅游资源,并延伸串联郊区绿道体系。

**绿地规划:区域公园化,城区绿地多层均质化**

绿色基础设施包括城市绿地体系,更包括了具有生态服务功能的自然服务体系,如大尺度山水格局、自然保护地、林业以及农业、城市公园和绿地、城市水系和滨水区以及历史文化遗产保护系统。

通过区域的公园化战略,使城乡处处像公园,达到优化生活环境,提高生活质量,提升市民归属感和幸福感,优化投资环境和发展优质产业,增强地区综合竞争力和发展后劲的目的。杭州要建设包括大面积的森林绿地、河谷绿地在内的外围城市绿地和水域系统,将杭州建成"世界上最绿的都市之一"。外围"绿色环带"的用地功能可以多样化,包括林地、农田、乡村、公园、果园、室外娱乐用地、教育科研用地等,同时也可适当展示体现杭州文化特色的公园或者博物馆等,作为人们进入杭州的一个窗口。环城绿带既可以作为杭州的农业与休憩用地,保持其原有的乡村特色,又可以抑制城市的蔓延扩张。同时,其还需通过道路与市区内的公园绿地连接,形成区域性的绿地系统。

杭州在保护并继续改善西湖周围环境的同时,对于市区其他地区也要大力加强绿化建设,改变绿化分布严重不均的现状。将公园、道路两旁绿地,滨水绿带和西湖进行有机联系,形成点、线、面多层次统一的城市绿化系统。同时可考虑利用建筑屋顶、阳台等空间进行绿化,增加整个城市的绿化覆盖率。

**绿色生态系统规划:统筹自然与非自然,实现"人—城市—自然"生态共融**

生态规划的对象一般来说是自然系统,主要目的是保证可再生资源永续利用,保护自然系统生物完整性,合理有效地利用土地、矿产、能源和水等不可再生资源,治理污染和防止污染。绿色生态系统的对象不单单是自然系统,非自然的、人工的绿色空间、景观亦包含在内,把自然、人类和城市三者有机地融合在一起,达到平衡的状态,同时实现经济效益的提升。杭州的绿色生态系统建设规划可以参照表6-3所示的理念。

**灰色基础设施生态化**是绿色生态规划思想在具体规划建设工程上的体现。绿色基础设施的一大特点是将灰色基础设施纳入规划系统,对城区的基础设施进行生态化设计和处理(见图6-2)。如城区扩建(特别是居住区)尽量选址于不受或不易受到洪水袭击的地方,保护低洼湿地等地表水涵养区;正确对待河道滩地综合利用泄洪空间(如:绿地、运动场、公园、停车场、污水处理场等);停车场、广场等城市地表尽量采用可渗性地面,提倡采用渗渠、渗沟,设法降低道路两旁及市区公园等公共空地的地面标高,以吸收滞留周围径流;要求开发商对大型建筑物必须设置地下雨水调节池;等等。

建议将杭州市的生态带规划升级为绿色基础设施规划,建设完整的绿色基础设施体系,提升绿色竞争力。

(A)采用透水表层并具贮水功能的停车场；(B)蓝屋顶；(C)有植被的路边沟槽设计；(D)多孔沥青路面；(E)渗水的行人路

图 6-2  绿色基础设施与灰色基础设施结合(资料来源：NYC Green Infrastructure Plan：A Sustainable Strategy For Clean Waterways)(附彩图)

表 6-3  绿色生态系统规划理念

| | |
|---|---|
| 共生性 | 要使杭州环西湖片区、西溪湿地片区、钱塘江两岸等的基础设施与该地域人居环境的其他成分共生共荣。同时既要以人为本，又要考虑生物的利益和生存，并且在基础设施建设方面形成多赢的局面，多方合作建设基础设施 |
| 网络性 | 要使整个杭州的绿色基础设施形成网络，而不是单个、单片区、不成系统；使杭州内部的绿色基础设施网与外部生态网络(西湖、西溪、钱塘，以及杭州与周边县市)相连接、相结合 |
| 可成长性 | 要使城市的绿色基础设施具有成长性，可随着人居环境的发展而自然延伸和衍生，例如，在生态带、生态格局的构建上根据建设时序逐步拓展，在规划中强调分时序、分阶段、多维度、全覆盖的规划建设 |
| 地方性 | 要使杭州基础设施具有地方性，其设施类型、组合及运转符合杭州地方生态环境的特征(如其作为景观型生态系统的特征等) |
| 宽余性 | 要使杭州基础设施的服务能力有余裕，适应使用上的弹性和不可预见的情况，例如城市雨洪公园的建设、城市渗透铺装的建设、乡土景观的营造 |
| 多样性(完整性) | 要使杭州基础设施在一个地区看得见的范围及可影响的区域内有着各式各样的齐全的基础设施类型(如城市绿道、雨水花园、湿地、树林、绿色屋顶、洼地等)，发挥基础设施的全部功能，为人居环境作出贡献 |

续表

| 关键性 | 规划中要根据杭州的自然环境条件以及其他条件确认杭州绿色基础设施的关键因子或关键因素,并针对性地采取措施 |
| --- | --- |
| 生物性 | 要重视杭州绿色基础设施及构成元素的生态服务功能,以自我组织的、智能化的、活的基础设施功能特征体现其生物特性,同时注意用生物方法处理各种污染及提供相关基础设施的服务功能 |
| 安全性 | 要对杭州的基础设施规划布局采取确保安全的措施与预案。同时,安全性要包含生态方面的安全和其他方面的安全 |
| 平衡性 | 为了使基础设施更好地发挥作用,杭州的各项绿色基础设施之间要有一定的比例关系,各项基础设施之间要构成一个互相协调的系统 |
| 经济性 | 杭州绿色基础设施的规划、建设与运营应符合经济学的法则,取得较高的经济效益 |
| 现代性 | 绿色基础设施的技术选择和管理模式等应该具有现代化的特征,要吸收和应用世界上最先进的技术和工艺,体现生态化与现代化的结合。同时,与杭州着眼发展国际大都市的发展目标相吻合 |

图 6-3 为英国 Northwich 的绿色基础设施情况示意。

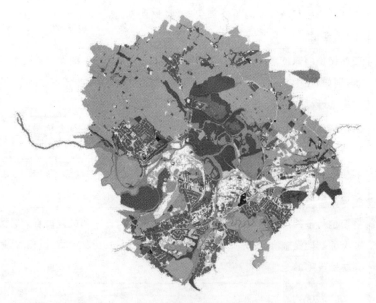

图 6-3　英国 Northwich 的绿色基础设施(引自参考文献[67])

2)打造低碳城市

低碳策略能够使城市通过低碳技术和清洁生产方式,率先生产、开发、利用比其竞争对手具有更低污染、更低排放、更低能耗的产品与服务,从而持续获得竞争优势。

根据2011年世界卫生组织公布的一份全球共1100个主要城市的空气质量排名,杭州位于1002名,这是一座风景旅游城市所始料不及的。姑且不论指标体系是否完备,这样的排名确实引发了杭州对未来之路的思考。

2011年,杭州市"十二五"低碳城市发展规划在北京通过。这一规划提出杭州市要推广利用清洁能源,构建低碳能源体系;加大森林城市建设,构建固碳减碳载体;加强低碳技术研发应用,构建低碳创新载体;优化城市功能结构,构建低碳建筑载体;发展公共交通,构建低碳交通体系等发展任务和示范建设工程。从城市规划的角度而言,杭州可以从城市能源结构、城市绿化、城市空间结构和交通体系等几个方面建设低碳城市。

**推广绿色能源和清洁技术。**在新一轮的能源基础设施规划中重点推广绿色能源和清洁技术的运用。积极开展绿色能源项目的专项研究,对风力发电、垃圾焚烧发电、核电等项目重点进行前期论证,对严重影响城市环境的传统火力发电项目进行调整。充分发挥太阳能资源,街道路面的照明灯、站牌照明灯、红绿信号灯以及一些公共设施可考虑使用太阳能发电。对于新建的基础设施项目,要加强节能减排设施的规划建设。对于新规划的功能区,则要集公共景观、道路市政、建筑空间三位一体,统一建设集中能源中心、集中水资源处理中心、变电站及相关设备管廊,通过集中的方式为各个楼宇提供低碳的能源和水供给。

**增加碳汇空间。**杭州城市环境在具体区域上差距很大,需要全面植树造林,建设园林化城市。将山水园林引入城区、社区,以增加城市的碳汇功能。在城区中,可以利用见缝插绿、拆墙透绿等措施,重点推进公园、小游园、绿化广场和水系林网的建设,开展大规模群落式道路林带升级改造。在郊区,要建设城乡结合部森林及高标准的环城林带、城郊森林公园和景观片林。建筑、小区、街道,直至整个城镇都要有雨水收集储存系统。所有河渠实行地表水与地下水的沟通,实现人工系统与自然生态的互惠共生。

**优化城市布局,发展低碳交通。**机动交通是城市碳排放的主要源头,为了实现城市交通的低碳发展,在制订城市规划时,要提倡用地的紧凑性,遏制大城市"摊大饼式"的蔓延发展。城市用地发展方向应结合地铁线路等公共交通走廊规划,并立体组织铁路、航空等交通枢纽及其相关功能用地。城市新建功能片区的选址要避免远离城市,以方便各功能区之间的联系,建设短距离城市。

(2) 宜居城市:便利、包容、愉悦的城市

如前所述,人才和创新是杭州的核心竞争力所在。杭州的宜居性主要体现在生活品质方面。2001 年,杭州获得"联合国人居中心"颁发的世界人居环境改善方面的最高奖项——"联合国人居奖"以及建设部设立的"中国人居环境奖"。由中国城市竞争力研究会、香港浸会大学当代中国研究所共同发布的"2011 中国城市分类优势排行榜"中,杭州获得"最具幸福感城市"排名第一。杭州缺地矿资源、缺港口资源、缺政策资源、缺项目资源,环境是杭州最大的优势、最重要的战略资源。环境就是生产力,环境就是竞争力。因此,充分发掘杭州人居环境优势的潜力,打造国际著名的优秀人居城市,是杭州坚定不移的战略定位。优秀人居城市的打造,要从自然环境适宜性、住房供给、生活服务、生活质量、就业机会等方面进行努力。杭州宜居城市的建设从三方面入手:安全便利的功能性宜居,公平包容的伦理性宜居,富有愉悦感和家园感的乐居生活。[68]

1)安全便利的功能性宜居:建设服务便捷社区和公交社区

功能性宜居是宜居城市最基本的要求,它关注的是社会治安、环境质量、就业机会、交通状况、住房建设、公共服务设施建设等与市民日常生活密切相关的实际问题,主要满足市民对城市的安全性、健康性、生活方便性和出行便利性等基本生活要求。

**建设服务便捷社区。**以杭州的情况而言,构筑便捷服务社区是杭州宜居城市建设最直接有效的途径。日常生活的便利程度是城市宜居性的重要指标,它是指与日常生活密切相关的各类配套服务设施的齐全与分布合理性。一般而言,菜市场、便利店、邮局、医疗服务设施、运动健身场所等服务网点作为散布在城市机体上的日常生活细胞,应该在 10 分钟的步行路程内为宜,超过这个半径居民就会感到不方便。例如,公共设施应当结合市民生活需要,配置一定数量的便利店和自动售货机。基本上每走百米左右有不同品牌的 24 小时便利店,这些便利店应当集出售各类食品、日杂百货、代收水电等费用和邮递业务于一体。此外,街头巷尾设置的自动售货机不仅为街道空间增添了一抹亮色,同时也可以成为方便市民生活的小道具。服务于普通市民的日常休闲、健身、娱乐场所和设施的缺乏以及分布不均衡也是影响城市宜居的重要方面。因此,宜居杭州建设的着力点是让市民从微观上、从生活细节上体会到舒适性与方便性。

**构筑公交社区和慢行交通系统。**杭州公共交通系统在城区主次干道上的布

置已经达到较便捷的水平,但向"内"深入社区还显薄弱。为了方便居民出行,要将公共交通直接引入社区,并与城市公交、单位公交(如校车等形成)很好的衔接。停车站点等交通设施也要实行统一化管理,实现各层次公交的一体化。

慢行交通是相对于快速和高速交通而言的,是出行速度不大于 15km/h 的交通方式,有时亦可称为非机动化交通。慢行交通系统的特点是贯穿于城市公共空间的每个角落,能够满足居民出行、购物、休憩等需求,在短距离出行上有明显优势。慢行交通出行距离较短,一般小于 3km,这种出行方式绿色环保健康,不带来环境污染,还兼有锻炼身体的功效。在需要远距离出行时可引导居民采用"步行+公交"、"自行车+公交"的出行方式。

在杭州的城市规划上实现慢行交通,需要规划城市慢行核心区(包括如风景名胜区、文教区和大型居住社区),以及将各类城市魅力区域连通的慢行的廊道。除给予慢行交通出行空间保证外,在城市特殊地段(主要是城市吸引核)还要给予慢行交通一些优先权,例如有些步行街、非机动车专用路(道)划为慢行交通专用;有些街道在非高峰时段、娱乐休闲时段或节假日禁止机动车交通,在行人出行密集的地方设置专用的行人信号灯等。

2)公平包容的伦理性宜居:人人享有住房、工作和社会保障

**公平的保障性宜居。**杭州的宜居城市建设还应在促进城市的公平、和谐、包容度等伦理性宜居方面多下功夫。宜居城市是面向所有城市居民的。各类新来的创业、就业人口要全面融入城市生活则会遇到各种压力和困难,城市的福利政策、住房政策与社区服务等必须考虑到各群体的利益,使他们能享受到相对平等的住房、公共服务和社会保障等权益,分享城市发展带来的惠益,使城市保持较高的人才吸引力。

在城市住房的共享上,加快保障性住房的建设,通过要求新建小区开发商对城市保障性住房提供适度的建设以及政府投资新建公租房等措施来完善外来人口的生活配套设施构建,降低其生活成本,为杭州吸纳更多的劳动力、高新技术人才创造条件。

**宜业性宜居。**要宜居,必须要宜业。产业升级和布局要考虑城市居民的居住空间分布和劳动素养结构,合理安排企业区位,避免简单的产业功能区调整,增强居住与就业的混合,使城市更加宜居宜业。同时居住与就业的平衡是城市规划需要研究的课题,合理的就业与居住平衡可以减少交通出行量,改善居民生活质量。

在社会经济转型时期,由于结构性转型很难在短期内实现,因此不可盲目追

求科技密集的高端产业,而需要考虑如何将传统制造业向绿色制造业转型。在用地布局时,对于传统产业用地应该有一定的保留。例如,为了防止传统工业用地被转化成其他用地,芝加哥规划局建立了土地储备银行,由政府出面收购工业用地周围的私人土地,以便供未来大型工业项目使用。注意保护位于工人集中居住区附近的工业用地,对那里的传统工业进行更新,并引进新工业,目的是减少工人上下班的距离,减少城市交通量。我国的土地制度与国外有差别,但仍有一些方面可以借鉴。对于规划中未来要发展的工业用地周围的土地,政府可适当控制其用途,采取一些政策避免开发商因为某些需要而改变其用途。

3)高品质环境性宜居:优质自然的生活环境

杭州有西湖风景区及城市周边的自然山水,但是这些自然空间需要进一步贴近城镇居民的日常生活。要增加外围山水渗透入城的空间,并改善配套设施和公交连接服务,让广大城镇居民更好地亲近大自然,同时保护生态系统的连贯性和完整性,保育生态网络和生态环境,通过有效的发展控制阻止城市化对自然环境的侵蚀。

4)安全性宜居:减小灾害威胁

杭州可以效仿东京等城市构筑全方位的灾害防范机制,城市规划也充分考虑各类防灾空地和设施的均衡分布,力图把大都市的安全隐患及可能造成的危害降到最低。另外,应当鼓励公众树立城市安全方面的忧患意识,并通过城市中的各级社会组织与居民的共同营建以及形式多样的防灾培训,使城市综合防范机制得到进一步强化。杭州应借鉴东京经验,切实提高市民的防灾意识和危机意识,健全城市公共安全危机管理方面的各项制度。

5)特色化:文化休闲旅游城市

杭州是中国六大古都之一,拥有数千年文明史及丰富的历史文化遗产,厚重的历史底蕴和文化积淀成为打造杭州历史文化名城和旅游城市地位的有利资源。2006年,杭州被国家旅游局与世界旅游组织联合授予当年"中国最佳旅游城市"称号;2007年,杭州获得国际旅游联合会颁给的"国际旅游金星奖",成为获此殊荣的第一个也是唯一一个中国城市;2011年,杭州西湖被评为"世界自然文化遗产",更给杭州发展旅游城市增添了强势筹码。杭州的发展重点正从传统的观光旅游转向休闲度假游。基于自然风景和历史文化底蕴,杭州应坚持将文化休闲国际化旅游作为城市发展的核心领域。

### 6.3.2 发展创新城市,培育核心竞争力

自熊彼得提出创新概念以来,创新被认为是城市竞争力的关键因素,创新优势是一种主导性的竞争优势。创新涵盖广泛的内容,但科技创新是重要的基础,创意是新兴的创新领域,文化越来越被看好为创新的温床。

(1)创新城市:创新空间布局和品质建设

1)大城西和钱江两岸形成两大高新技术产业集群

**围绕知识中心的田园式高新技术园区。**参照国外高新技术产业园区的建设经验,园区位置多选择在有良好天然环境的城市或大都市的郊区,其建筑多以低密度为特征,并且特别重视绿色空间系统的建设。[69]例如橡树林和草地是硅谷典型的地域景观,而波士顿和旧金山的高新技术区则依山面海。

城市以西至临安地段和钱塘江及运河两岸是杭州城环境质量较好、比较有特色的地段,但杭州运河大多河段都处于市中心,并没有充足的发展空间。而城西地段和钱塘江两岸地段位于城市郊区,不仅拥有充足的建设空间和发展条件,而且其优质的环境和温馨的生活气氛可以增强对企业与科技人员的吸引力,同时也可激发原本在城市内部的人员的创造力。因此杭州未来的高新技术园区的选址应主要考虑城西及钱塘江两岸地块。其中城西又因其坐拥西湖、西溪湿地天然的环境优势以及其西面临安市山清水秀的自然风光而作为杭州高新技术产业的重点打造地段。纵观杭州高新技术园区的发展现状,近年开始规划建设的青山湖科创园、仓前海创园也确实选择了城西优美的山水环境,并且辐射范围一直延伸到临安市域。另外,目前形成的两个国家级开发区,即高新技术产业开发区和经济技术开发区,也充分考虑了环境因素,利用钱塘江两岸独特的自然环境,沿钱塘江而建。这两个开发区担负着整合区域创新要素、改善区域经济结构、提升区域竞争力的功能使命。开发区对杭州市的发展起到了重要的促进作用,在一定程度上缓解了杭州老城区发展空间不足的矛盾。

根据国际经验,创新型区域围绕创新源在大都市城郊成长的规律,杭州在创新城市建设中需要着力打造以浙大和小和山高教区、青山湖和城西海创园、滨江高新技术园区为核心的大城西创新型区域,下沙副城创新区域,以及小规模散布城区的创新点组成的**创新区域体系**(见图6-4)。

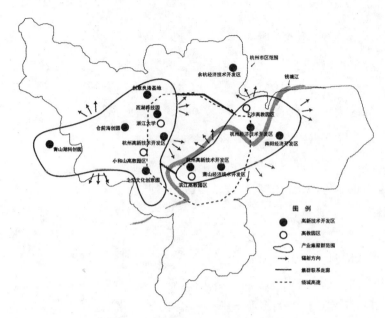

图 6-4　杭州创新产业区域分布

**从散点式走向网络式**。目前,杭州高新技术开发区以杭州城西和钱塘江两岸为主要发展区块的布局情况已初具雏形,即以青山湖科创园、仓前海创园、西湖科技园等为主的城西高新技术产业圈和以高新技术产业开发区和经济技术开发区为主的钱塘江沿岸高新技术产业圈。但目前,杭州的开发区在管理模式、用地布局等方面仍存在着一些问题,它们多为分散管理,并无统一的模式,总体上呈散点式布局。下一步需将不同的开发区进行整合统一,从"点状发展"提升到"网络式发展",打破园区在布局和功能上的僵硬边界,使整个地区成为具有高新技术园区一系列功能的连续整体。在用地功能的布局上,将教育、研究与开发、规模化生产、市场化运作的连续过程串联起来,解决现状开发区布局"多、小、散、乱"的问题,使科技园区的主体功能得以实现,依托下沙高教园、浙江大学、杭州师范大学、小和山高教园,发展高新技术产业园区,以体现校园的开放性和生产部门与教育科研部门之间的密切合作和交流。

重视在商业、教育、艺术等方面的创新能力,以便让每个市民都能够感受到知识的激励和活力,而要提高创新能力,首先在开发区的地理空间特点上要有新的突破,构筑起"知识区"。这些"知识区"既是一个地理区,也是产品、服务、工业的区片或实践区,它会突破地理和产业界限,将创新的实践活动连接在一起,让知识从原始点自由流动,以满足创新的客观需求,并裂变成一种知识创新的机会。

此外，开发区在用地功能上要进行一定程度的混合，要保证有良好的基础设施作为园区发展的基本条件，在园区周围建设良好的交通设施、通信设施和生活设施，保证园区人员在生活、工作、信息交流以及与市场保持高度的协调一致。对于城西高新技术产业群，应建设属于园区之间的独立通道，在通信网络覆盖市区的同时，提高在市域范围的覆盖层面；对于沿钱塘江高新技术产业群，打造以江边道路为交通联系基础的沿江产业带。

**提升园区内部的技术与档次**。尽管杭州的高新园区目前从数量和规模上都已经具有一定的规模，但是真正高水准和具有明显竞争优势的创新产业园区尚未形成。在未来的发展中，杭州的高新技术区需要向更高级形态转变，由以研究与开发为主的科学园发展到兼营生产高技术产品的科学园和产、学、住一体化的技术城。对于杭州来说，要将原先分散的技术孵化通过创新改造，与支持知识转移等促进知识发展的政策统一起来，促进战略计划的实施。要打造具有创新环境条件的高新技术园区，构建管理模式先进、基础功能完备的科技创新创业平台，重点承接高新技术产业化项目，为中小科技型企业成长壮大提供承载空间。高新技术园区不仅要保证其园内的环境品质，而且还要保证园区的环境质量达到高标准，以适应研发活动和某些高科技生产过程中对洁净和安静的要求。要防止名为高科技园区，建成后却扩张成为一般产业区的倾向，避免安插不宜建在园区的项目。园区选址若位于远郊，则应尽量按规划中的新市镇标准来建设，而不宜采用工业卫星城的模式。若位于近郊，则应考虑母城已有的服务设施，并增设知识型基础设施，同时带动社区的发展。理想的区位是位于市区边缘或已有的高教园区边缘，加强彼此的联系，同时还要保证方便的交通。

在规划建设过程中避免陷入盲目追求规模的误区，可利用城市综合更新吸引高新技术企业。更新改造区中空置的厂房经过稍加改造可以成为中小型高新技术企业的理想选择，年轻、科技型的高附加价值公司进驻到原有的工厂与仓库，将时尚与传统完美地结合。例如，杭州可借蒂尔堡地区发展"现代产业"的经验，通过发展教学与产业结合的相关产业，发展现代新型产业。根据杭州的价值链分工地位，可以大力发展服务外包产业，可以结合空港城和经济高新技术开发区规划发展服务外包产业园区。

总的来说，杭州接下来发展高新技术产业，①要打响"大城西"概念，高新技术产业的打造不仅局限于西湖区这个狭义的"城西"的概念，还要将更西面的临安市囊括进来，将临安市的青山湖科创园与西湖区诸多的高新技术产业区联系起来，依托浙江大学与小和山高教园区的教学资源优势以及独特的自然生态优势,形成大城西高新技术产业集聚群;②依托滨江高教园区和下沙高教园区的教学资源优势,以钱塘江为联系纽带,将大江东新城、下沙高教园区、杭州经济技术开发区、杭州高新技术开发区、滨江高教园区及周围的其他园区联系起来,打造一条坐拥独特江景的高新技术产业集群带;③不仅要加强每个集聚群内部各园区之间的联系,还要依托绕城高速加强大城西产业集聚群与沿钱塘江产业集聚群之间的联系,两者间的交通联系纽带尽量避免经过市中心,以免增加城市中心的交通负担。

2)形成以运河为主要联系轴、多模式共同开发的创意产业区

杭州创意产业的发展正面临着城市间激烈竞争的挑战。例如位居杭州之后的南京市已建和在建的创意产业基地已超过了40个;而位居杭州之前的上海市则提出要打造"国际创意产业中心",成为与伦敦、纽约、东京相比肩的国际一流创意城市;深圳则提出了建设"创意设计之都"的战略目标。[70]因此杭州市文化创意产业发展的任务显得更加紧迫和重要。

同高新技术产业一样,创意产业的发展同样需要优美良好的自然和人居环境。杭州的创意产业可以选择城西以及钱塘江两岸的地块发展,与高新技术产业形成互补的格局。但相比而言,杭州运河拥有发展创意产业更大的优势:一是原有老工业区主要沿运河分布,在工业时代曾经形成沿岸工业带,现在这些闲置的厂房和民居可以为创意产业区发展提供空间载体。二是城市的河流往往就是一个城市的灵魂,相比钱塘江运河具有城市文化景观特色,运河的意义更多的是其沉淀了悠久的历史和文化;三是滨河可以提供舒适的人居环境条件,符合创意阶层对舒适生活的追求。

尽管杭州现在发展创意产业的力度较大,但还是以设计生产为主。在"新消费时代"到来的大背景下,杭州今后应依托沿岸老厂房资源和博物馆等场馆的建设,积极发展研发设计、会展、广告和时尚消费设计产业,从设计生产向时尚消费发展。

总的来说,未来杭州创意产业的发展,应着力打造依托运河的创意产业发展带,并在全市范围内形成以运河为主要联系轴,以城西高校区、滨江高教园区和下沙高教园区周边的区域为主要发展点的"一带、三点、多模式"的布局特点。

3)发掘楼宇空间的创新产业支撑功能

楼宇经济是指城市中以商务楼或工业楼宇为主要载体,以现代服务业的发展为核心,具有较高的空间集聚规模,产生高经济效益,对城市经济发展产生较强带动作用的一种经济形态。[71]

**楼宇经济空间布局**。以钱江新城、武林商圈和黄龙商圈为主要节点，以余杭、下沙、萧山为主要的楼宇拓展区，加强各节点与各区之间通道的联系，特别是利用好轨道交通沿线，强化空间布局、功能组织，构筑城市楼宇经济空间的网络化布局体系。

**完善配套设施**。城市楼宇经济空间应注意金融、保险、商业等产业所占空间比例的合理性，在关注经济效益的同时要注意配套服务设施的补充，为楼宇经济核心产业的发展提供支撑。

**提升交流空间**。改善、完善交通联系，加强对外交通联系，提高便捷性。楼宇经济空间内部可以考虑实现"人车分流、客货分流"，最大限度地降低各种交通行为的相互干扰，同时通过合理布设停车场，确保提供方便、高效的机动车停车位。空间上应从平面走向立体：通过构筑地下空间体系，缓解交通压力，提升运行效率，同时也可利用地下空间建设特色商业街等，提升该区域的档次；对交通拥挤、商务楼集聚度很高的区域，可以建立完善的步行体系，借鉴香港、上海等城市的经验，通过建设楼宇间的二层交通走廊，建立便捷的联系。

**针对性的空间设计**。①考虑未来大型国际性公司入驻的需要。据调查，大型的国际性公司更需要集中于一层而非多层的办公空间，因此有必要考虑在中心区开发建设面积大的办公建筑。②考虑未来新的工作方式的需要。城市规划要考虑技术发展所带来的产业结构的升级和生产方式的变更。比如随着信息技术的快速发展，远程办公的工作方式必然会兴起。远程办公是通过现代互联网技术，实现非本地办公的办公模式。因此，需要提前研究和考虑适合远程办公的交通、住房建设、网络建设和办公空间的要求。③考虑未来创新产业发展过程中可能产生的新的土地需求。杭州可以借鉴国外的规划经验，在城市中心区开辟预留地，首先将其生地开发成熟地，或建设成绿地和公园，充分发挥其生态价值，以备今后功能的扩展。

总之，楼宇经济空间是发展创新产业的重要载体。结合杭州的发展现状，杭州楼宇经济空间的建设重点可以依托钱江新城的辐射，集中在城东与城南即江干区、滨江区、萧山区建设；远期楼宇经济空间可以在城北余杭区建设，以提高对其北边的湖州、嘉兴等地的辐射能力，同时分担城南的就业压力，减轻市内的交通压力；对于主老城区，则主要以更新与功能替换的形式，为经济效益较好的企业提供空间载体。

（2）文化都市：文化产业发掘新的经济、文化增长点

文化也是杭州城市竞争力依赖的核心动力。根据国际顶级城市近期的发展

动态,城市文化日益显现出成为国际大都市发展全新引擎的重要趋势。认为对于城市的发展而言,如果说以往的文化建设起到的更多的是类似"花瓶"的作用,是体现繁荣的配角,那么未来一个阶段,文化对于城市的意义将更多体现在实际的要素推动乃至城市发展的"软实力"的表现上。有研究反映,文化的投资乘数要高于一些公认的高增值行业。文化对于城市"软实力"的推动作用还来自于文化对实现城市从传统发展模式向知识经济为核心的新发展模式转变所起的基础性作用。同时,城市文化水平的高低直接影响城市的创新能力与创新氛围的塑造,这对于当前以创新作为经济发展驱动力的众多国际大都市而言,无疑是重要的战略抓手。近来,国际大都市都把文化战略的制订置于新的高度,将文化艺术建设的关注点体现在社会、经济、空间等诸多方面,而非以往较为虚化的宏观层面。城市文化已经逐渐超越狭义的文化领域,开始向产业、基础设施、社会、城市复兴乃至城市总体定位渗透,文化的关联度大为延展,逐渐成长为城市功能发挥合力的"黏合剂"与"倍增器"。

1)创新城市主题文化品牌:东方魅力之城

城市主题文化是世界语境对一个城市在世界名牌城市格局中的认知和鲜明的符号象征。城市主题文化构建,是城市软实力的重要载体,还是城市硬实力的支撑,更是城市核心竞争力的重要表现。事实上,城市主题文化构建,不仅仅是城市主题文化自身的问题,更是一个城市如何进入世界民族之林的问题。

"电影之都"洛杉矶,以通过倡导自发的世界电影市场和世界电影文化为品牌;"汽车之都"沃尔斯堡,以地域本底的世界汽车市场和世界汽车文化为品牌;"音乐之都"维也纳,以世界音乐和音乐文化为品牌。这些以城市地域、文化为本源,发掘自身个性化主题的城市,都在世界范围内牢牢掌握着自己城市的主题文化,其他城市想竞争这一城市的主题文化,几乎是不可能的,只能看着这一主题文化城市享受着全世界给它带来的主题利益和主题品牌影响。

另一种是外来主题化。外来主题化就是把别地的文化变成主宰自身城市的文化,之后主宰该城市的资源,收获利益。例如美国的迪斯尼,在世界到处实践着其主题,而且全世界一些城市都心甘情愿地被它主题化,还如达沃斯论坛、慕尼黑的啤酒节等。这一切,都是一个城市没有城市主题文化所造成的。

杭州可根据自身的特色,借助杭州世界西湖自然文化遗产品牌,打造西湖文化品牌;以南宋都城为形象,打造历史名城品牌;以运河申遗为契机,打造运河文化品牌;大力宣传钱江新城的形象,打造江城品牌;以东方品质之城建设为基础,打造休闲之都和宜居城市;以此来增强城市的影响力,增加城市竞争力。总之,杭州是一座传统与现代相结合的城市,是具有亚洲文化,又有特色风情的东方魅力之城。因此,杭州可以围绕这一主题凝练城市主题文化品牌。

2)发展特色文化产业:影视文化产业

发展影视文化与杭州的自然环境、文化氛围和人的气质十分融洽。

**推进电影院线建设。**将影院建设和改造任务纳入杭州城市总体规划,加强对影院建设的合理布局规划,特别是依托城市商贸核心区域建设电影院线区,如传统的影院集中区——湖滨地区。

**建设影视文化创意园区。**可在运河两岸的文化创意园区、钱塘江边的钱江新城等集中的功能区规划建设影视创意园区,与集中功能区的其他功能相联系,形成一条产业链,从而为影视企业的入驻提供场所。

**开展相关的影视活动。**可在杭州西湖等标志性的地方举办展映周、电影节、电视节、影视展览会等类似的影视活动。由于国内外戛纳、东京、上海等城市举办的电影节已经产生比较大的影响,因此杭州可根据现阶段的情况和自身条件举办不同风格的电影节。可以是针对特定人群的,如亚洲青年电影节、杭州大学生电影节等;也可针对特定电影类型的,如纪录片、动漫片等。通过这些活动自身的影响力以及杭州周边旅游、商业等产业的带动,逐渐成为自己独具一格的影视活动。

3)重现经典文化产业:戏剧产业加大剧院院线设施建设

杭州拥有鼎鼎大名的越剧以及土生土长的杭剧,应发展戏剧产业使其恢复过去的繁荣,以丰富杭州文化的多样性,加强其文化形象。但由于剧院设施落后,加上其观众群体不如电影那么庞大,所以当前应首先加大剧院院线设施建设,院线建设地址应首选比较有活力的、具有一定人群基础的老社区,为戏剧提供较大的观众基础。

**古今合璧、戏剧平台搭建,扩大和升级戏剧的观众群体。**要充分发挥媒体的宣传作用,密切戏剧产业和周边其他功能的联系,不仅在剧院院线表演戏剧,还可以在露天平台表演,方便观众与戏剧的互动。引入现代科技及表演元素,与传统的艺术形式相结合,使之更易于被中青年群体接受。

4)打造世界动漫之都:动漫教研、产业、娱乐基地一条龙建设

围绕打造中国"动漫之都"的目标,加强杭州高新动画产业基地、中国美术学院国家动画教学研究基地和浙江大学动漫技术研发基地、西湖区数字娱乐产业园等基地建设。积极构建动漫产业公共服务平台,加快建设教育培训、研发、产业孵化、产品交易、信息交流、动漫游戏体验等中心。加快规划建设动漫游戏主

题公园,筹建投资数十亿、占地 3000 亩(1 亩＝666.7 平方米)的杭州卡通城,加快建设卡通影院。

加快动漫产业链培育和建设,积极举办各类交易会、展示会、影视周等商业性活动,策划卡通狂欢节、国际动漫产业论坛等活动,做强做大中国国际动漫节品牌;积极开发衍生产品,发展中介代理机构,培养专业营销队伍。

5)大力发展文化创意产业

杭州现有不同创意行业之间存在较大的差异,对未来整体的发展可能会带来损害,无法达到整体效益的最大化,不能体现创意产业作为一个整体产业的价值。因此,需要协调不同行业之间的平衡性,加强不同区域在进行文化创意产业定位的特色性,不能只集中在动漫、出版印刷发行、休闲体验娱乐等几个行业。应与自身所在区域特点紧密联系,要针对不同区域的特点进行不同层级的差异性规划。例如可针对老城区、近郊区、远郊区等不同层次作出相应的规划:在老城区创意产业发展应与旧城区的改造及传统文化的传承进行有机互动,建立有杭州传统特色的创意产业集群,不但能让历史文化遗产得到有效保护,同时还能延续传统文化,提升城市品位;近郊区是杭州历史与现代、传统与科技相互融合的地方,创意产业在这个区域的发展要考虑区域间的互动发展,提升产业的辐射力;在远郊区建设创意产业园区可以依托民间已经自发形成的具有一定影响力的创意产业聚集地为基础,要根据各个区县的情况作出有特色的园区定位,而且要与其他区域相联系,进行整体规划,避免园区的泛滥及功能的重合。

新的创意园区的建设可以结合新城的发展规划,促进城郊间文化设施的平衡分布,满足人们的文化创意消费需求。

6)塑造艺术化的城市空间:画里画外水墨江南

杭州可以学习巴塞罗那的做法,将新的公园和广场都按"将博物馆搬至街上"的原则建立起来。通过空间本身的设计和独特的艺术作品,强化每一个广场的个性和特色,为所在地区的日常活动提供一个公共平台。

杭州本身的江南特质是其自然风景的重要个性,在艺术空间的营造上,以突显江南特质的小桥流水、粉墙黛瓦为基调,在色彩规划、公园建设的统一布局下,构建画中城、城中画的艺术空间。

### 6.3.3 建设智慧杭州,提升新产业竞争力

国际上关于城市竞争力的研究中,非常强调通信和信息技术(information and communication technologies,ICT)的重要性,认为无论是企业、社区还是政

府,为了提高效率必须凭借 CIT,走智能化的道路。

（1）基础网络构建

智慧城市的建设直接依赖于有力的信息化技术的支持,物流网络的建设、云技术的应用、无线网络的覆盖都为智慧城市的实现搭建了平台。

杭州现阶段无线网络的覆盖尚未普及,相比新加坡等"智慧城市"建设相对超前的城市来说,杭州的智慧平台还非常欠缺。因此,应当加快无线网络覆盖,并进行有效的物联网平台搭建,确保市民有效使用网络信息,为杭州构建智慧电网、智慧医疗、智慧政府、智慧社区提供保障。

（2）宽带城市建设

加快城市光纤宽带网和下一代广播电视网（NGB）建设,实现城镇化地区全覆盖,显著提升网络基础设施能级,基本建成宽带城市。

**光纤宽带网**。对新建住宅小区和楼宇按光纤到户标准进行建设,对已建住宅小区和楼宇加快光纤到户改造,扩容、优化城域网络,提高用户接入和业务承载能力。

**下一代广播电视网（NGB）**。完成全市有线电视用户 NGB 网络改造,具备提供高清电视、高速数据接入和语音等三网融合业务的能力。

（3）智慧电网

1）实时的电网管理

通过智能电网成熟度模型不同维度的智能电网构建以及智能停电优化管理方案等,使发电、输电、配电、用电四方互动互通。电力企业建立起可自测、自愈的智能电网,主动监管电力故障并进行迅速反应,实现更智慧的电力供给与配送,更稳定的可再生能源接入和更高的电网可靠性。

2）互动的用电模式

利用智能电表计量管理系统,帮助电力行业向服务模式转型,使个人和企业可以选择使用能源的方式和时间,从而在降低电力高峰负荷的同时,大幅提升客户体验。在实践中,这项方案能够帮助终端用户节省 10％的电费支出,并让电网在用电高峰期降低 15％的负荷。

3）可持续的能源供应方案

智能核电全生命周期管理等解决方案,不但能够优化和协同发电设备资产管理,提升设备资产的可靠性,还可以有效支持清洁能源的发展。而以后,智能电网还将实现更多可再生能源的接入,以更科学、更可控的方式实现节能减排的目标。

（4）基于物联网技术的智慧排水系统

智慧排水系统网络架构主要由三部分组成，分别是感知层、网络层及应用层。

1）感知层

感知层是智慧排水系统综合分析及运行调控的基础，负责信息数据的采集。其主要由位于排水系统各个关键节点上的水质、流量、液位、毒性等在线监测仪表以及视频监控设备组成，利用网络技术传输至应用层，通过识别筛选、建模分析，获取针对性的实时应用信息，智能化地制订各种运行调控措施。

2）网络层

网络层是促进物联网发展的主要动力。目前网络技术包括 3G、Zigbee、WLAN、WiMax、UWB、WSN、蓝牙和移动通信等形式，可根据排水系统采集点的分布特点分别采用不同的网络技术，如厂区数据采集点分布相对集中，则采用有线网络；厂外管网数据采集点分布较为分散，采用有线网络费用较高，无线传输较为适宜，如 Zigbee 网络、3G 网络、GPRS 网络等。在网络架构和管理方面，智慧排水系统要求网络技术具有集成有线和无线网络技术，实现透明的无缝衔接，并实现自我配置和有层次的组网结构。

3）应用层

应用层是整个智慧排水系统的中枢机构，汇聚了各项业务应用中的公共或可复用的业务处理逻辑，形成标准化且开放的软件资源。基于应用支撑平台的应用系统开发，一方面可以不断充实共享软件资源集，另一方面也可以不断地共享已有的软件资源，从而实现软件资源共享，减少重复开发，降低运行维护成本。由于排水系统始终处于扩建延伸和改造状态，因此智慧排水系统建设中应用的支撑平台应是可持续升级和扩展的平台，以便满足排水管理部门现在和将来的业务需要，避免重复建设导致硬件资源浪费。一般而言排水物联网建设中的硬件支撑平台在功能上可分为管网在线监测平台、信息网络平台、数据存储平台和监控中心的大屏幕展示平台，涉及监测、通信、网络、安全、服务器等多方面的内容。

（5）智慧政府

国际上有研究认为，不仅企业为了适应竞争环境需要发展智能基础设施，而且政府要为企业提供智能化的信息平台，这是地区竞争力必不可少的条件，而且是企业、公民公平竞争和平等发展的基本要求。因此，智能化建设是政府为城市竞争力必须实现的进步措施。随着物联网等新兴信息技术的到来,政府信息化建设将面临新的机遇与挑战。一方面,无线传感器、物联网等新技术给政府管理提供了全新的手段,如何科学民主地加以利用将是各级政府面临的一大问题。另一方面,物联网等技术在促进各单元互联的同时,也将带来更加广泛的信息量,如何高效挖掘、分编、筛选、利用这些信息是考验政府决策水平的必选课题。

1)创建数字化学习平台

数字化学习平台是为了适应市民的需求,特别是市民的知识需求而创建。学习平台应该是社会包容的,能够为市民在参与平台发展的过程中提供更多机会。数字化学习平台要很好地面对知识转型的需求,比如国外提出的"实践社区"(community of practice,CoP)模式。[72]评价数字化学习平台的标准应该是基于原有的城市信息门户传统,适应知识转型,有增加需求的能力。实践社区一词是由瑞士人温格(Etienne Wenger)首创,并被其定义为"关注某一个主题,并对这一主题都怀有热情的一群人,他们通过持续的互相沟通和交流增加自己在此领域的知识和技能"。因此实践社区在某种程度上是一个虚拟社区。温格认为,学习是一项社会化的活动,人们在群体中能最为有效地学习。这里所谓的"实践",就是积极主动参与学习以及与专家和同仁的互动。

2)创建学习管理系统

学习管理系统是数字化学习平台的核心。管理系统提供一个虚拟平台,在这里学员和导师能够通过交流个人经验、课程内容和交流工具实现协作。这是一个导师新增课程、管理者评估课程、学员使用相关工具学习的系统。学习管理系统分为三个等级,每个等级都有管理者、课程协调员、导师和学员。管理者负责会员课程注册,学员和导师是课程的创造者,协调员负责分配课程给学员和相关课程的服务。这些都由电子城市课程的核心服务所提供的学习内容、交流、协作、评估和管理者支持,而这些电子城市课程在实践社区可接触到。

3)优化电子学习课程

将拥有最基础技能水平的市民归类为认知信息等级,将拥有除最基础的信息处理技术外有提升运用能力的市民归类为处理事务等级,将拥有半熟练、中介水准,对于信息技术处理有更好的接触和使用,且已经对于基本信息和网络购物有较好熟识度的市民归类为商议等级。根据不同等级市民对于信息处理的需求,提出城市面临的不同挑战和应对措施,完善不同层级深度的电子学习课程。

4)知识管理系统(KMS)及数字图书馆

知识管理系统(KMS)及数字图书馆的功能主要在于采集、存储、索引和分配学习材料、技能包和训练手册;扩展这一功能,能够对于支持电子化政府一体化集成模型的正式的语义进行检索,以及对材料包和手册进行提取;提供广泛的产品知识对象存储为数字图书馆,可供中间部分提取开采管理开发作为一个平台,将协商过的电子政府服务汇集一起,扩大提供给公民,即系统的前端用户。

　　5)电子政府服务一体化,广泛推进电子政务

　　构建如图6-5所示的电子化政府服务一体化模型。模型中间部分是电子城市平台,整合了前端交付的政府对公民的服务和后台商业业务的功能。中间部分反过来将电子学习平台、知识管理系统、数字图书馆所组成的后台功能融合,成为电子城市平台的重要组成部分,支持电子化政府所提供的一篮子服务,而这些服务使市民真正通过如图6-5顶端的服务就能接触得到。

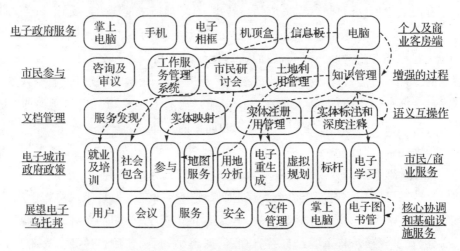

图6-5　电子政府服务一体化模型(根据参考文献[72]绘制)

　　当前,要做好电子政务网络平台扩展工作,为电子政务畅通工程提供网络保障;大力推进应急指挥信息系统建设,保障国家安全、人民群众生命财产安全和维护社会稳定;完善电子政务数据中心,加快信息资源开发利用,规划方案的公示、意见汇总均可利用该平台进行统一管理,集中处理;大力推进行政管理创新,以提高管理能力为中心,加强办公自动化和业务信息化建设,稳步推进县级以上行政机关内部办公、会议、信息的电子化和无纸化;加快推进联合监管、协同办公和"一站式"电子政务。

　　6)"杭州智慧规划"

　　智慧城市是新一代信息技术支撑、知识社会下一代创新(创新2.0)环境下的城市形态,它建立在城市全面数字化的基础之上,并建立网络化的城市信息管

理平台与综合决策支撑平台,以便进行可视化和可量测的智能化城市管理与运营。智慧城市的理念是把传感器装备到城市生活中的各种物体中形成物联网,并通过超级计算机和云计算实现物联网的整合,从而实现数字城市与城市系统整合。通过智慧城市,可以实现城市的智慧管理及服务。

**建设规划市民互动平台。**随着城乡规划管理水平的不断提高,城市规划的大众化普及与参与是社会发展的必然趋势。利用先进现代地理信息技术,将城市规划设计成果、规划审批业务、城市遥感信息、三维虚拟城市集成于一体,在城市重点公共场所安装触摸屏一体机,构建杭州市城市规划市民互动平台(见图6-6)。通过视、听、触控等人机客户服务,可方便快捷地访问城市最新、最权威、最全面的城市规划信息。该平台设计与实现是规划管理的公众参与、民主决策、社会监督、公共服务的保障,避免了重活动型公示,轻平台建设;重规划公示,轻反馈;重成果静态公示,轻短期动态公示。

图6-6 规划互动平台框架(引自参考文献[73])

市民互动平台运用云计算,采用开放式体系架构、平台动态演化技术、分布式文件存储技术、分布式计算技术,与视、听、触控等人机交互信息技术,将城市规划设计成果展示、规划审批业务在线查询、城市遥感定位、虚拟城市漫游等功能集成于一体。广大市民可以通过该平台便捷地查询到杭州市最新、最权威、最全面的城市设计成果图件,规划审批报建在办项目处理状态,最新城市卫星遥感地图,三维数字城市模型以及相关规划法律法规等信息。

(6)智慧社区

1)物联网电子商务设施:物联网超市、物联网商城、旅行社服务系统、金融保险服务系统四管齐下

通过物联网超市的服务系统为社区提供多种生鲜熟食、食品饮料、家庭用品、日杂用品、家电等商品,实现业主足不出户就可以享受购物的乐趣。物联网商城服务系统以物联网技术模拟城市商业形态,提供百货街、家具街、电器街、汽车城等各类商业街,建造专属专卖店。通过旅行社服务系统提供机票、车票、船票的自助售卖。各类酒店的预订服务。景点门票、演唱会、体育赛事门票、电影票等多种票务的售卖,满足业主的旅行需求。这项服务系统尤其符合杭州国际旅游城市的定位需求,可以实现远程的旅游路线设计、旅游需求定制,将极大有利于旅游城市品牌的推广。通过金融保险服务系统,市民可以购买多家保险公司的旅游保险、航空保险、意外保险等各种险种产品,为业主提供生命财产的保障。

2)智慧生活信息发布系统:政府信息发布系统、物业信息服务系统、好邻居交互平台构筑"智慧联系人"

为政府提供一个紧急信息发布平台——政府信息发布系统,以便政府可以在突发事件发生之时,迅速发布预警信息,减少损失,最大限度地确保人们的生命财产安全。为社区居民提供物业信息一站式服务——物业信息服务系统,居民可以随时查看各种费用明细和缴纳各种水电煤气费用,还能够及时获取社区通知,为物业提供及时的管理功能,如保安巡查签到、保洁、绿化、维修任务的达成及反馈等。为智慧社区的居民提供互动交流平台——好邻居信息交互平台,有偿提供房屋租赁、车位出租、保姆、家教、交友等分类信息发布;也可实现信息的网络发布,把小区居民关心、需要的信息及时地放在小区网页上,让小区居民可以及时了解社区的最新通知并查询各类信息,能及时安排生活和活动。

3)智能家居安防系统——家电控制、安防警报构筑"智慧管家"

家电控制系统以无线网络为基础,掌上智能商店通过无线网络中每个子节点上的数据传输,实现对家电的控制。业主可以在网络覆盖的范围内远程控制家电,方便业主生活,让其享受科技所带来的生活乐趣。安防警报系统远远超出了原普通安防系统的功能。主人离开住宅时进行布防操作,家居安防系统即开始工作。当发生异常情况时,安防系统分别向安防控制中心及掌上智能商店发

出警报,使物业和业主及时作出反应。当主人回到住宅内,可输入密码进行撤防。将多项系统结合,并通过门禁系统融入物联网智慧社区智能化平台,通过平台构建统一的安防及报警系统。

4)智慧生活电子书报刊——电子书店、电子报刊构筑"智慧博物馆"

电子书店为出版社电子书籍的发行与印刷提供渠道,相当于传统的书店与印刷厂。通过电子书店,将电子书的经营利益归还给出版社,避免传统电子书发行商与出版社争夺利益的问题;帮助出版社扩展发行渠道,掌上社区的专用阅读软件有效保护版权,解决电子书盗版问题;实现低碳环保,减少新闻纸张的使用,以保护资源,低碳环保。电子报刊系统通过掌上社区,可为居民提供各类报刊的下载阅读服务,方便居民及时获得最新信息;为报业传媒、出版社扩展发行渠道,第一时间传递信息。

(7)智能交通系统

为了提升交通特别是公共交通系统的效率和可达性,运用信息科学技术发展智能交通系统是一种必然的选择。智能交通系统(ITS)是指,使用远程信息处理技术和数据处理方法,在效率、安全性和环保方面,达到一种"智能的"交通系统控制。公共交通的智能运输系统的主要目的是处理实时收集的数据,以此来维持系统的稳定,并给出运输网络情况的在线信息;用户可以在已有信息的基础上,优化他们的旅途选择(如线路、出发时间、换乘等)。公交智能运输系统的实用性会增加旅行者的整体旅行满意度,[74]它也是一座城市的魅力因素。所以,良好的公交系统能够提升城市的吸引力。

对于一个给定的运输系统,智能交通系统由以下三大部分构成:数据检测和收集单元、数据存储单元以及数据使用单元。

专门为运输系统服务的智能交通系统也被定义为先进的公共交通系统(APTS)。APTS关注先进技术的发展、就业和评估,以此来提升系统的稳定性、安全性及高效性,减少公交服务的成本。同样的,公交用户信息系统被称为先进的旅客信息系统(ATIS)。它包括大范围的先进的计算机和通讯技术,用于提供交通用户旅行前的信息和实时信息;通过这种方式,旅客能够作出更明智的旅行决定。通常,站点通过电信系统(如移动电话、互联网)提供信息,车载装备(如监测器)则在主要终端提供信息。最常用的用户信息系统是位于车站的信息变动通知(VMS);信息是实时更新的,能让人们了解到下一段通道的等待时间、下一班车的拥挤程度等。

先进的公共交通系统内部,车队管理系统(FMS)涉及车队通信的整合、车辆监测/定位、自动计算乘客人数以及用于完善运输系统总体规划和运行的车辆控制技术。通常,该系统包含某种特定的定位技术以及将定位数据从车辆传输至传输中心。

控制和用户信息系统由几大因素组成:车辆自动定位(AVL)和监测站、信息处理控制站、数据传输系统和用户信息交流系统。[75]

杭州应该针对交通系统及其智能化现状,制订智能交通发展的行动计划。目前,要加强交通各行业间的信息共享和交换;提高交通信息化对综合交通组织、运行、管理的支撑作用;建立以道路交通为基础,以公共交通为核心;以对外交通为外延的智能交通框架体系,为公众、交通运输企业和政府部门提供综合交通信息服务。完善现有道路交通综合信息服务平台,实现区与区之间的交通综合信息平台的互联互通,建设完善交通状态指数参数采集发布系统,通过互联网、广播电视、移动通信等多种渠道,为公众提供道路通行状况等动态交通信息服务。扩大高速公路的不停车收费系统(ETC)的覆盖面,完成所有收费匝口 ETC 车道部署,实现主线收费匝口 ETC 车道三进三出的规模,提高收费道口通行能力。在交通管理综合应用系统方面,整合交通管理各业务系统和静态、动态等交通数据,深入挖掘数据在交通管理决策中的应用;拓展交通指挥调度、事故应急处理系统功能,提高交通指挥协调能力和交通智能诱导能力,提升交通管理水平。

### 6.3.4 城市国际化和区域化,提高风险抵御力

(1) 国际化(全球化)城市:以门户建设为基础,以旅游吸引为动力

应对全球化趋势和城市间的竞争,杭州要力争在区域中取得经济、文化、科技的领先地位,必须将自身融入全球化的世界体系之中,利用好全球性的资源、信息和市场。

根据全球化城市功能的特点,首先要规划好**全球化的门户功能**。在全球化中,高端生产性服务业是核心功能,所以杭州要建设好具有一定规模的高端商务功能区(CBD),加强其商务功能集聚的条件,其中商务环境、连接全球的信息和交通系统是其基本的要素。同时,空港城和交通综合枢纽区域也是全球化功能集聚之地,要按国际标准规划建设。还有,根据杭州的全球价值链分工地位,先进制造业功能区和高新技术园区也是全球化功能的载体。

当今国际化城市的**中心区**日益成为国际竞争力的中枢,中心区的构成也有

核心 CBD 与次级分中心共同组成功能强大的共同体。为了保证中心区的活力，更新与维护各类基础设施，发展创造性的经济和提高就业增长点，鼓励有高度竞争力和领先地位的行业的集中发展，在中心区内培育高新产业、创意产业区，加强机构间的合作，促进旅游产业和会展经济的发展等有机结合。中心区为人们的生活、工作、休闲提供一个安全、舒适的场所，包含各种服务、街道元素、文化活动及夜生活，为游客和消费者提供足够的吸引力；改善中心区内的居住条件，提供部分经济适用房，维持中心区多元文化的特质；利用海港、海湾等特殊条件，通过融入商业、休闲、娱乐和文化活动，打造一个更具魅力的滨水空间，等等。

其次，旅游业是城市吸引人流、物流、资金流的重要部门，**国际化的旅游业**是发展国际化城市功能的重要途径。杭州的旅游业要从传统的观光旅游向休闲度假旅游、商务会议旅游、文化旅游转型。因此，要发展综合性旅游品牌项目，经过主题化，对观光、娱乐、度假、体验、活动、文化等主题进行空间构筑，利用精品园区规划体现旅游综合体内部的片区特色。另外，据统计全世界每年要举行 8500 至 10000 次国际会议，与会人员共 1500 万人次左右，每年会议旅游的利润可达 2500 亿美元。杭州具有风景资源和历史文化的独特性、多元性，西湖申报世界文化遗产的成功大大提高了杭州的国际知名度，发展会议旅游是杭州旅游中不可忽视的组成部分。会议培训基地的规划需针对不同会议的性质特点，进行合理的会议展览、培训、研讨等场所的配置。

（2）区域化城市：深化杭州都市圈建设

作为一定层面的中心城市，其土地利用、功能配置、基础设施布局和市场辐射等城市要素的运行，无一例外地冲破了原有行政地域和城市空间概念的束缚，与外围区域之间呈现出整合一体化发展和规划治理的趋势。例如，《巴黎 2030》规划旨在打破目前大巴黎城市化地区因行政划分过细造成的城市空间发展的分散与失衡，试图通过促进国家与地方以及大巴黎各市镇之间的联合，以更具统一性的发展目标促进城市化区域的和谐与整体发展，从而形成对内协调，对外竞争的城市发展战略。巴黎还提出通过修建高速铁路和提高塞纳河的航运功能，让大巴黎一直延伸到法国北部诺曼底港口城市勒阿弗尔，而不仅仅是现在的巴黎，即指巴黎环线之内的中心城区，其人口只有 200 万左右的巴黎中心区块。因此，国内外大城市的发展均体现了通过空间重组以增强弹性应变与城市竞争力的理念：即对外进行区域联合，融入更大的经济圈层，扩大市场份额以抵御发展风险；对内整合资源、构筑多中心体系，以增强城市的综合实力。

都市圈是解决大城市成长中出现的问题而在空间上发展起来的一种有效率的空间经济模式,与单个城市比较,都市圈更具竞争力。杭州既是长三角城市群的次中心城市,也是环杭州湾地区的核心城市,更直接的区域化是从杭州都市圈的概念考量。作为区域性的中心城市,杭州应深化与周边城市的合作,继续完善都市圈的功能结构规划和基础设施布局,加强都市圈中心城市的吸引力和辐射力。杭州应将周边县市纳入系统规划,在各具特色的基础上,充分为杭州积聚未来发展的潜力。

根据杭州市域的发展现状和地域条件,杭州都市圈应以特有的文化底蕴与自然特色为资本,建议以高效节能的高端制造业、文化创意产业以及现代服务业为主导的经济体系。在都市圈空间布局上,五县市要以"两江一湖"风景区和"天目山风景区"、"浙西风景区"建设为核心,发展休闲、度假旅游业,并在高新技术产业、文化创意产业等环境友好型产业上寻找新的经济突破方向。主城区集中大力发展十大产业中的文化创意、旅游休闲、金融服务、电子商务、信息软件、物联网等现代产业。将装备制造、生物医药、节能环保、新能源等制造产业集中在萧山区和余杭区布局,并与周边的绍兴、海宁、桐乡、德清等形成都市圈范围的产业布局,从而不断提升杭州大都市发展的空间,保持持续的竞争力。商务优势,以文创、高新基础产业为增长点,建设与国际化接轨的商务平台。

### 6.3.5 构建精明增长的空间模式,催生持续竞争力

(1)城市空间结构与城市竞争力

城市的发展空间是城市生命力、竞争力的基础。历史与现实的经验证明,在中心城市的发展空间内,通过市场的自组织和政府的主导,可以形成产业集聚、产业生态、资源合理配置、内生增长、整体行动五大效应。这五大效应不断强化体现中心城市的资源集聚、财富创造和区域辐射三大能力,从而不断提升中心城市的竞争力。

空间规划是城市规划的特有专业领域,是城市规划维护城市发展秩序的技术途径。同时,综观世界大城市"城市病"和城市问题的根源,城市空间结构是关键性的症结所在。杭州城市已经大都市化,城市规模增长势不可挡,构建一个长远可持续发展的城市空间模式蓝图,是城市发展战略的基础。一个高效、协调的城市空间形态也是城市的形象,是城市竞争力的强力构成要素。从城市成长阶段来看,杭州也已经面临城市空间发展模式成形的关键时期,对于城市空间长远

的可持续发展具有奠基性的关键作用。杭州需要规划一个良性高效的城市空间结构发展模式,作为理想的城市空间布局模式蓝图,引领长远的城市空间良性发展。

"一个高竞争力的城市"不仅需要跟进信息时代和城市全球化竞争时代,重视自身的发展以及创新能力,还需要一个弹性、开放的城市空间结构以支撑城市未来竞争力的提升。杭州现阶段正处于城市化发展的快速时期,城市问题也逐渐暴露,交通拥堵、城市环境质量下降、千城一面等问题突显出来。城市空间如何体现城市特色,实现"人无我有、人有我优"的城市个性,将对城市竞争力的提升产生重要作用。

（2）城市土地使用与交通一体化模式

国外许多研究和实践表明,土地利用和交通有着十分密切的联系,是产生城市交通需求的根源,决定着人流物流的空间分布;反过来,城市交通的可达性也会影响城市土地利用。[76] 因此要合理解决城市交通问题,为城市的交通提出有效的建议,需要从城市土地利用模式入手,研究与认识其与城市交通模式两者之间的相互关系,在此基础上提出城市交通方面的措施。从土地利用形态上看,土地利用规划体现在地面上各类建筑设施的综合布局,而城市道路交通网络主要体现在线路上的综合安排。

杭州城市总体规划已经提出了"一主三副六组团"的城市空间格局,体现了城市向多中心、分组团模式演变的思想,这符合当代世界大城市空间结构向分散化、多中心格局转型的趋势。但是从发展的实际效果来看,这一规划结构仍显粗放,缺少对城市空间用地组织中地段尺度空间组织的阐述,实际发展中有"摊大饼"蔓延发展的趋势。总体上看,城市的三个副城发展较快,六个组团远离主城区,其发展得不到主城公共设施和经济基础的支持,难以实现其"跳跃式"发展(见图6-7)的初衷。同时,随着规划建设

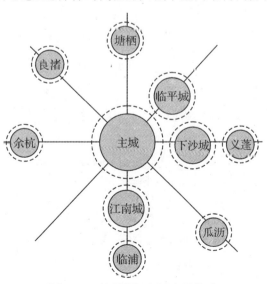

图6-7　杭州"跳跃式"发展模式

的逐步推进,大江东新城、城西科创园等功能区迅速发展壮大,原先规划的城市格局也逐渐被打破。

根据城市发展的实际趋势,借鉴国际经验和理念,杭州的空间结构模式需要在"多中心组团式"方案基础上,从大都市空间结构的尺度和区段土地使用开发的尺度开展多个层面的深化与优化。

根据精明增长为核心的规划发展理念,未来杭州的城市空间发展应该加强**"轴向发展"**。轴向发展模式是指建设大容量的公共交通轴线,主导城市空间发展方向,城市交通组织与用地开发有机结合,将城市空间增长活动集中在规划的公共交通走廊附近,鼓励在公交站点和沿线进行高密度、功能混合的土地开发,形成轴向为主导的城市空间发展形态。这一模式能够体现**"公交导向、多中心、紧凑、生态化"**等先进理念。城市空间轴向发展模式的核心是"轴"(见图 6-8 和图 6-9)。"轴"是由核、廊以及核间的开敞空间三部分组成。核是围绕轨道交通站点形成的城市微观结构,具有一定的土地使用规模和特性。廊是连接核的轨道交通线。廊的长度即是站间距,市区通常为 0.8~1.2km,郊区可达 3~4km。核间的开敞空间为避免核间逐渐扩展以致连为一体而保留的空间。通常表现为绿地、公园、河流、山川、农田、自然保护区等生态因素。[77]

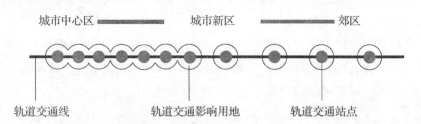

图 6-8　轨道交通"串珠式"轴向模式

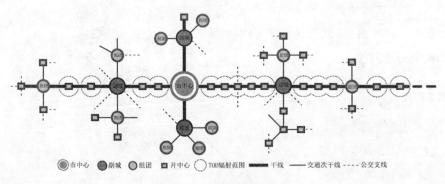

图 6-9　轴向发展空间

　　具体做法是将紧凑式的土地利用模式与高容量的公共交通(地铁或快速公交汽车系统)相匹配,鼓励公共交通通达地区的投资或再投资,即公共交通导向的土地开发(TOD),是一种城市各种土地利用类型的空间混合模式,它以交通站点为区域节点,创造一个步行的社区环境,并减少对小汽车的依赖(见图6-10)。研究表明住在公共交通车站附近的城市居民利用公共交通工具上班的可能性,是远离站点的城市居民的5～6倍。为使公共交通导向的土地开发模式得以发展,城市土地开发应有以下基本组成:应具有一定的城市土地开发强度,来支持站点附近零售业的发展和公共交通乘坐率。城市建筑应紧邻街道使步行距离最小,并创造一个适宜的步行环境。步行者喜欢沿一排建筑行走,特别是当建筑物是生动活泼的、有吸引力的,并且能够提供公共设施和其他服务。将停车场隐蔽于步行街以外,通过共享将停车场地最小化。将街道和步行道与附近的社区连接,引导居民步行至公共交通导向的土地开发活动,利用公交系统进入公共交通导向的商业活动;通过城市设计提升城市社区中心的质量。[78]图6-11为杭州公交导向多中心、轴向模式设想示意图。

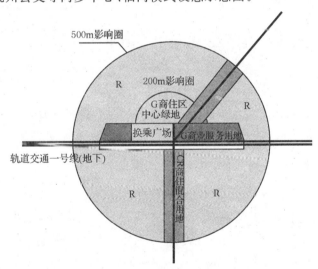

图6-10　轨道交通站TOD模式

　　同时,完善城市的多级(服务)中心体系,是国际大都市致力发展的普遍规划举措。一方面,通过服务中心的区域集聚,为大都市空间布局多中心发展起到"凝聚核"的组织作用。另一方面,通过多中心服务的辐射和相互连接形成网络化,提高城市的整体服务水平,提升城市竞争力。这些中心的布局依托较高等级的公共交通枢纽,集聚居住、商贸、办公等功能。杭州城市正在步入大都市多中心化发展阶段,因此规划好多中心网络对城市空间可持续发展具有战略意义。

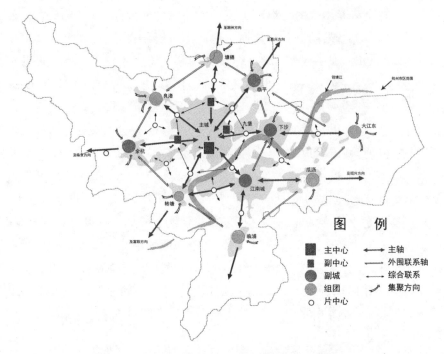

图 6-11　杭州公交导向多中心、轴向模式设想(附彩图)

### 6.3.6　塑造城市功能空间,提升集聚竞争力

城市最基本的竞争力是集聚经济竞争力,因此,城市规划要为城市集聚经济发展提供有效的载体和运行环境,规划打造具有聚集效率的各类城市功能空间。

(1)规划建设产业功能区,促进产业集聚发展

1)加快现代服务业功能区的规划与建设

根据中小城市主导产业现代服务业的集聚发展需要,现代服务业中心建设是当今中心城市的主要竞争力。根据世界城市发展的趋势,服务业的功能空间要以核心 CBD 为主导,拓展发展次级服务中心,构筑现代服务业中心体系,增强现代服务业集聚发展能力。杭州可以根据自身服务业发展特点,构建商务CBD、商贸 CBD、旅游 RBD、文化创意产业等集聚功能空间。

2)培育高新技术为代表的新兴产业功能区

以高新技术为代表的新兴工业需要接近大都市的经济、科技及政治决策中心,高新技术产业的活力同样在于全球经济网络的联系,技术创新地是全球生产和创新网络中的节点。美国的几个著名的高技术园区均位于新兴的工业化地

区,但与大都市也都有密切的联系(如硅谷靠近旧金山,南加州科技城在洛杉矶周边,奥斯汀—得克萨斯的科研三角区位于北卡罗和西雅图,Highway128在波士顿)。因此杭州未来的高新技术园区的选址也可参考这一点(参见6.3.2)。

3)发展知识经济功能区,推进经济转型

在经济转型方面,一个值得借鉴的实例是芝加哥。芝加哥只有9.2%的就业岗位是制造业,其他90%都是服务业(其中包括占就业人口11%的政府机关工作人员)。在制造业中,占主要地位的是传统的食品加工(屠宰及谷物加工)、印刷业和金属加工业,三者占了工业就业岗位的44%。这3个行业都不是高科技,而所谓的高科技行业如电子产品,只占工业就业的6.3%。同时,芝加哥致力引进新兴高科技工业中的研究、开发、管理部门,但不是整个生产基地。其原因是芝加哥有质量优良的高等学校如芝加哥大学、西北大学、伊利诺斯(芝加哥)大学、伊利诺斯理工学院等,吸引研究、开发、管理部门有利于发挥这些院校作为"知识性经济基地"的优势,而芝加哥普通劳动力的素质则不一定具有优势,较难和其他城市竞争。

因此,杭州也可以利用下沙、小和山高教园区,浙江大学及其科技园,滨江高新区等知识聚集地,发展知识性经济功能区。同时也要避免高新科技的盲目发展,需考虑就业和增长的平衡。

(2) 扮靓"城市客厅",塑造富有特色的城市公共空间

公共空间犹如城市客厅,是人居交流、历史文化、风貌特色的承载场所,是组织城市空间秩序的枢纽。城市公共空间可以从碎片式的小型公共空间和大型公共空间两个层面规划设计。

杭州拥有独特的西湖、钱塘江、运河、西溪湿地等大型水体,应珍惜这些大型滨水区公共空间资源,使杭州城市在空间蔓延中保持良好的生态空间形态,形成空间环境和气候的大型调节空间,并可结合休闲旅游、文化艺术,使之成为城市的特色文化空间。

根据杭州城市的特点,在老城区要增加和改善社区公共空间、街道公共空间系统,对新区建设要重视街区、社区公共空间等小型公共空间的塑造。杭州小型公共空间的改造,可以保留部分旧式民居,对部分老社区、老街进行复兴,渐进式地更新历史文脉的保护和延续,避免全部推倒重建带来的破坏。将被占用的街坊内院改建为小公园或小广场,使老街坊获得新的活力与生机。通过恢复公共空间品质,改善城市面貌和居民的生活质量,增强城市中心区的活力。通过安排

儿童活动场、运动场、休憩区,还街道于人的简化设计,体现人文关怀。还可以将艺术品布置与公共空间结合,提升城区文化艺术氛围。

（3）设计多彩城区,加深城市风貌印象

风貌各异的城区是丰富的城市形象和城市多样性的基础。杭州是中国六大古都之一,是国家级历史文化名城,有着悠久的建城历史、多元的城区功能和风貌特色。通过对历史建筑、风景园林、历史街区等特色元素的保护、延续,通过设计现代城区特色风貌,构成城区的多样性。杭州应着力发掘各城区的历史积淀和自然、建筑景观特色,打造历史文化街区、西湖风景区、钱江风貌区、运河风貌区、产业园区、高教区等各具风格的城区,使城市空间多彩纷呈,增强空间意象性、标志性,提升城市空间魅力。

（4）建设优美滨水城市

在大巴黎规划中,有专家提出巴黎要以塞纳河为城市中心,通过塞纳河沿岸的"生态规划"将巴黎与其他城市串联,形成塞纳河沿岸一条天然的生态廊道,使塞纳河沿岸成为多极的线性的城市景观,并采用铁路、公路和水路运输混合的交通运输体系,以满足交通需求。悉尼则利用其得天独厚的海港、海湾条件,通过融入商业、休闲、娱乐和文化活动,打造一个更具魅力的滨水空间。巴塞罗那在临海地区引进一些主体建筑并进行一系列公共区域的修建和环境工程的改造工作,以此来强化临水公共空间的优美形象。

杭州从大的区域讲,应加强临杭州湾空间的建设,通过改善其环境并适时将一些主要大型活动场地设于此,以此来引导一些功能的进入,逐步形成杭州区域中的一个极点,分散和承担杭州市中心的部分功能和人流;从市区范围讲,京杭大运河和钱塘江是杭州的主要标志之一,应注重滨水空间的建设,滨水地段不要只作为绿化带,应该寻找有效的滨水区设计方式,充分利用城市设计,在沿河建设休闲活动中心,河边建筑后退的部分作为公共空间,建筑下部可以考虑架空,以创造良好的滨水环境,达到很好的公共交往的目的,同时也避免了滨水区空间环境的千篇一律。

（5）提升城市商业文化空间,延续内城活力

世界城市都曾经历内城衰退的困境,恢复和重建内城活力因此成为提升城市竞争力的普遍做法。通过改善街道和居住环境、建筑面貌,增加商贸设施,提高交通便捷度,活跃文化氛围等方面的规划措施,提升城市中心区的环境品质,保持中心区的城市活力。相应地,城市商业文化氛围的发展成为推动内城活力

的主要抓手,一般结合旧城更新,通过规划设计现代化的商业空间综合体,打造城市商业新概念,引领消费时尚,并结合服务业、创意产业等发展,使充满活力的商业文化成为吸引跨国公司等高端企业入驻的吸引力。同时在提升商业环境方面,还提出绿色商业等新概念,在城市新区规划设计新型的、环境优越的商业空间。

杭州自古繁华,商业是杭州城市具有传统优势的领域,规划设计要使杭州商业文化的营造走在世界潮流行列。

(6)基建投资引导空间重构,优化发展环境

城市各种基础设施环境是城市竞争资本的主要组成因素,也是吸引资金、人才、技术和信息等生产要素集聚和扩散的重要力量。因此,基建投资对城市空间发展方向具有很强的引导作用。一个大型基建项目的投资出现往往可以带动相应地域的发展,培育或引导一个新城市中心的产生。但基建投资的背后必须要有一个明确而强大的功能作为方向指引,如产业园区、居住开发、教育科研园区或者商业开发等。而这些城市功能的形成和发挥,又必须以良好的配套基建投资为先导,为城市新中心增长提供基础平台。只有在功能以及基建设施的有力支撑下,新中心才能吸引投资,带动城市经济的增长,城市空间重构效应才能体现,使城市空间结构达到最优化。

杭州近几年杭州湾跨海大桥、大学城、地铁等大型建设项目不断投入,而这些项目占地大、投资大、建设周期长、配套内容多,但是一旦建成后,就能提供大量的就业岗位,因而以大型项目为中心的新城市增长空间随之崛起。这种通过大型基建投资带动重构城市空间结构的方式,由于其外部性强,能有效地带动城市经济新一轮的发展或优化城市竞争资本环境,而成为提升城市竞争力的主要策略。因此,在当前和今后一段时期内,面对激烈的区域竞争和国际竞争,城市政府仍然要把改善城市基础设施作为提高城市竞争力的战略重点,不断增强城市对要素的吸引力和承载能力。

## 6.3.7 打造便捷杭州,领先效率竞争力

交通问题是大都市毫无例外需要面临的发展困惑,也正因如此,如果一个大都市能够达到交通便捷的境界,它必定在发展竞争中占得先机。

(1)构建公交都市:多中心模式下的"汽车交通限制战略"

根据调查显示,交通问题是引起杭州市民最"不满意"的问题之一。杭州的

交通问题不仅仅是拥堵现象得不到根本改善的现实问题,还表现在城市功能布局与交通系统缺乏协调、轨道交通体系不健全、各种交通工具之间换乘配合不方便、道路设施不完善等方面。

国际经验表明公共交通优先是大都市交通之策,以公共交通为导向形成城市土地利用的布局模式,是解决大都市交通问题的根本出路。交通便捷是城市效率的基本保证,为了提高竞争力,杭州要为打造交通便捷城市加快制订规划对策,并在城市发展模式上形成鲜明的特色。杭州城市正处于从工业化社会向后工业化社会过渡的"大都市区化"时期,中心区开始出现高峰期拥堵。杭州城市总体规划的多中心分组团的土地利用空间格局与私人交通发达的交通方式结构不相适应,加上杭州高密度集中开发的城市土地利用模式,必然要求大运量、高效率的公共交通模式与之适应。杭州应当实施一系列优先发展公共交通的措施,建设公共交通的城市。

交通因素是对城市空间轴向发展模式产生影响较大的因素,也是能否维护良好城市空间轴向发展形态的关键因素。其中,又以轨道交通的建设对城市空间轴向发展影响最大。目前杭州和国内许多大城市一样,正处于城市空间形态和交通模式转变时期,需要寻求一种能够替代轨道交通系统且可以立即实施、低成本、大运量的公共交通系统,而城市快速公交(BRT)无疑是优先可供选择的方式。

杭州可选择"汽车交通限制战略"城市模型,这种城市交通结构模式的具体含义是:城市中心区周围环绕着若干位于郊区或郊县的副中心城市,整个城市以市中心区为主呈多中心、分散式状态;城市中央核心区内地面交通以公共汽车优先道路为主,副中心彼此之间及与市中心区之间都有便捷的轨道交通相连接;轨道交通网络包括环线和由市中心向四周发散的辐射线。根据发达国家的实践,采取中心放射状的城市轨道交通最易吸引客流,放射线将交通流引向市中心,加强了中心城市的辐射力和吸引力,同时又有利于中心市区的疏解。[79]

在构建以轨道交通为主的城市交通结构时,要贯彻"大轴+小轴"的发展策略。即除主城区与副城及各组团之间采用轨道交通和 BRT 交通的"大轴"的形式外,主副城区以及各个组团内部还应该发展以常规公交系统为主的"小轴"。建设以市中心为起点,向市区以外各方向辐射的城市公共交通动脉网,并且在此基础上建设以公交优先为主的环城高速路。城市空间发展与公共交通发展相配合,中心城区主要由地铁提供服务,城市外围发展区域主要沿着轨道公共交通线路发展。

（2）多元交通结合

1）远期形成以轨道交通为骨干的公共交通系统

有学者分析我国多数大城市人口高度密集，土地高密度利用，属典型的高密度集中型城市，杭州市也不例外。因而，交通模式的选择要充分考虑大城市的这一特征，公共交通系统应以轨道交通为骨干，在规划中应前瞻性地预留轨道交通建设用地。

杭州城市空间布局应明确依托轨道交通发展城市组团，利用轨道交通车站与公交站、出租车/小汽车停靠站等接驳，即交通设施的整合，在城市综合交通体系中形成功能与规模不等的衔接与转换中心，建立分散式集中的网络城市发展模式。

根据东京都的经验，大规模复杂的轨道交通网络组织成高效完整的体系得益于换乘枢纽的设置。[80]杭州换乘枢纽的设置也要充分结合城市空间结构总体布局，轨道交通部门在其上盖物业应充分考虑各种换乘的需要与便捷，在车站上建立综合交通换乘设施，提高轨道交通的可达性，提升地铁物业及周边地区人流的吸引力，在轨道交通站点周围形成高密度的城市开发空间。

2）近期以大运量的快速公交系统构筑主要交通走廊

由于地面公交运输效率很低，而地铁轻轨建设周期又很长、成本很高，杭州城市的交通不可能期待以此为主体，应该把各个层面的交通方式综合运用起来，形成多元化的交通模式，而不是从落后的地面公交直接跳跃到最先进却耗能的地铁轻轨，而忽略了"中间层"。发展"中间层"即介于地面公交和轨道交通之间的包括导轨公交以及通过交通管理提高通行效率的绿波交通等在内的BRT系统。近期杭州交通仍需要更多依赖于大运量的快速公交系统。

**建立多层面的BRT交通网络。** 参照库里蒂巴市的成功经验，可对全市的公交网络分快速公交系统、环形道路系统和补给线路等

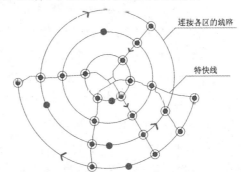

图6-12 库里蒂巴市蜘蛛网状的公交结构（引自参考文献[81]）

连接各区的线路

特快线

多个层面进行设计（见图6-12）。在全市范围内规划几条放射状快速道路轴线，且每条轴线规划不同的道路，供不同的交通工具使用。环形道路系统则是为

了将放射状快速公交道路连成网络状,同时要保证快速主干道和环形公交车站的合理间距。补给线是一般的普通公交道路,主要连接周围组团和快速公交线。

**调整常规公交线路的调整,避免 BRT 线路重合,提高畅通性。** 调整 BRT 线路沿线重合的公交线路,是提高 BRT 系统和常规公交系统运行效率、减少对沿线机动车和非机动车交通影响的必要手段。为了扩大快速公交的服务面,方便换乘,应在快速公交起止站、换乘站和沿途停靠站增加其他公交线路的换乘。为了减少部分线路的重复,应将线路缩短到换乘点始发,撤并重复路段。为使公交车畅通无阻,公交专用线的红绿灯,公交司机可自行控制。

**解决多条 BRT 线路路段共线问题。** 由于受 BRT 专用道通行能力和 BRT 站台容量的限制,原则上在中心区路段 BRT 共线不宜多于两条,局部较短路段可以有三条。对于多条 BRT 共用路段,BRT 车辆在路口可采用分道处理方式。

**BRT 走廊规划建设。** 在城市的一般地区或外围地区选择一些对设置 BRT 道路条件较好的道路,作为 BRT 通道,今后根据 BRT 的线网,可以在这一通道上设置多条 BRT 线路。道路规划与建设应与 BRT 系统规划紧密结合,在道路整治改造时,应预留 BRT 专用道和中央侧式站台、子母站台及 BRT 车辆进站交织长度。

**BRT 线路的长度控制。** 应合理确定 BRT 线路长度。一般来说,对于通过市中心的线路不宜太长,由于市中心设置区间车的条件较差,太长会对线路营运的稳定性有影响,以 15~20km 为宜,对于组团之间的 BRT 线路可以适当加长。

3)其他交通方式作为公共交通的辅助形式

**推广绿色汽车、绿色交通体系。** 杭州土地利用的高强度开发模式,决定了杭州与国内大多数城市一样,不可能像美国城市那样具有以低密度蔓延和以小汽车通勤为主的特征。在轨道交通尚未建设、地面公交还有待完善的情况下,杭州更需要考虑的是如何在不放弃小汽车给现代生活带来便捷性的同时有效地防治小汽车可能有的负面影响。一是通过推广绿色汽车的使用减少小汽车可能有的负面影响;二是大力提倡绿色交通体系,在中心城区应该以大容量的轨道交通为主导并对小汽车的出行进行严格的限制,郊区则允许小汽车有较自由的通行权;三是通过紧凑的城市布局减少小汽车的出行需求。许多研究绿色城市交通的人认为,小汽车的替代物是更好的公共交通,有人甚至认为应该是更好的城市社区。我们应该通过更紧凑的城市规划,把人们的居住、工作、购物和休闲整合起来放在步行可以到达的空间内,从而不仅可以减少人们对小汽车的需求,而且可以从根本上减少对城市交通的依赖。

**突出慢行交通的地位,构建"常规公交＋自行车搭载"的交通模式。**公共交通另一个有益的补充就是自行车、步行等慢行的交通方式。应充分发挥自行车近距离优势,限制其长距离出行,缩小自行车交通出行范围,降低自行车出行总量。在未来应规划形成自行车道路及基础设施系统,实现机非运行系统的空间分离。在自行车道路的改进方面,主要是在市中心区适当拓宽自行车道,以引导市民选择慢行交通方式;而中心区外围可保持现状,以限制其长距离出行。

为了提高建立慢行交通系统的可行性,可以考虑采取"常规公交＋自行车搭载"交通工具整合模式。也就是将常规公交客运车辆适当加长,在其加长部分的后区域设置乘客私人自行车托载区,从而让乘客能够随时随地保持公交与自行车的无缝对接,提高换乘效率。[82]这种模式,能够实现交通运行方式的流动衔接,最大限度地整合自行车与公共交通两种交通资源的优势,减少自行车停放站点。

在人行交通方面,要提倡居民在1千米范围内优先选择步行。要加强人行道的建设,尤其在社区附近要提供良好的步行环境。交通量较大的城市干道,除为地面人行通过设置常规的信号指示灯和斑马线外,还可考虑设置地上天桥以及地下步行通道,并且能够形成系统。

**加强人行设施衔接规划。**设置地铁站通往公交站场、公共停车场的直行通道,缩短乘客换乘距离,如设置地下通道等;设置人行立体过街设施,为行人乘坐地铁提供方便,实现人车分离;引导行人充分利用地铁站过街,实现人车分离。

(3)完善道路建设

**加快杭州快速路的建设,满足城区长距离的出行需要。**随着交通需求的持续增长,规划建设快速路是改善城市交通的重要手段之一。世界上许多城市如纽约、伦敦、东京、莫斯科等都已建成一定规模的城市快速路系统,国内的一些城市也正在积极实施城市快速路系统。杭州市也审时度势地在《杭州市城市总体规划(2001—2020)》中提出以"一环一绕二纵五横"的快速路网系统作为主骨架,路网总长度约654千米。但是从建成情况看,杭州快速路系统尚未形成网络,已建成的城区快速路(三纵五横)还不到规划总里程的30％,实际的交通状况也表明了快速路网建设滞后带来的不利影响,如德胜快速路西段建设对城西交通拥堵的影响等。杭州目前多数快速路都尚未完全通路,钱塘江以南的萧山、滨江区的快速路覆盖程度相对更低,不利于与主城区形成密切的联系。

同时,从已建成的快速路情况来看,长短距离交通混合,降低了快速路的效率,因此要加强路网功能分工,发挥好快速路的作用。

**改善次干路和支路系统。**从各道路等级来看,中心区主干路的分布及密度较为合适,但是次干路网较为薄弱,道路短且不连贯,集散功能较差,而且不能有效地对主干道的交通压力提供缓冲的作用,例如,吸收一些出行距离比较短的车辆等。另外,大多数支路较短,且多为断头路,并且几乎所有的支路和小巷路边存在着严重停车现象,影响其通行能力,并对主干道上的非机动车分流到相邻支路上造成一定的困难。

因而推进次干道和支路的建设,使其与城市快速道、主干道一同构成城市内部综合畅通、覆盖伞域的路网结构,以确保城市交通的安全畅通,并且能够达到在整个城市大范围内的土地集约利用水平的提高和土地价值的增长,从而促进整个城市地产市场的繁荣。

(4)优化"城"-"景"交通关系

杭州是一座风景旅游城市,除目前已有的黄龙体育中心、人民大会堂等集散中心外,建议未来在城市四面的入城口均建设一个具有一定规模的旅游集散中心。外地入城车辆,可停泊在集散中心,然后换乘景区大巴进入景区,其间的站点停留尽量减少。入城口的集散中心,还需考虑与其他交通方式的一体化接驳。集散中心的选址,最好能与各个方向的客运站、火车站、机场码头等枢纽相联系。另外,各枢纽之间,也需有大巴往来。如果外地车辆直接入城,还有第二道缓冲。也就是在市内主要景区周边建集散分中心,选址可考虑如公交枢纽站,地铁上盖物业、城市综合体等人流、车流密集点。私家车在分中心停泊,换乘公交进入景区。这样可整合分散的停车场资源。

(5)研发新型城市交通工具

依靠科技创新,探索可行的新型交通工具。例如国际上目前在探讨的个人捷运交通(personal rapid transit),是一种为小型车辆在专用轨道网或专用道路网上自动行驶的交通系统,为独轨交通及专用道路交通的一个分支。其目的是解决汽车交通模式带来的问题。

从杭州城市目前实施的可行性来看,可先以交通枢纽(如东站、萧山机场等)、旅游景点(西湖景区等)、商务区(钱江新城等)这些局部的区域作为试点推行 PRT 建设。PRT 起到的功能作用也因地而异:交通枢纽建设 PRT,可为乘客换乘交通工具提供一种选择,同时也可缓解拥挤程度;景区建设 PRT,其空中行驶的特点为游客提供更广的观景视角,原来的路面可作为绿地减少城市污染源,提高城市降尘能力,提升景区的环境质量;商务区建设 PRT 可为上下班人士提供方便。PRT 建设不需影响现有的交通设施,而支路相交的交叉口也可以满足其转弯的要求,通过栅栏、围墙或者铁路等障碍物时,可将导轨建筑高架上(见图 6-13)。

图 6-13　PRT 实例(引自参考文献[83])

当然,PRT 系统不再以如今人们常见的方格网道路系统为城市交通骨架,它的轨道网络将是一个三维的网络,这是与地面车辆为主的交通方式相对应的交通骨架。

国内关于 PRT 的研究和实践尚处在起步阶段,因此杭州可在交通转型升级的关键阶段研究 PRT 的交通模式,并在规划实践中加以应用,这或许将是杭州未来发展的一个重要契机。

(6) 智能化

**车联网应成为杭州智能交通拓展的方向。**早起的智能交通主要是围绕高速公路而展开的,其中最主要的一项就是建立了全面的高速公路收费系统,对全国的高速公路收费进行信息化管理。而目前杭州交通问题的重点和主要的压力来自于城市道路拥堵。杭州可以把管理的重点转移到热点区域,使智能交通向以热点区域为主、以车为对象的管理模式转变,建立以车为节点的信息系统——车联网。它以 3G 网络为网络基础,将每辆汽车作为一个信息源,通过无线通信手段连接到网络中,对进入热点区域的车辆都实行收费,调节热点区域的车流量。

**引进道路收费方式来管理私人用车需求。**借鉴新加坡经验,使用道路电子收费系统(ERP)。根据道路上的车辆平均速度,结合杭州交通现状,对于不同等级道路设置不同的收费标准。例如,新加坡的具体做法是:主干路车辆速度低于 20km/h 提高收费,高于 30km/h 降低收费;快速路车辆速度低于 45km/h 提高收费,高于 65km/h 降低收费。通过实施道路电子收费,减少进入限行区的交通量。

### 6.3.8　提升现代门户枢纽,增强区位竞争力

区位竞争力是城市克服资源要素布局缺陷,促进其流动,从而改变资源配置

格局的基础因素。在全球化和交通通信综合化的趋势之下,强大的城市联系门户区域成为新的城市竞争力的承载体。

随着中心城市的经济转型,商务和生产的发展开始大规模地依赖于航空运输,使空港取代海港,铁路和高速公路成为新一轮的依托枢纽,围绕机场形成产业集聚区,形成包括居住、商业商务、休闲和购物等综合功能在内的新兴城市功能区——"空港城"或"机场城市",并辐射周边区域,形成与传统 CBD 相似的商务功能区域。作为正在从制造业城市转向服务业城市的杭州来说,空港城是新兴的重要门户枢纽,需要作超前性的规划。

同时,随着城市群区域一体化趋势的加强,以商务交流为主要功能的客运综合运输枢纽成为连接城区与外部城市的核心枢纽,以城际和高速铁路终点站为核心,实现城内外多种交通方式无缝衔接的综合客运枢纽,成为中心城市重要的核心功能区。然而,要真正发挥交通门户枢纽的竞争力作用,必须在规划上加强城市与门户联系的网络可达性建设,即要加强机场、高铁、地铁和其他城市公共交通方式的无缝对接,特别是要重视交通节点周围土地利用的协调开发,提高交通设施与城市功能发展的互动效率;要加强全球、国家、区域、城市等各等级交通网络的高效衔接。

另外,对于杭州来说,制造业仍是其必要的城市产业部门,因此打造高效的物流中心,也是提高城市门户功能的基本要求。

### 6.3.9 改革城市规划管理体制,助力市场竞争力

当今世界的城市规划已经形成并行不悖的两大功能目的:[84]一个是引导和促进城市的发展,特别是在经济全球化,城市之间的竞争日趋激烈的环境中。城市规划管理的这项功能目标是近 20 多年世界各国对城市规划及其管理所提出的新要求。另一个基本目的是在促进发展的同时,更好地保护公众的利益,保护良好的生态和物质环境,实现可持续的发展,提高人民的生活水平。这两大目的正好体现了城市规划对城市竞争力的作用。

(1) 增强空间资源意识,为城市建设筹集资金

竞争的本质是对资源和要素的竞争,城市空间是城市的核心资源和要素,城市规划要充分发挥其配置空间资源的职能,发挥提高城市竞争力的功能。因此,首先城市规划管理要树立规划的资源意识。城市规划不仅是一种重要资源,而且是一种能直接产生经济效益的资源。在市场经济条件下,土地使用权的取得

主要通过有偿出让、转让,而土地出让转让的关键是土地价值问题。尽管影响土地价值的因素是多方面的,但就具体某一块用地来说,它的价值往往由城市基础设施配套完善情况和城市规划确定的开发条件来决定。从经济竞争力的角度来说,城市规划应该充分考虑城市空间的经济效应,通过空间的容量和设施规划等手段,产生最大的集聚效益。城市规划要为城市建设筹集资金。对城市基础建设进行投资是提高城市竞争力的必然要求。所以城市建设资金问题是所有城市市长所关注的问题。国际上,城市建设资金一般有三个来源:一是税收,西方国家都是用税收来搞城市建设的。二是级差地租,以土地来挣钱,典型的城市如香港。三是各种收费,增加城市积累。就我国来说,级差地租是当前的主要来源,今后要提高税收和收费的比重。而级差地租与城市规划管理有极大的关系。

(2) 引入市场机制,用好调控"两只手"

市场经济是以市场方式按价值规律配置资源的经济方式,市场机制是推动生产力要素流动和城市土地资源优化配置的基本运行机制。这种运行机制对形成城市土地市场和带动城市建设起了十分重要的作用。但是,随着城市建设与开发投资呈现多元化的势态,政府的投资在逐渐地减少,而更多地依靠市场运作。为保证城市有序、健康和可持续地发展就必须通过城市规划的调控,以城市规划为龙头,体现政府在城市发展上的意志和导向。在使投资商和开发商有回报的同时,保护社会和广大群众的利益,争取获得"双赢"的机会。因此,在社会主义市场经济条件下,规划管理工作既不能单靠行政手段进行控制,也不能仅靠市场调节进行规范,而要靠"两手",一是行政法规"有形的手",二是市场调节"无形的手"。

(3) 增强服务意识,提高服务效率

投资需要服务,这种服务来自各方面。规划管理也是一种服务,它对投资者的服务主要通过城市规划行政主管部门的服务来体现。规划局机构设置和运转效率、规划管理人员的服务质量优劣、规划局形象好坏等,都会直接影响投资者的心理行为和投资效果。例如,规划管理人员的腐败会直接增大投资者的成本,增加投资风险;反之,良好的服务会增加投资者成功的机会,减少投资失败的可能。

面对市场竞争的需要,目前的规划存在两个重要问题,一是规划编制和审批的缓慢及延误;二是规划和规划管理缺乏一定的灵活性。因此,要改革规划体制,目前国际上探索的办法是在编制法定规划的同时,编制非法定性的规划,例如发展战略规划。如西方国家近年来基本上将法定的城市宏观规划简化为战略性的政策。[84]另外,为了提高规划的时效性,西方不少国家规定法定规划不再需要上报上级政府的审批,由地方议会的审批取代。目前,中国的城市规划审批制度有必要进行改革。

同时要不断加强规划管理队伍的建设,提高规划管理人员的业务素质,特别是解读城市规划管理与经济社会发展关系的业务素养,更好地为投资者提供高质量服务。要提高规划管理程序和环节的效率,不断摸索与市场经济相适应的规划管理模式。要发展智慧管理信息技术,从技术手段上提高规划服务水平。

（4）加强公众参与

城市开发建设是一项巨大的社会系统工程。在市场经济条件下的城市开发和建设需要多方的参与者,包括政府、企业、开发商、市民等,仅依靠政府的力量是不够的,必须通过各种渠道,采取多种形式,发动广大市民积极参与进来。因此,要保证城市规划的顺利实施,首先必须让所有的人了解规划、认识规划、相信规划。也就是说,应当使所有的人把城市的规划当作自己的规划,把规划的实施看成自己分内的工作。这就需要规划的透明度和民主性。另外,城市规划的编制和城市规划管理的过程必将涉及整个社会的各个方面、各利益团体,因此必须以公开、公平和公正为基本原则。在规划的编制和项目规划管理的审批过程中应引入公众参与的机制。

在城市规划编制起始期,可以向公众进行编制思路、重要内容等方面的咨询;城市规划初稿在编制完成后,应通过各种新闻媒体、网络,向市民作介绍,进行广泛的宣传,并征求市民的意见和建议。在吸取各方意见和建议的基础上,进一步修改,形成最终的规划方案。同样地,城市规划的管理也应当是透明的。所有开发建设项目的审批也应当实现公开化,允许社会各界提出意见。公众参与规划的制订和开发项目的审批有另一个益处,即使公众成为一种新的制约力量,能够有效监督城市的开发和建设根据规划政策实施。

（5）发展规划社会组织,推进中介服务体系

培育和发展规划行业协会,首先要改革目前行政性的协会,转变职能,从管理型转变为服务型,通过协会组织法,由会员选举产生协会领导,并放宽协会准入的登记限制,实行对中介组织的宽进严管。一方面要放宽部分中介领域的准入,使规模大、服务好、有诚信的中介组织在竞争中做大做强。另一方面,制订市场竞争规划,规范中介行为,进行有效监督和管理。

发展中介服务市场,推进服务体系,发挥规划行业协会的服务、代表、自律和协调职能。明确协会不是"二政府",其工作重心是提高服务意识,提升服务功能、搭建服务平台、提高服务水平,能通过建立蕴含强大辐射力与服务功能的平台,多视角、全方位地向国内外推介规划信息,成为协会与会员交流、沟通的载体,成为反映规划动态的窗口和咨询服务平台,为规划决策和开发建设服务。其次,加强人员培训,制订行业内部技术的标准、资质分类、行业资格准入标准及专业培训;开展行业间的合作与交流,沟通信息,组织专题研讨,开展规划设计、成果创优活动。

规划中介服务,提高服务质量。针对目前中介服务不规范、服务质量差等突出问题,在建立严格规范的规划资质、资格准入制度基础上,建立分级定期培训和考核的机制、自律监管机制和整合协调机制;积极向有关部门反映沟通规划管理体系、规范整合等方面的共性矛盾,高效率为规划行业作好服务。

(6) 改革规划行政体制

根据适应市场经济的政府职能改革需要,调整完善规划行政规划体制。在完善市、区、街"二级政府,三级管理"体制的大背景之下,要根据城市规划职能的要求,明确各级职能范围,加强市级与区级具体职能部门的上下联动,加强街(镇)的日常管理执法职能。一方面,要贯彻职能下放的改革趋势,市要向区放权,并充分发挥街道、居委会、物业部门的管理潜力,发挥处于一线的街道的组织和协调作用,向街道下放相应的管理职权,加强规划的管理效率。另一方面,为了发挥城市规划协调城市整体开发、提高城市竞争力的基本功能,要实施规划权上收市级,以利于在人范围内协调布局城市功能和开发模式。

此外,因城市快速发展和空间外延的客观趋势,适当的行政区划调整可重构城市空间发展格局,减少不必要的资源浪费和无谓的区域内消磨,扩大市场运作空间,整合政府间的关系以促进公共效率的提高。因此,根据城市功能区域发展和规划管理的需要,可以采取适当调整行政区划,以更好地按照城市规划这一核心优化开发建设格局,提高开发建设效率。

# 杭州城北地区发展战略研究

改革开放以来,杭州城市经济快速发展,经过 30 年的努力,2010 年市区国内生产总值(GDP)达到 5954.82 万元,常住人口人均 GDP 68398 元,超过了 1 万美元,三次产业结构由 2005 年的 5.0∶50.8∶44.2 调整为 2010 年的 3.5∶47.8∶48.7,形成以现代服务业为主导的"三二一"产业结构。工业化推动城市化,城市化带动工业化,杭州的经济发展和城市建设协同共进,城市规模特大型化。城市空间布局从局限于老城的"西湖时代"走向新城中心建设的"钱塘江时代",并在"沿江开发,跨江发展"、"构筑大都市,建设新天堂"的发展战略指引下,呈现出"江、河、湖、海、溪"五水共导的新型大都市格局,中心城区(一主三副)规模(2009 年)达到 356.71 平方千米,人口 440.94 万人。[85]

回顾"十五"和"十一五"时期的发展,杭州在城市总体规划的引导下,成功地实现了从"西湖时代"走向"钱塘江时代"的战略转变,适应了工业化、城市化快速发展的需要。城市布局贯彻了"旅游西进、城市东扩;沿江开发、跨江发展"的战略思想,基本形成了以沿江跨江发展为轴心、以"一主三副六组团"为主体的多中心组团式布局。

进入 21 世纪的第二个十年,资源环境和城乡经济社会发展的新形势、新格局引领杭州城市进入新一轮的发展时期。在科学发展观的指引下,杭州市经济社会发展转型不断深入,新型城市化和区域城乡统筹协调发展主导城乡发展新思维。同时,随着城市经济发展的转型和新的经济增长点的形成,催生出城市空间布局优化调整的新动力、新要求。"十二五"时期,杭州发展面临两大新形势,一是以长三角区域一体化发展战略和杭州都市经济圈发展战略为核心的区域发展新形势;二是大运河申遗将为沿线区域发展合作和运河资源开发带来新契机。

两大新形势为杭州以拱墅区为核心的城北区域发展带来了新机遇。在"运河综合开发与保护工程"的策动下,拱墅区的发展转型和城市建设获得了突破性进展,主城第三中心区(另外两个为"西湖(中西片)"和"钱江(东南片)")正在崛起。为了促进杭州城市的持续发展,很有必要与时俱进地思考城市发展布局的新特点、新趋势,建立适应发展需要的新思路。"振兴城北,复兴运河",接过"西湖时代"、"钱江时代"的接力棒,让城市发展进入新的"江(钱塘江)河(运河)湖(西湖)"共兴新格局,让以拱墅区为核心的城北区域成为杭州主城第三中心,辐射杭嘉湖相邻区域。

# 7.1 杭州城市发展的新背景

## 7.1.1 长三角区域一体化与杭州都市经济圈进入实质性发展阶段

进入 21 世纪,长三角区域一体化发展成为我国重大的国家发展战略,2010 年国务院批复《长江三角洲地区区域规划》,标志着长三角区域一体化发展进入实质性阶段。这一战略符合以城市群为主要载体的国际区域发展模式,符合区域合作与协调发展的基本趋势,符合我国沿海人口经济密集地区的经济社会和区域发展实际。杭州是长三角南翼中心城市,《长江三角洲地区区域规划》中对杭州的发展定位制订了"一基地四中心"(高新技术产业基地和国际重要的旅游休闲中心、全国文化创意中心、电子商务中心、区域性金融服务中心)和"发展杭州都市圈"的战略目标。[86] 在"十一五"期间,杭州市委、市政府积极实施"接轨大上海,融入长三角,打造增长极"的发展战略,2010 年市委、市政府通过了《以新型城市化为主导进一步加强城乡区域统筹发展的意见》,使杭州市进入新一轮的区域发展战略阶段,引导杭州市区域发展新的布局趋势。

与此同时,以杭州为核心的杭嘉湖绍四地,以同源文化为基础,以自然环境条件为支撑,在核心圈强大的带动作用下,凭借地区间互补性较强的发展格局,构成了"核心圈——紧密圈——辐射圈"的结构,其中杭州市区即核心圈(见图 7-1)。核心圈土地集约利用,呈现"服务业中心化,工业制造郊区化"的优化布局。其中湖州和嘉兴均位于杭州以北,与拱墅区存在密切的地缘关系,都市圈协同发展的大趋势为拱墅区提供了珍贵的发展机遇,杭州都市经济圈发展取得了实质性的进展。2008 年编制完成"杭州都市经济圈发展规划",成立了杭州都市经济圈发展规划委员会,实施了四市市长联席会议制度,都市经济圈的重大合作事宜正在陆续推进。

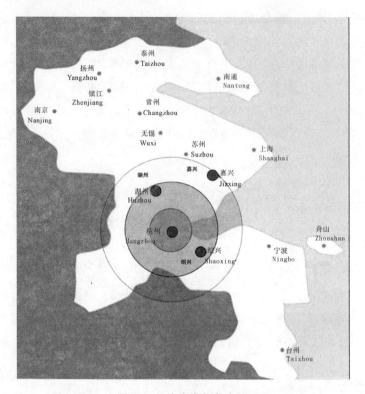

图 7-1  杭嘉湖绍都市圈

区域发展一体化的进程必定需要有区域发展布局战略的响应,区域布局结构是区域一体化发展的基础。因此,在新的区域一体化协调发展形势下,杭州市的区域发展布局也需要有相应的新思考。

## 7.1.2  大运河申遗的区域合作发展契机

京杭大运河是我国古代劳动人民创造的一项伟大工程,是祖先留给我们的珍贵物质和精神财富,是活着的、流动的重要人类遗产。在两千多年的历史进程中,大运河为我国国家统一、民族和谐、经济发展、社会进步和文化繁荣作出了重要贡献。大运河留下了丰富的历史文化遗存,孕育了一座座璀璨明珠般的名城古镇,积淀了深厚悠久的文化底蕴,凝聚了我国政治、经济、文化、社会诸多领域的庞大信息。保护好京杭大运河,对于传承人类文明、促进社会和谐发展具有极其重大的意义。图 7-2 为清代京杭运河全图杭州段。

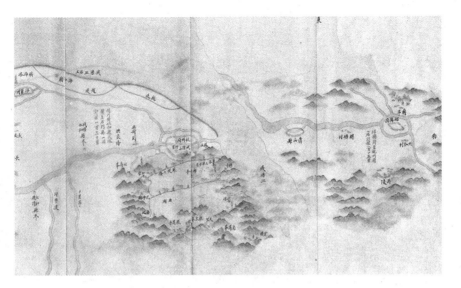

图 7-2 清代京杭运河全图杭州段

（1）京杭运河拱墅段之于杭州的作用

运河之于杭州与西湖之于杭州有异曲同工的意义，运河与西湖同是杭州城市发展繁衍和空间布局的依托。

京杭大运河全长 1794 千米，流经浙、苏、鲁、冀、津、京六省市，沟通钱塘江、长江、淮河、黄河、海河五大水系，是世界上开凿最早、规模最大、线路最长的人工大运河，与万里长城、埃及金字塔、印度佛加大佛塔并称为"世界最宏伟的四大古代工程"。杭州位于京杭大运河的最南端，是大运河南端的起点和大运河与钱塘江的交汇地。

历史上，杭州因运河而兴。首先，"杭州"之名由河而生。隋前杭州曾有"禹杭"、"余杭"之称，但"杭州"一名并不存在。隋开凿大运河，使杭州与隋朝陪都洛阳直接相连，城市地位显著提升。隋文帝开皇九年，调整江南州县设置，废钱塘郡，设"杭州"，这是历史上第一次出现"杭州"之名。其次，古代杭州城池乃依河而建。吴越王朝先后三次扩建杭州城，把城墙修到了钱塘江北岸，将菜市河（今中河）变成了内运河，形成了以运河为轴线、南北两端广而中间狭、形如"腰鼓"的城池，这就是所谓的"腰鼓城"。这种形态经南宋建都于此而进行了加固与完善，一直延续下来。第三，两朝都城因河而定。吴越、南宋两朝直接建都杭州，就是看中杭州既是富甲天下的两浙中心，又地处大运河南端有通江达海之利，可以此总揽大局，驾驭全国。大运河的开凿使杭州成为"咽喉吴越，势雄江海"的东南水运枢纽,"水居江海之会、陆介江浙之间",区位优势十分突出。运河成为杭州政治、经济、文化与全国开放交流的主通道,使杭州不仅融入南北经济文化的大循环之中,而且成为全国南北经济大流通、民族大融合、文化大交流的大平台。

近代杭州城市南北延伸的布局形态正是受了运河的影响。沿运河地带是杭州城市历史文化的主要遗存之地。近代大运河的"漕运"虽因现代交通工具的出现而逐步衰退,但江南运河依然繁忙。明清至民国时的杭州仍是东南货物的集散中心,当时运河岸边的珠儿潭、米市巷一带,已成为杭嘉湖地区的大米集散地,官办粮仓在运河湖墅一带应运而生,仓基上和大浒路等粮仓已有"天下粮仓"的盛誉。当时的运河两岸依然商铺林立、商贾云集、货物山积、街市繁华,"灯火家家市、笙歌处处楼",故杭州城北旧有"十里银湖墅"之称。

清末民初时由于近代工业在中国开始发展,以及京津、津浦、沪宁和沪杭铁路及公路网的相继修建并与大运河航道联网,近代工业便借着"天时、地利"在运河两侧地区迅速发展。运河一带出现了一批丝织绸、棉纺织、机器制造、造纸、火柴和火力发电等近代工业,也成为杭州近代轻纺、制造工业的发祥地。民国初年,运河北端集聚了丝织制造工业,出现了"东北隅数千万家之男女"皆谋织业的盛况,丝织机达一万台以上,杭州织锦品、丝绸伞等产品行销全国各地。新中国成立后,拱墅境内集聚了杭州钢铁厂、半山发电厂、中石化炼油厂、浙江麻纺厂、大河造船厂、杭丝联、杭一棉、杭二毛、华丰造纸、杭汽发等众多国营大中型工业企业,成为杭州的工业摇篮。

千年运河,形成了杭州"运河水乡处处河,东西南北步步桥"的独特水乡风韵。从水路由北入城,运河拱墅段两岸有著名的夹城夜月、陡门春涨、半道春红、西山晚翠、花圃闻莺、皋亭积雪、江桥暮雨和白荡烟村等"湖墅八景"。除广济桥、拱宸桥等千年古桥外,沿河地段的丁桥、斜桥、祥符桥、卖鱼桥、德胜桥、江涨桥、菜市桥等地方也因桥而名。此外运河拱墅段还有丰富的非物质文化遗产,如地方物产、戏曲文化等。不仅有杭剪、杭扇、杭粉、杭线、杭烟"五杭"产品,还有茶叶、山货、炒货等杭产名品。运河两岸的茶楼曲艺、百戏杂剧和运河水上的"欢歌渔唱",在杭州城北形成了独特的运河戏曲文化。至近代,拱宸桥边还有独具风韵的阳春茶园、天仙茶园、荣华茶园等卖茶兼演戏的茶园,其中有颇受杭州人喜爱的杭滩、杭剧、评话、弹词、小热昏等民间曲艺。

如今,经过以"围绕还河于民、申报世界文化遗产、打造世界级旅游产品"为目标的运河综合保护工程的实施,运河进一步成为杭州历史文化的宝贵财富,成为新时期城市文化事业和文化创意产业的载体。"十五"期间,杭州市在运河(杭州段)整治、保护、开发中做了大量工作,取得了初步成果。"十一五"期间运河综合整治与保护开发重点推进了水体治理、路网建设、景观整治、文化旅游、居民建设这"五大工程"建设,取得了显著成就,在改善杭州生态环境、延续城市文脉、拓展旅游空间、提高生活品质等方面作出了巨大贡献。

(2) 运河申遗对拱墅区发展的推动作用

2006 年 12 月,大运河被列入《中国世界文化遗产预备名单》首位,运河综保和申遗提升为国家工程,标志着运河申遗工作正式启动。运河保护和申报世界文化遗产工作正有序推进,运河申遗已由地方、部门层面上升到国家层面,成为我国近期的一项重大文化工程。《长江三角洲地区区域规划》提出要积极开发"运河发展带",大力发展旅游休闲、文化创意和生态产业,改善人居环境,形成独具特色的运河文化生态产业走廊。运河的文化价值凸显了出来,运河申遗工程又一次激活了运河,并将迸发出文化的产业带动效应,为沿岸地区带来新的发展契机。运河文化契合了杭州城市的历史文化特质,运河申遗撬动了杭州城市更新和发展的文化张力。以运河为主题和依托的区域空间发展,将是杭州与嘉湖地区联动发展和主城区北部区块建设的独特动力。

拱墅区因运河而名,"拱"即拱宸桥,是杭州市区一条横跨大运河、最高最长的石拱桥,也是大运河南端终点的标志性建筑;"墅"即"十里银湖墅"。运河申遗对拱墅区发展的推动作用至少可以从三个方面进行分析。首先是申遗过程中为配合申遗工作而获得的财政支持、运河两岸景观环境的改善、运河沿岸整体空间规划的推进、运河历史文化的深度发掘、社会各界对拱墅的关注等;其次是通过申遗,在更长远的时段内刺激旅游业发展,推动拱墅区"退二进三"策略的深化,提升拱墅的文化品牌效应;第三,由于运河起到向北连接湖州、嘉兴、苏州、无锡等城市的作用(见图 7-3),运河整体申遗必将推动拱墅区与这些地区的联动发展,开展一系列的协同动作,在某些领域建立协调发展机制。以上方面都无疑将对拱墅的发展提供有力的抓手。[87]

## 7.2 城市空间布局发展的新趋势

### 7.2.1 城市多中心布局和城区分工新格局

《杭州市城市总体规划(2001—2020)》(以下简称《杭州总规》)制订了城市布

局发展的思路,概括为"城市东扩、旅游西进、沿江开发、跨江发展",形成"多中心、组团式"布局结构。[88]

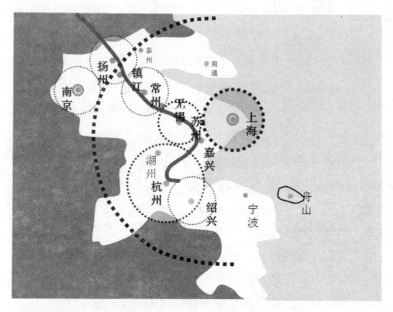

图 7-3  运河向北的串联作用

　　在"一主三副六组团"的结构规划之下,副城和组团得到了发展,开始形成组团式的城市布局形式。与此同时,随着城市规模的增长和各片区城市功能的提升,杭州城市区域布局已经由围绕传统城市核心"湖滨—武林"地区的单中心团块状开始向外围拓展,并随着外围片区的发展,主城区的空间布局形成多个次级中心,从而出现城市布局多中心化和城区功能分化的局面,特别是在江干、拱墅、西湖三区,开始出现次级中心城区。杭州的城市空间已经进入"多中心"时代。

　　另外,近期在大江东新城和城西科创园两大发展平台的拉动下,城市空间发展框架的东西两翼进一步伸展。大江东新城和城西科创园都是浙江重点谋划的产业集聚区大平台,也都是全省 14 个产业集聚区之一。构筑产业集聚区、拓展发展新空间是浙江省"十二五"规划提出的基本思路,是浙江省加快经济转型升级、保持经济平稳健康发展的重大战略举措。大江东新城是杭州打造国际化战略的有机组成部分,是杭州规划的 20 个新城当中的一个,其发展定位是杭州的浦东。大江东新城规划总面积约 421.2 平方千米,包括临江新城、前进工业园区、江东新城、空港新城四个区块,是规划中的全省最具竞争力的发展大平台之一和高效低碳的转型升级示范区。产业集聚区内有汽车及零部件、先进装备制造、新能源、新材料、空港物流等项目建设。当前，大江东新城集聚效应不断显现，一批前景广阔、科技含量高、带动性强的好项目、大项目不断"安家落户"，定位在大江东新城的几个城市综合体也在大规模建设，显示出杭州东部强劲的发展势头。[89]

城西科创园产业集聚区包括余杭创新基地和临安市浙江省科研院所创新基地（科技城）两大区块在内，重点发展现代服务业和高新技术产业。在 2011 年 3 月通过的《杭州城西科创产业集聚区规划》当中，规定规划控制区面积约为 302 平方千米，其中"十二五"时期的重点启动区包括余杭创新基地（含南湖综合整治与保护区）和青山湖科技城部分地区，规划面积为 69.4 平方千米，"十二五"建设区（即"十二五"期间可供杭州城西科创产业集聚区开发需要的新增建设用地区块）规划面积为 33.7 平方千米。其发展战略定位是成为以科技创新为重点的现代生产性服务业集聚区和以生态和谐为特色的现代生活性服务业集聚区。目前，科创园集聚区的产业规模已经初显。余杭创新基地已经成功引进 15 个项目，包括阿里巴巴"淘宝城"、恒生电子科技园以及三维通信等高新技术企业和项目入驻，还有 30 多个项目即将入驻。青山湖科技城已吸引浙江西安交通大学研究院等 16 家院所落户。[90,91]

（1）主城三大中心区和"北弱"之虑

随着城市功能的提升，核心区的空间开发和更新转型加快，城市空间"一心多点"的格局会逐步向"多心多点"的格局转变。在城市迈入多中心时代的今天，主城范围内也开始形成中心分化和城区分工的局面，根据城市空间布局的历史基础和现今城市空间布局的基本格局，杭州主城区城市布局已现三大片城区的区域组成。其一，以西湖为核心向西发展形成了城市中西片区；其二，沿运河向北发展形成了城市北片区；其三，实施钱江时代战略以来得到重点开发的沿钱塘江发展的城市东南片区（见图 7-4）。

杭州是一座江、湖、河、海、溪五水并存的城市，水是杭州城市的灵魂和活力的源泉，"五水共导"造就了品质杭州和"水清、河畅、岸绿、景美"的亲水型宜居城市。由于杭州已经从单极单核心城市向多极多核心城市发展，城市也从"西湖时代"走向了"钱塘江时代"。然而，随着运河的申遗、拱墅区的重振，杭州将进入"西湖、钱江、运河"共举的多极时代。这其中运河承载着格外重要的维系功能，不仅将杭州与外部其他城市和地区连接在一起，还通过小型的水道将西湖和钱塘江连接在一起。拱墅区作为运河的载体，肩负着传承历史、开启未来的重任。

近五年来,拱墅区也开始书写"老兵新传",工业搬迁、历史街区更新、住宅区建设逐渐掀起高潮。有赖于"退二进三"、"优二进三"的用地条件和运河的历史文化,拱墅区正在成为主城区中又一个富有活力的城区。拱墅区的重新崛起,也顺应了主城区空间平衡发展、片区分工发展和多中心发展的需要。拱墅区的复兴,崛起杭州主城"第三中心",与"西湖中心"和"钱江中心"共筑杭州主城核心,并引领杭州城市由"西湖时代"、"钱江时代"进入"运河复兴时代"。

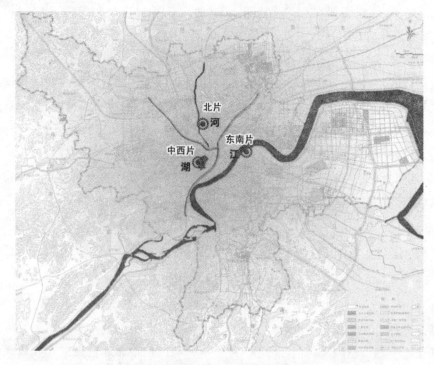

图 7-4　杭州主城区三大片区(附彩图)

杭州规划的 20 个新城主要分布在钱塘江以及主城区的东侧与南侧,包括沿钱塘江规划建设"十大新城",以及在余杭区和五县(市)沿江沿路规划建设"十大新城",其中北部只有"运河新城"一处。运河新城占地 7.28 平方千米,预计总投资 124 亿元,规划居住人口 10 万余人,是集商务、居住、创业、生态、文化、休闲、体育功能为一体的新城。新城是杭州运河综保工程中打造的重点工程,也继"秀美拱墅三年行动计划"开局取得重大突破、"十年运河景观带"再结硕果后,杭州城市建设由南向北跃进的又一大手笔。它的规划状况将直接带动北部区域的综合发展,同时也增强了杭州主城与北部区域的联系。

然而,城市总体规划制订的"城市东扩、旅游西进、沿江开发、跨江发展"、"南拓、北调、东扩、西优"的发展战略和"东动、西静、南新、北秀、中兴"的规划格局,一方面促进了杭州城市空间布局的大拓展,基本形成大都市空间布局框架,满足了 21 世纪新一轮工业化、城市化高速发展的需要。城市在东、南、西三个方向增强了基础设施和新的功能建设,初步形成了辐射西部五县(市)和周边绍兴、海宁等相邻区域的区域布局基础,促进了都市经济圈的形成和发展。但另一方面,相比之下城市北部区域的发展缺少大的动作,有"北弱"之虑。

同时,从长三角区域一体化和杭州都市经济圈的发展形势来看,嘉兴市和湖州市是杭州融入长三角的前沿阵地,嘉湖两市邻近杭州市区的桐乡、德清、安吉也有强烈的接轨杭州发展的诉求,三县(市)分别制订接轨杭州发展的战略措施。但是,作为连接嘉湖发展的市区城北地带,缺少相应的空间布局安排或者安排的针对性不强。因此,为了响应长三角区域一体化的发展战略,加快建设杭州都市圈,需要针对性地布局市区发展格局,加快城市北部发展。

(2)拱墅(城北)功能分工特色初现

有历史基础的厚重和运河综保工程、秀美拱墅战略的强力推进,以拱墅区为中心的城北地区已经初步形成以运河为轴心的历史文化景观带、文化创意产业区和新型滨水居住区,初现了以现代都市工业、商贸物流业、楼宇经济为主体的城市产业功能,从而形成杭州主城区中富有特色的功能片区:西湖片区为旅游、商贸、文教,南部片区以现代服务和交通枢纽,北部片区以运河文化、商贸物流和都市工业为特色的城区分工格局,这符合现代化区域性中心城市的功能和空间布局结构趋势,有利于杭州城市空间的可持续发展。

## 7.2.2 城北中心形成的条件

(1)土地资源支撑条件

拱墅区是主城区中未开发土地资源最丰富的城区,存量土地资源数量充足,拥有相对较多的用地作为开发建设的有力支撑。拱墅区由南至北可分为三个板块。最南边的教工路—沈半路东南板块包括米市巷、湖墅和大关三个片区。该板块基本完成了旧城改造,具有成熟的城市形态特征,功能以居住和商业为主,集中了拱墅区的主要公共设施,人口密度较大。中部的上塘路—石祥路板块包括文教区、拱宸桥区块、汽车城区块以及庆隆、华丰、和睦片区。该板块在城市形态上处于市郊向中心城区过渡的状态,存在工业用地和城中村,居住和商业功能较弱。板块内部土地资源浪费情况以及环境污染情况都较为突出。石祥路以北板块包括祥符、北站、半山和康桥区块,以仓储、工业以及农业用地为主,城市型居住区极少,整体发展还呈现城郊结合部特征,基础设施严重滞后。宣杭铁路线的穿境而过以及半山重工业基地的无法调整,都制约了板块的空间发展以及景区和房地产的开发。

三个板块当中,上塘路—石祥路板块和石祥路以北板块都有丰富的土地资源,且毗邻主城核心区,与需要跨江大桥或过江隧道才能与主城衔接的江南板块相比,交通上的发展障碍更小。并且拱墅区内有京杭大运河、宦塘河、古新河流经境内,余杭塘河、胜利河、康桥新河等与京杭大运河沟通;上塘河由南而北折东出境,区内河道港渠纵横交错,水网密布,水景资源丰富。

(2)运河资源优势

运河两岸的历史遗迹主要包括隋代以来的古迹遗址和20世纪初到新中国成立初期的工业遗产,这些都构成杭州丰富的历史文化资源,是对杭州风景旅游城市的增值。近年来,拱墅区依托运河资源,运河及周边地区旅游市场不断完善,开通了运河至胜利河、上塘河、余杭塘河三条水上黄金旅游线路,修复了香积寺、富义仓、御码头、小河、桥西、大兜路三大历史街区等历史遗存,建成了京杭大运河博物馆、刀剪剑博物馆、伞博物馆、扇博物馆这四大国家级博物馆,并建成半山森林公园,是杭州主城区内首个国家级森林公园。此外,还成功举办了运河烟花大会、运河美食节、西博会汽车展、汽车消费节、休闲旅游节等大型城市活动。

滨水区同时也是杭州城区房地产业发展最迅速的地区,城市滨水带的美丽风光使得这里历来都是中高端住宅集聚的地区。广州滨江东以房地产业为主导的城市滨水区更新就是一个很典型的例子。为了支持申遗,杭州运河规划治理方案已调整为加强水治理和景观建设,保护具有历史价值的建筑物,强化旅游和景观功能,弱化航运功能。这些都为发展运河带的旅游业、商业以及房地产业带来了契机。

## 7.3 拱墅区经济发展基础及趋势

杭州市打造生活品质之城、推进网络化大都市建设,深入实施"开发北部"战略,使得原本处于城市北部边缘的拱墅区一跃成为城市"北部大开发"的主战场。近几年,拱墅区牢牢把握住了这个突破的机会,走出了自己发展的一条道路。

### 7.3.1 经济总量偏低,但增幅在五城区居首

2010 年拱墅区实现地区生产总值(GDP)282.15 亿元,占杭州大市(8 区 2 县 3 县级市)的 4.75%,比重较低,同比增长 12.3%,完成年目标的 102.97%,其中 服务业增加值同比增长 14.8%,工业增加值同比增长 8%。GDP 和服务业增幅 双双位居五城区第一。三次产业比重由 2009 年的 0.14:42.51:57.35 调整为 2010 年的 0.1:41.51:58.39,"三二一"的产业格局更加稳定,实现了从工业经 济主导向服务经济主导的历史性转变。从 2010 年的统计数据可以看出(见表 7-1 和表 7-2),拱墅区现在地区生产总值和三产总值仍旧处于落后位置,但拱 墅区在三产比重上高于全市平均水平,处于五区中较为中等偏上水平;生产总值 增幅和服务业增幅均列于第一,提升速度十分明显。从这个发展趋势可以看到, 拱墅区经济发展后劲十足,大有争先之势。同时,拱墅区的产业服务业化趋势明 显,说明城市中心区的服务功能正在外延扩展。

表 7-1　2010 年杭州市及五城区两项指标增幅情况

|  | 杭州市 | 上城区 | 下城区 | 拱墅区 | 江干区 | 西湖区 |
|---|---|---|---|---|---|---|
| 地区生产总值增幅/% | 12.0 | 8.7 | 11.8 | **12.3** | 10.8 | 12.1 |
| 服务业增加值增幅/% | 12.3 | 10.1 | 11.9 | **14.8** | 13.2 | 13.7 |

资料来源:杭州市 2010 年统计年鉴。

表 7-2　2010 年杭州市及五城区第二、三产业情况　　　　　单位:亿元

|  | 杭州市 | 上城区 | 下城区 | 拱墅区 | 江干区 | 西湖区 |
|---|---|---|---|---|---|---|
| 地区生产总值/亿元 | 5945.82 | 527.12 | 460.54 | **293.15** | 292.77 | 476.40 |
| 第二产业生产总值/亿元 | 2844.47 | 235.36 | 48.44 | **121.68** | 98.41 | 91.35 |
| 第三产业生产总值/亿元 | 2893.39 | 291.76 | 412.10 | **171.18** | 193.52 | 381.26 |

资料来源:杭州市 2010 年统计年鉴。

### 7.3.2 工业优势依旧保持,经济结构向都市型转型

作为杭州传统工业基地,工业经济一直是拱墅区经济的重要组成部分,在经 济社会发展中发挥着举足轻重的作用。在杭州市"提升发展传统优势工业、适度 发展新型重化工业、大力发展高新技术产业"三位一体发展方针的指导下,拱墅 区把提升产业结构作为经济发展的重中之重,通过改造提升传统产业、大力发展

高新技术产业、搬迁关停高能耗高污染企业等有效方式,进一步优化工业经济产业结构,加快经济发展方式转型,打造都市型工业集聚地。

2010 年,拱墅区的工业经济仍然保持了平稳较快的发展态势。全区规模以上工业企业完成总产值 473.25 亿元,占杭州大市的 16.64%,销售产值 470.28 亿元。按同企业同口径计算,同比分别增长 18.11% 和 17.92%,销售产值完成区目标的 106.88%。其中,轻工业实现销售产值 147.99 亿元,增长 19.8%;重工业实现销售产值 322.29 亿元,增长 17.1%。拱墅区的工业在杭州市仍具有重要地位。

至 2010 年,拱墅区有经认定的市级以上高新技术企业 101 家,其中国家级高新技术企业 45 家,分别比上年增加 26 家和 6 家。全区规模以上高新技术产业实现销售产值 137.84 亿元,按同企业同口径计算,增长 26.6%,占规模以上工业总量的 29.3%。

这些数据说明了拱墅区在进行产业结构转型的过程中仍然保持了工业经济的平稳发展,保留了其在杭州市老工业基地的传统优势,拱墅区的工业在杭州市仍占据重要地位。

未来拱墅工业经济发展方向以适应城郊经济向都市经济发展为主,加快结构调整,大力发展都市型工业。以信息化带动工业化,大力发展高新技术产业;加大科技投入,推进自主创新,积极改造提升传统产业;扶优扶强,走新型工业化道路,加快调整转移落后产业。积极引导企业加大技术改造投入,提升发展电器及电子信息、生物医药、包装印刷、轻工及纺织服装、汽车零部件及机械制造等重点行业。着力发展工业总部经济,以吸引大企业大集团来拱墅设立工业企业总部和销售中心。加快科技工业功能区等平台建设,积极构筑集约化、科技化、环保化的都市型工业集聚地。

### 7.3.3  商贸经济层次提升,发展快速

拱墅在历史上以繁华闻名,蜚声海内外的"十里银湖墅"就在拱墅境内。但在 2007 年以前,拱墅区的商业业态主要是临街商家,充满生活气息但缺乏大商业氛围。湖墅路内大多为服装鞋类、副食品、餐饮、小五金店等中低档商业形态,呈现"低、小、散"的状态,社区类商业比重较大。

经过"三年计划",拱墅区的商业层次提升了,商业大街、汽车商贸街、特色街等纷纷在拱墅生根。2010 年,拱墅区实现社会消费品零售总额 235.01 亿元,同比增长 21.0%,增幅高出全市平均水平 1.1%。分行业看,批发零售贸易业零售

额 222.88 亿元,增长 21.0%;住宿餐饮业零售额 12.13 亿元,增长20.6%。在限额以上企业商品零售额中,汽车类零售额 147.50 亿元,增长34.8%;石油及制品类零售额 4.29 亿元,增长 25.3%;服装、鞋帽、针纺织品类零售额 5.67 亿元,增长 46.2%;中西药品类零售额 11.51 亿元,增长 35.7%;家用电器和音像器材类零售额 6.88 亿元,增长 13.5%;食品、饮料、烟酒类零售额 7.12 亿元,增长7.5%。

拱墅区商贸经济的专业化、多样化才刚刚开始,尽管销售额总量在全市所占比例还比较低,但增长量还是稍高于杭州市的平均水平的。随着各类商贸中心的建设,其商贸经济的发展也将步入一个新的台阶。

根据商贸经济的优势基础,今后将着力推动现代大型综合购物中心等商贸新兴业态发展。大力挖掘特色街区的文化内涵,明确各功能定位、特色产业,完善配套设施和综合服务功能,强化街区后续管理,形成一批特色鲜明、知名度高、辐射面广的现代化特色商业街。坚持商场化、信息化、品牌化、楼宇化,全面提升市场功能,建设一批在全国、全省知名的专业市场,努力创建省级市场强区。[92]

### 7.3.4 生产性服务业成为新的经济增长点

生产性服务业是由美国经济学家格林福尔德于 1966 年提出的概念,指可用于商品和服务的进一步生产的、非最终消费服务。在充分吸收、借鉴国内外研究成果的基础上,现将拱墅区生产性服务业界定为以下五大门类:①交通运输和仓储、邮政业;②信息传输、计算机服务和软件业;③金融业;④租赁和商务服务业;⑤科学研究、技术服务和地质勘查业。

近年来,拱墅区生产性服务业增加值逐年递增,从 2007 年的 39.60 亿元提高到 2010 年的 69.67 亿元,生产性服务业增加值在国民经济中所占份额逐年上升。2010 年,生产性服务业增加值占地区生产总值的比重为 23.8%,比 2007 年提高 5.1%;占第三产业增加值的比重为 40.7%,比 2007 年提高 4.1%,生产性服务业已经成为拱墅区经济增长的重要增长极(见图 7—6 和图 7-7)。

随着限额以上生产性服务业企业(不含金融业)规模不断扩大、集聚度不断提高,2010 年,拱墅区限额以上生产性服务业企业(不含金融)中,前 20 强企业全年共实现营业收入 144.43 亿元,占 77.5%,该比例分别比上城区、下城区、江干区、西湖区高 17.8%、21.1%、26.6%、32.4%,在 5 个主城区中最高。其中,拱墅区规模最大的生产性服务业企业——杭州钢铁集团公司 2010 年实现营业收入达到102.49 亿元,占全区限额以上生产性服务业企业营业收入总额的 55.0%。

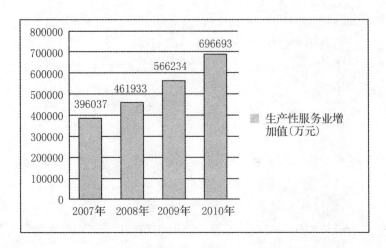

图 7 - 5　拱墅区生产性服务业增加值变化情况(资料来源:拱墅区统计年鉴)

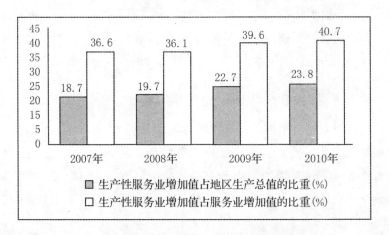

图 7 - 6　拱墅区生产性服务业比重变化情况(资料来源:拱墅区统计年鉴)

　　但是由于基础弱、起步晚,拱墅区的生产性服务业还处于比较落后的位置。2010 年,拱墅区生产性服务业增加值占全市的 5.58％,在 5 个主城区中仅高于江干区,居第 4 位,相当于下城区的 33.1％、西湖区的 43.0％、上城区的54.1％。从生产性服务业增加值占地区生产总值比重看,拱墅区为 23.77％,高于全市平均水平 2.75％,但低于下城区(45.74％)和西湖区(34.00％),与上城区(24.43％)和江干区(22.14％)相当。从生产性服务业增加值占第三产业的比重看,拱墅区为 40.70％,低于全市平均水平 2.49％,分别比下城区、上城区、西湖区低 10.42％、3.44％、1.79％,比江干区高 7.2％。2010 年,拱墅区限额以上生产性服务业企业(不含金融业)每百元营业收入实现的利润和税收均处于 5 个主城区末位。

按照"十二五"规划提出的"大力发展生产性服务业"的总体要求,在"十二五"时期至今后更长一段时间,把生产性服务业发展放在更加突出的位置,不断提高生产性服务业增加值占地区生产总值和第三产业增加值的比重。结合拱墅区实际的基础,走差异化发展道路,形成具有拱墅特色的生产性服务业结构体系。

拱墅区生产性服务业发展目标:创新发展新型金融服务业、大力发展信息和软件服务业、加快发展商务服务业、培育发展科技服务业、促进发展现代物流业。

### 7.3.5 "四大经济"主体加快升级,全面发展

服务经济、高新经济、文化创意经济和总部(楼宇)经济这"四大经济"正成为拱墅超越发展的重要支撑力量。2010 年以来,拱墅区抢抓经济形势回升向好的机遇,主攻"服务、高新、文创、总部(楼宇)"四大经济。

（1）服务经济

2007 年至 2010 年 3 年内拱墅引进了服务业项目 7840 个,占到了引进项目总数的 87.3%;第三产业的比例,由 2006 年的 53%,发展到 2010 年的突破60%。拱墅正打造成为杭州市"现代服务业成长第一区"。2010 年拱墅区实现服务业增加值 166.99 亿元,同比增长 14.8%,服务业增加值占地区生产总值比重达 58.39%。2010 年拱墅区实现社会消费品零售总额 235 亿元,同比增长20.97%;实现市场销售额 698 亿元,比去年同期增长 9%。特色街区打造有序推进,湖墅商业大街环境整治提升基本完成,沿线名品名店总量达到 40%以上,胜利河美食街、桥西历史街区、大兜路历史街区全面开街,信义坊商街全新亮相。房地产业 2010 年完成投资 71.99 亿元,占限额以上固定资产投资的 47.73%,房地产销量和价格均趋于平稳。旅游业方兴未艾,成功举办第二届运河烟花大会、第十一届西博会汽车展、首届运河美食节等节庆活动,接待国内外游客 168 万人次,增长 45.5%。漕舫游运河、小河直街和桥西历史街区成为世博主题之旅体验点。2010 年拱墅区实现建筑业产值 160.82 亿元,同比增长 19.13%,新增一级资质建筑企业 7 家,总数达 19 家。

围绕建设杭州服务业大市的要求,调整优化服务业布局,引导促进产业集聚,形成若干带动作用强的现代服务业特色区块。重点发展设计、咨询、信息、金融、会计和法律服务等现代服务业。加快发展现代物流、市场、汽车会展等特色区块,大力发展生产性服务业。积极开发上塘路沿线、半山、城西等若干商业商

务区块,建设一批上档次、上规模的宾馆、酒店、写字楼,全面发展楼宇经济,支持发展连锁企业、超级市场、购物中心、专卖店等新的商业业态,改造提升传统商业街区,大力发展生活性服务业。鼓励扶持代理、咨询、租赁业,大力发展中介服务业。依托运河文化景观和工业老厂房,大力发展文化旅游创意产业。积极发展房地产建筑业,使之成为全区经济的重要支柱。通过努力,构建中心城区以服务业为主体的经济结构,加快培育一批大型商贸集团企业。

(2) 高新经济

2010 年拱墅区完成规模以上高新技术产业销售产值 137.84 亿元,同比增长 20.70%,占规上工业总量的比重达到 29.31%,同比提高 2.22%。市级以上高新技术企业达到 101 家,其中国家级 44 家。市级以上研发中心达到 24 家。市级以上专利示范企业增至 35 家,专利授权数达 1016 件。23 家企业参与 57 项国家、地方和行业标准制订。完成半山、北大桥地区污染企业关停转迁 68 家,3 家企业通过清洁生产审核,万元工业增加值综合能耗超额完成市政府考核目标。

立足现有高新技术优势产业,加快传统工业改造提升,重点发展生物医药、现代装备制造业、信息产业、新能源新光源产业等战略性新兴产业,开发一批具有自主知识产权、市场前景广阔的高新技术和标准化项目,推动拱墅区高新技术产业做大做强,形成具有特色的高新技术产业群。

(3) 文创经济

2010 年全年实现文化创意产业文创主营业务收入 72.50 亿元,增加值 19 亿元,税收 1.58 亿元,分别同比增长 25.1%、20.5% 和 22.68%。建成元谷创意园,启用乐富·智汇园二期,形成了以运河天地文化创意园为龙头,由乐富·智汇园、LOFT49、唐尚 433、A8 艺术公社、丝联 166、西岸国际艺术区、浙窑陶艺公园、元谷创意园组成的"一园八区"发展格局,总面积达 20 万平方米,从业人员 1.5 万多人,文创企业 409 家。初步构建了以现代传媒和设计服务业为主导的产业布局,两大产业主营收入占文创产业比重的 59.28%,软件信息业、文化用品业、教育培训业等产业发展提速。"创意力量·大讲堂"等品牌推介活动影响深远,名家书画百盘展等活动亮点纷呈,韵和书院开院,运河天地文化创意产业园被评为省文化产业示范基地,博艺网被评为"省文化传播创新十佳网站"。

围绕打造杭州市文化创意产业示范区,推动拱墅区成为长三角区域文化创意企业和创意人士集聚、创作和交流的重要区域。到 2015 年,文化创意产业增加值年均增幅保持 15％以上，建成省级文化创意产业基地 1 个，市级文化创意产业园或楼宇 3 个。[93]

（4）总部（楼宇）经济

2010 年全年实现楼宇税收 8.5 亿元，同比增长 16％，23 幢楼宇税收超千万元，白马公寓、华浙广场成为亿元楼。新增总部（楼宇）企业 1321 家，开工西瑞置业商务楼等 14 个项目 65 万平方米，竣工凯锐大厦等 7 个项目 56 万平方米，万豪（万怡）酒店、运河商厦和月星家居广场投入运营。以降低空置率、提高入驻率为目标，加大建成楼宇招商力度，全程介入运河商务区、北部软件园等总部经济区块招商，全年新增总部（楼宇）企业 1321 家，实际到位市外资金 81.24 亿元，占市外资金到位总量的 48.69％。

按照"招商一批、管理一批、更新一批、建设一批、规划一批"的"五个一批"要求，大力发展总部（楼宇）经济。到 2015 年，努力实现楼宇税收 13 亿元，亿元楼宇达到 5 幢，形成一批税收超 3000 万元的楼宇群。

作为老工业区的拱墅，随着中心城区定位的不断清晰，面临着城市和经济双转型的问题。通过迁移污染型工业企业，向都市型工业转型，大力发展商贸服务业，转而推进以服务经济、高新经济、楼宇经济、文创经济为主攻的新经济形态。同时与地缘相近的湖州、嘉兴进行产业互动，促进拱墅经济的发展。

## 7.4  拱墅区布局发展近况和趋势

### 7.4.1  建设用地规模扩张快，用地结构变化大

拱墅区总面积约 87.73 平方千米，以境内有拱宸桥、湖墅而得名，现辖半山、康桥、祥符、上塘、米市巷、湖墅、小河、拱宸桥、和睦、大关等 10 个街道，有 92 个社区。全区 2010 年共有常住人口 551874 人，家庭户 215345 户。截至 2010 年 10 月，拱墅区建设用地总面积 49.19 平方千米，占规划区总面积的 70.73％。在建设用地中，居住用地 17.91 平方千米（包括 5.55 平方千米村镇居住用地），占总建设用地的 36.41％；公共设施用地 5.02 平方千米，占总建设用地的 10.27％；工业用地 10.38 平方千米，占总建设用地的 21.10％；对外交通用地 1.39 平方千米，占总建设用地的 2.83％；道路广场用地 5.55 平方千米，占总建设用地的 11.28％；绿地 4.55 平方千米，占总建设用地的 9.23％（见表 7-3 和图 7-7）。

表 7 - 3　拱墅区建设用地构成表　　　　　　　　单位:平方千米

| 用地类别 | 2005 年 | 2010 年 | 与 2005 年比较 |
|---|---|---|---|
| 居住用地(包括农居) | 10.24 | 17.91 | 7.67 |
| 公共设施用地 | 3.32 | 5.02 | 1.7 |
| 工业用地 | 12.45 | 10.38 | −2.07 |
| 仓储用地 | 3.51 | 2.25 | −1.26 |
| 道路广场用地 | 4.32 | 5.55 | 1.23 |
| 对外交通用地 | 0.56 | 1.39 | 0.83 |
| 市政公用设施用地 | 1.68 | 1.9 | 0.22 |
| 绿地 | 2.91 | 4.55 | 1.64 |
| 特殊用地 | 0.16 | 0.24 | 0.08 |
| 建设用地总面积 | 39.15 | 49.19 | 10.04 |

资料来源:拱墅区近期建设规划(2011—2015 年)及 2011 年度实施计划。

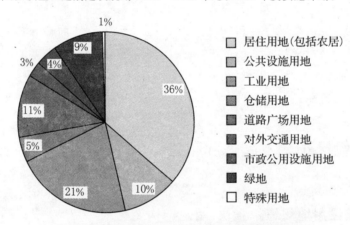

图 7 - 7　2010 年拱墅区建设用地比例构成

　　由于拱墅区城市定位的转变和产业结构的转型,整个拱墅区的用地结构也发生了很大的变化。随着发展的加快,拱墅区的用地结构日趋合理,每年工业用地约减少 0.4 平方千米,村镇建设用地(城中村改造)每年约减少 0.8 平方千米,即从用地总量分析,拱墅区整体用地结构呈现新增建设用地总量大、存量改造大的特点。传统工业的迁出,空置的土地被置换为服务业、创意产业、房地产业等亟须发展的产业用地,使得拱墅的面貌有了很大的转变。而城北绿化带也为拱墅在力争经济发展之余兼顾环境优化提供了保障。

## 7.4.2 城市重点发展居住片区，"城中村"改造加快

　　城北是杭州城市总体规划中要重点发展的居住片区。2000年以来，随着郊区城市进程加快、房地产业大力发展，拱墅区的居住用地明显增长。2005年末居住用地10.24平方千米，2010年增加到17.92平方千米，人均住宅面积达到25平方米。从2005年末和2010年的拱墅区用地现状图(见图7-8)可以看到变化最明显的是中片，主要是莫干山路东边的中片土地由于工厂的搬迁很多都已经被置换为居住用地，拱宸桥和湖墅地区的旧城改造基本完成，建成了不少新型居住区。但整体来说，品质和全市其他区位条件类似地区的居住区相比还有所欠缺。而北片现在仍然是"城中村"的主要集聚点，存在大量农居和部分农业用地，占地多分布散，并且许多地段和工业用地混杂，生活污水直排河道，对河网密度较高的拱墅区来说污染很大。该地段处于城市向外的过渡区域，要完成城市型区域的外扩，任务还很艰巨。但随着桃园新区、田园新区等新型居住组团的建设，北部的居住环境也将得到很大提升。南片的小区普遍居住环境较好，其中白马公寓更是杭州房价最高的公寓。

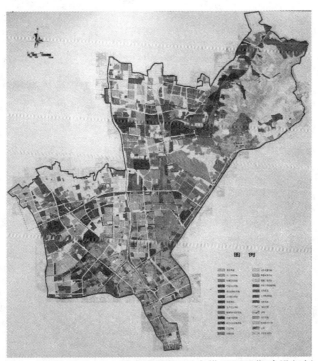

图7-8　拱墅区2010年用地现状(引自拱墅区近期建设规划
(2011—2015年)及2011年度实施计划)(附彩图)

拱墅区近期对居住桃源、田园、运河新城的商品住宅及安置住宅建设；祥符、上塘区块的安置住房建设；长乐区块的综合改造。

根据规划，今后拱墅区的居住用地仍呈上升趋势，可以缓解杭州中心区人口压力，从而提升居住品质，焕新拱墅的城市面貌，是拱墅区打造杭州新核心的保障。

### 7.4.3　公共设施用地增长快，规划动作大

多彩有序的城市生活需要有多种为之服务的公共设施来支持。城市设施的内容与规模，在一定程度上反映了城市的生活水平；公共设施的分布与组织，也直接影响到城市用地的布局结构。拱墅区的公共服务设施主要位于石祥路以南的南部城区，如湖墅商业街、信义坊商业街、大关商业区、区政府、文教区、汽车城、申花商业街等。北部由于城市建设落后、工业用地集中，生活设施、基础设施配套不到位。

传统工业外迁而空置的土地除用来置换成居住用地外，也主要被用来更新成公共设施用地。各大城市综合体、商贸中心的规划建设，充分发挥了拱墅区的土地优势。

继 2009 年提出建设"一城一区十大城市综合体"之后，2010 年拱墅区委区政府又提出了打造"一城一区一村十四个城市综合体"的战略构想。不难看出，城市综合体在拱墅区未来几年的楼宇开发建设中将扮演日益重要的角色。这14 个综合体分别是杭汽发、杭州运河商务区、杭协联热电厂、大河造船厂、杭一棉、蓝孔雀、杭州煤制气厂、民生药厂、田园地块、北部软件园、杭州炼油厂、银泰都市、宏鼎国际及杭州玻璃厂。

从空间分布上看，在这些综合体之间也很难找出连贯的空间通道联系，而不少综合体的功能也基本是小而全形式，缺乏在功能上的关联和互补。部分综合体存在空间紧邻的现象，违背了通过城市综合体来集约利用土地的初衷，在今后规划建设中需要作一定的调整（见图 7-9）。

其中，杭州运河商务区西临京杭大运河，北到紫荆路，南至规划香积寺路，东南至明珠大酒店，向东至绍兴路和大关路的交叉口，包括长乐区块、康汽区块、杭丝联地块，大兜路历史街区、明珠大酒店区块，总规划 160 多万平方米。其中运河商务区核心区块，地上总建筑面积约 72 万平方米，以商务贸易、金融会展、文化娱乐、商业、居住等现代服务业和总部基地为主，具备地理、文化、景观的优势，建成以后将成为杭州北部区域商务中心区及杭州的城市副中心。

图7-9 拱墅区规划城市综合体布局

　　总体上来说,产业结构升级使得运河沿岸工业功能弱化,拱墅区大力发展旅游业,打造商业中心、现代服务业,主要表现在:①运河新城核心区块的启动,依托杭州炼油厂区块打造城北的核心城市综合体以及综合商务服务区;②长乐区块的功能提升改造,依托杭州运河商务区城市综合体,继续完善周边配套功能,打造南区"现代化城区"的示范区域,整治打造精品城区最为核心的商务服务区;③北部软件园的提升完善,作为拱墅区产业转型升级主平台以及核心示范区,打造以总部经济以及高新创业区以及商务服务区。

## 7.4.4　工业用地置换转变、面积减少

　　《杭州市城市总体规划》对于工业用地布局调整为:石祥路以南,逐步外迁有污染、影响主城功能的传统工业企业,适当发展无污染的高技术产业和都市工

业。拱墅区从 2007 年开始对区内 300 多家工业企业实施关停并转,外迁了石祥路以南大部分工业企业。今后仍将继续对区内计划内的工业企业进行外迁。拱墅区现在主要有三个工业区块,均位于北部,即祥符、康桥和半山区块。

从总量上看,拱墅区的工业用地不断减少,但由于合理利用土地资源,规划新型工业园,工业经济仍将平稳发展。

规划的主要工业功能区有拱墅区科技工业功能区和石塘工业功能区。

（1）拱墅区科技工业功能区

以京杭大运河为中轴,西为祥符区块,东为康桥区块,即祥符工业功能区和康桥工业功能区。

位于祥符工业功能区的北部软件园是杭州打造"中国文化创意产业中心"、"中国电子商务之都"的核心平台,也是拱墅区的重点产业集聚地。位于拱墅区京杭大运河西线区域,建筑面积已达 18 余万平方米,入驻有软件、网络、电子商务、动漫游戏、服务外包、文化创意类企业近 200 家。规划面积 2.11 平方千米的祥符二期区块（即新北部商住示范区）,将进一步提升北部软件园。该区块土地整理工作已全面展开,自 2008 年起可供商业、住宅、工业等土地 86 万多平方米（1300 余亩）。

**汽车工贸园。** 位于石祥路（沈半路）上的汽车贸易街区是全省最大的汽车销售区。目前,石祥路汽车贸易街区的新车销量占全省销量的 45%、全市销量的 70% 以上。要继续发挥汽车贸易的比较优势和先发优势,加强汽车物流中心和汽车商贸特色街的建设力度,进一步打响汽车拱墅品牌,使之成为省级汽车贸易中心。在扩张汽车销售的同时,拉长产业链,发展汽车检测、汽车装潢、汽车租赁、汽车维护与保养等产业。

（2）石塘工业功能区

位于半山区块,规划总占地面积 61.3 万平方米（920 亩）,净用地 43 万平方米（646 亩）,其中石塘区块 36 万平方米（540 亩）,沈家桥区块 7 万平方米（106 亩）。总体定位是发展高新技术产业等都市型工业,着重引进高税收、上规模、无污染、科技含量高、能耗低的高新技术企业。

拱墅区规划逐渐从传统工业区转型为都市型工业为主的主城区,以北部软件园的功能升级、汽车工贸园功能提升、南部企业的搬迁整治作为今后工业发展重点。

### 7.4.5 运河新城建设引领未来空间布局重心

运河新城作为拱墅区"开发北部"战略的标志性工程,道路、河道、拆迁、安置房建设、公园建设等正在全面建设中。运河新城的建设以运河为中心,充分发挥滨水生态优势,推进城市功能更新和产业的发展,道路网络系统的改造,将运河新城打造成为运河特色、杭州特点、时代特征,杭州市的城北副中心。

整个运河新城非常狭长,南北长 6 千米,东西 1.2 千米。未来 5～10 年,从空间布局上将按照"一带双心六片区"进行建设,由运河水系和沿岸公园组成运河景观带,杭州炼油厂工业地景综合体附近将建成运河新城主中心,南部副中心拱北公交停保基地周围将建成运河商贸物流综合体,分为宣杭铁路北片居住区、宣杭铁路南片居住区、杭州炼油厂综合体片区、杭钢河以南居住片区、南部商贸物流综合体片区和工业仓储片区。

### 7.4.6 轨道交通 5 号线提升城市交通结构和出行品质

杭州地铁 5 号线是城市轨道线网中的次干线,它连接 1,2,3 三条主干线,在拱墅区境内经余杭塘路至登云路连接湖州街附近的运河文化广场和运河商务中心。它在拱墅区主要有 5 个站点:沈半路站点、绍兴路上塘路站点、登云路小河路站点、莫干山路萍水路站点及益乐路萍水路站点。

地铁的开通促进了沿线用地功能的有机更新,进而影响了整个拱墅区的用地功能结构。地铁的开通,促进了用地功能结构的有机更新,提升原有市场的功能,发展公共服务功能,打造公共服务核心,适当增加公共服务和商业服务设施;促进站点周边的居住功能优化与改造;结合轨诮交通站点开发地下空间,以商业、公共停车为主。

地铁 5 号线的东西走向连通了拱墅区的东西向发展轴,使拱墅区与东边的下沙高教园区和西边的浙大紫金港校区联系更为紧密,为区内各高科技产业的良好发展提供了保障。

### 7.4.7 用地布局的片区分化结构明显,空间布局组织程度较低

根据道路和自然界线以及现状条件的划分,拱墅区现状空间结构可分为三大片(见图 7-10)。[94]

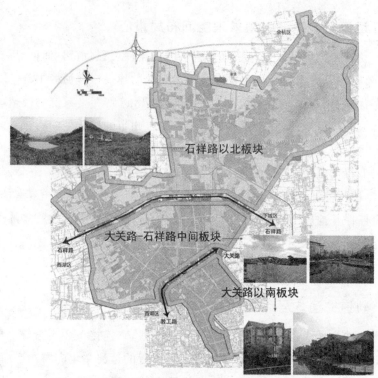

图 7-10　拱墅区三大片区域分布(引自参考文献[94])

(注:中片和南片即为上述所称的南部)

(1)北片——石祥路以北,包括祥符、北站、半山和康桥区块

北片板块以仓储和工业为主,城市型居住区极少,多为村居,并有不少农业用地。整体发展还呈现城郊结合部特征,基础设施严重滞后,成为发展的瓶颈。宣杭铁路线穿越境内,铁路北站分割区内东面空间,给发展带来了不良的影响。在未来的一段时间内,半山重工业基地无法有所调整,限制了半山景区的发展和周边房地产的开发。

(2)中片——石祥路、大关路中间板块

中片板块包括了文教区、拱宸桥区块、汽车城区块以及庆隆、华丰、和睦片区。该板块在城市形态上处于市郊向中心城区过渡的状态。近年来大量工业用地外迁,居住和商业功能发展较快。此外,该板块还存在尚未完成改造的城中村。近三年来对于该板块的治理,对于原先存在的占地过大,布局散乱,土地资源浪费和对周边环境的污染的现象得到了一定改善,城市面貌日趋焕新。

（3）南片——大关路以南板块

南片板块包括了米市巷、湖墅和大关片区。该板块基本完成了旧城改造,呈现出成熟的城市形态特征,功能以居住和商业为主,集中了拱墅区的主要公共设施,人口密度较大。板块内绝大部分工业已经迁出,余下的工业用地也已经停止使用或规模较小。该板块和杭州市中央城区比邻,受到市中心的辐射,整体发展较好。

从明显的地域分块就可以发现拱墅区在空间发展上一直存在着一些问题,主要有以下几方面。

1)中心不发育

拱墅区具有中心特征的地块较多,但和杭州市的另外八个区相比,拱墅区缺乏较有规模的中心区块,并未形成在市内具有一定影响力的分中心。区级中心很不明确,缺少有吸引力的公共空间。

这些具有中心特征的地块呈组团式发展,主要分布于石祥路以南,有区政府地块、湖墅南地块、信义坊地块、大关商业区和近年来发展较快的汽车城地块。石祥路以北具有潜在区域中心的地块位于半山杭钢居住区周边以及康桥地块。纵观这几个中心点,很难找到连贯的空间通道联系,而各个区块的功能也基本是小而全形式,缺乏在功能上的关联和互补。这类情况不利于资源和土地的高效利用,也造成了整个区内的各项功能没有明确的区位感,而各个区块用地也缺乏定位,发展无序。

2)产业空间缺乏规划组织

产业在空间上的分布分散,产业发展的空间协作性较差,产业发展的"空间集聚效应"阶段尚未完成。石祥路一线和汽车城地块,已经形成了汽车商贸的规模产业,但缺乏有机组织,分布太散,过于凌乱,对交通和城市景观都造成了负面影响。

3)旧城改造和城市外扩同时进行,南北差异较大

石祥路以南的拱宸桥和湖墅地区的旧城改造基本完成,建成了不少新型居住区,但整体来讲,品质和全市其他区位条件类似地区的居住区相比还有所欠缺。

石祥路以北由于还存在大量农居和部分农业用地,占地多,分布散,并且许多地点和工业用地混杂,生活污水直排河道,对河网密度较高的拱墅区来说,污染很大。该地段处于城市向外的过渡区域,要完成城市型区域的外扩,任务还很艰巨。

## 7.5  杭州城市发展布局战略新视点:振兴城北

### 7.5.1  "振兴城北"战略

根据长三角区域一体化发展和杭州都市圈建设的需要,顺应杭州主城区空间布局发展的趋势,优化杭州区域发展布局,将振兴城北地区作为下一阶段杭州城市发展的重要战略。

振兴城北战略的地域范围以拱墅区为核心,联动余杭区的相邻区域,辐射嘉兴、湖州的紧邻市县。

**战略内涵**:以拱墅区的功能发展和区域开发为立足点,建设城北中心城区,协调余杭相邻地区发展,并以余杭区为桥梁,接纳嘉兴市和湖州市邻近区域接轨杭州发展,融入长三角,建设都市圈。

### 7.5.2  城北区域的战略定位

(1) 统筹区域城乡协调发展实验区

利用拱墅区地处城郊城乡结合部和外围市县接壤地带的地理位置特点,将其作为贯彻实施统筹区域城乡协调发展战略的实验区,使城北地区成为新时期科学发展观与和谐社会发展的示范区。

(2) 杭州主城第三中心和中心城区

在拱墅区形成与"湖滨—武林中心"和"钱江新城中心"并列的"城北(运河)中心",成为杭州主城区"第三中心"。该中心由运河 CBD、拱宸桥历史文化商贸区和运河新城组成。中心除商贸功能集聚外,主要突出运河历史文化特色功能和新兴现代商务功能。同时,以拱墅区为核心,形成以运河文化带为轴心,商贸发达、都市工业兴旺、人居环境优美的宜居宜业新城区,成为杭州主城三大发展片区之一。

(3) 运河文化旅游区和文化创意产业区

拱墅区要依托现有的旅游资源与产业,在未来重点发展包括会展、休闲、商贸、文化及其他社会资源中能与旅游互动部分的旅游产业集群,重点完善、提升和发展观光游览业、会展商务业及休闲度假业。依托运河综合整治与保护工程建设、运河天地公园建设、河道整治及浓厚的运河文化底蕴,开通运河至西湖水上航线,发展运河旅游业与文化创意产业旅游业,并在运河沿线规划、建造一批星级宾馆、酒店,形成集吃、住、游、玩、购物一条龙服务的服务业态。

拱墅区是杭州市文化创意产业的发源地,通过几年的培育打造,区内文化创意产业已形成以运河天地文化创意园为龙头的"一园八区"格局,汇聚了400多家文创企业,涉及工业设计、室内装饰设计、广告策划、服装设计、环境艺术设计、商业摄影等多个创意领域,并以20%以上的年增长率快速上升,成为该区现代服务业的新增长极。省内首家文化创意产业园区LOFT49经过几年的培育和发展,目前已形成以园带园、以点带面的良性发展格局。

(4)高新技术产业和都市工业集聚区

拱墅区正好位于大江东新城和城西科创园之间,西联东拓连接两大智力中心,绕城公路将这三片地区串联在一起。目前拱墅区内已有被授予"中国电子商务创新科技园区"称号的北部软件园,园区建设3年来累计引进软件、网络、电子商务、动漫游戏、服务外包、文化创意类各类科技型企业500余家,未来将按照"产业集聚、要素集约、功能集成"的要求,实施东、中、西片梯度推进,优化产业布局,加快提升步伐。

《拱墅区发展战略规划》提出要实施运河综合保护与整治二期、大关地区综合开发、拱宸桥地区旧城改造、半山地区整治及田园区块综合开发、桃源区块综合开发、塘河地区综合改造、危旧房和"城中村"改造、工业搬迁地块开发、城市基础设施建设、环境综合整治等"十大工程",将形成2.67平方千米的置换土地,20平方千米的旧城改造和整体更新,以及12平方千米的运河土地。这些城区内的地块部分可改造为都市工业集聚区。都市工业是一种与传统工业相联系的轻型的、微型的、环保的和低耗的新型工业,是指以大都市特有的信息流、物流、人才流、资金流和技术流等社会资源为依托,以产品设计、技术开发、加工制造、营销管理和技术服务为主体,以工业园区、工业小区、商用楼宇为活动载体,适宜在都市繁华地段和中心区域内生存和发展,增值快、就业广、适应强,有税收、有环保、有形象的现代工业体系。拱墅区应以工业功能区为载体,以结构调整为主线,以增强自主创新能力为突破口,以信息化带动工业化,培育发展科技含量高、自主创新能力强、市场前景佳、经济效益好、资源消耗低、环境污染少的主导都市产业,涵盖衣、食、住、行、用五大领域。

图7-11为拱墅区城市更新及置换地块示意图。

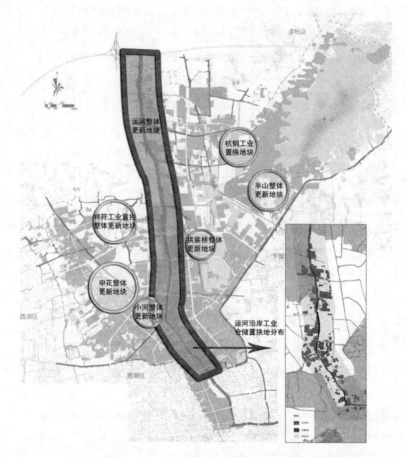

图 7 - 11　拱墅区城市更新及置换地块

（5）商贸和物流业集聚区

　　城市总规中将城北地区的主体功能定位为工业、仓储物流区。发展城市工业及现代仓储物流业及配套的服务、商贸产业是拱墅区的重要职能。

　　杭州铁路北站是杭州市最大的铁路货运服务窗口，承担着铁路沪杭、宣杭、浙赣、萧甬等线各方向运输的重任。根据《杭州枢纽总图规划》和《杭州总规》，铁路北站新货场被定位为集装箱、笨重、怕湿货物货场，设计规模 900 万吨运量，占地 1000 多亩，是浙江省地区最大的货运枢纽之一。从铁路北站至规划的永宁路将形成集装箱、整车、零担货运中心。以铁路为界还将形成南北两个综合功能区，其中铁路北站以南区块为仓储、轴承工业及农居安置为主的综合区，铁路北站以北区块为仓储、工业及居住为主的综合区。

　　综合性铁路北站货运中心的规划设置，有助于具有工业基地和专业市场基础的拱墅区发挥一己之长,发展现代物流业,即具有国际标准的、先进功能高效率的、大规模的仓储、集散、配送物流服务业。根据《杭州市物流业调整和振兴三年行动计划(2009—2011年)》,多层复合的"五园十心多点"物流节点当中拱墅区占有半山物流中心、石大路物流中心、康桥物流中心等3个中心。其中半山物流中心要对现有货场进行改造提升,适度扩大用地和产业规模,接纳石大路货运市场部分物流功能的转移,建成以集散为主、具有城市配送功能的区域性物流中心。石大路物流中心的功能是转移现有的货物集散物流功能到周边的物流中心或物流园区,增强城市配送和城市快递功能,建设公路型快递园区,搭建区域性物流公共信息平台,培育信息服务、物流总策划和总承包等高端物流服务业,建成具有物流信息、高端服务和城市配送功能的综合型物流中心。康桥物流中心需要对现有的港口码头货场提升改造,满足杭州市区对农副产品、粮食、汽车、钢材和建材等生产生活物资的运输需求,建成具有港口作业、商贸流通和城市配送功能的综合性物流中心。

未来拱墅区要发展多式联运、集装箱、特种货物、厢式货车运输以及重点物资的散装运输等现代运输方式,加强两种以上交通运输方式相联合的中转设施和转运设施建设,积极发展水、铁、公等多式联运。第一是要积极发展江河海联运与转运,整合运河、钱塘江、外围海域的港口等资源,加强和创新各港口合作,大力发展河、江、海联运。第二要积极发展内陆港铁联运与转运,以运河港区为重点,开展各港口与干线铁路的专用线建设,积极发展内陆港铁联运。第三要积极发展高速公铁联运与转运。依托高速公路和干线公路网络建设契机,以公路运输枢纽为重点,加强与干线铁路和铁路站场的紧密衔接,构建公路与铁路的集疏运网络。

以石祥路汽车贸易街区为代表的"汽车拱墅"品牌经过多年经营已经树立,汽车贸易业已成为拱墅区的重要支柱产业之一。今后的发展重点是加强石祥路汽车贸易街区的转型升级,推进汽车销售、维修、装潢、配件、展示一体化,进一步提升街区的集聚辐射效应,强化区域经济发展"增长极"的优势。通过整合资源、营造环境、优化服务、提升内涵,不断扩大"汽车拱墅"商圈,带动关联产业发展,建立可持续盈利的发展模式。

拱墅区内正在打造和培育的商贸集聚区包括:湖墅路商贸服务业集聚区、银泰高档购物集聚区、胜利河大兜路美食集聚区、上塘专业市场集聚区、蓝孔雀商务商贸集聚区和铁路北站物流商贸集聚区。

### 7.5.3 "振兴城北"战略空间布局

以重点开发空间、保护空间和协调发展空间为载体,构筑城北区域发展布局体系(见图7-12)。

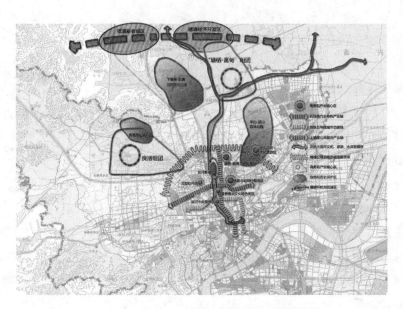

图7-12 城北重要战略空间布局(附彩图)

(1)京杭大运河文化、旅游、水岸发展带

以运河申遗为契机,以拱墅区和余杭区运河段开发与保护工程为引擎,发掘运河文化特色优势,有机更新城乡历史空间,推进文化事业建设,开发创意和旅游休闲产业。以此为依托,开发滨水住宅和商务地产,打造国际著名的运河滨水发展带。

(2)商务和产业核心区

布局若干产业功能集聚区,承载城北经济和城区振兴职责。根据相关规划和已有基础,建设以运河中央商务区、运河新城、北部软件园、铁路北站现代物流区、拱宸桥商业文化特色街区、半山历史文化旅游区、康桥—崇贤工业发展区等为重点的产业功能集聚区。

(3)良渚组团和"塘栖—雷甸"组团

良渚组团和塘栖组团是杭州城市总体规划制订的六大组团之二。组团建设是杭州"十二五"时期城市建设的重点,要及时抓住这一时机,充分发挥良渚文化魅力,着力建设良渚组团。同时,在塘栖组团基础上,根据区域协调发展新思路,加强与德清雷甸片区的合作发展,形成塘栖—雷甸新组团。

（4）绕城公路沿线协调发展带

绕城公路北线是城北地区对外联系的主要通道,同时也是城市东西向的主要联系线,它为城北地区带来便捷的交通同时,也成为城北地区间联系的纽带。应发挥绕城公路的纽带作用,开发利用周边地区,并基于其边界和空间隔离的特质,合理安排沿线用地的开发和保护,并协调不同行政区的发展规划。

（5）自然和历史保护区

城北地区地处城市边界,是城市建成区连接郊野和乡村腹地的前沿,城市总体规划布局了城市北部生态带。为此,应高度重视城北地区的生态空间功能。重点保护好"下渚湖—东塘湿地",打造郊野湿地公园。保护和建设"半山—超山"森林公园和良渚遗址保护区。

（6）主要城市功能轴

在拱墅区,重点建设若干主要的城市功能集聚区,特别是重点发展上塘路沿线的公共服务产业轴、沿石祥路的汽车特色产业轴和地铁5号线沿线的城市功能集聚轴。

（7）德清环杭州发展区

德清县围绕杭州市区外围,在接轨杭州战略的指引下,县域空间布局沿杭州展开。一方面德清是杭州市区产业转移的重要承接地,另一方面德清是杭州大都市的田园腹地。因此,要协调好杭州城市核心区的发展需要与德清县发展经济的诉求,将德清的发展布局与杭州市区的规划统筹考虑。

# 7.6 实施"振兴城北"战略的重大措施

以绕城高速与对外通道网络、运河沿线开发、工业政策、土地政策等区位优势条件,发掘城北区域的发动机功能要素,实施以下重要核心工程。

（1）拱墅、余杭、嘉湖联动发展工程

以拱墅中心为依托,以环绕城公路北线区域为重点,连接拱墅、余杭和桐乡、德清、安吉等县市,打造杭州大城北发展区。

（2）运河申遗综合开发工程

以大运河申遗为契机,以历史文化拾遗为手段,以发展文化旅游、城郊田园休闲为依托,打造大运河文化带,使其成为独一无二的"运河珍珠项链"。

(3) 交通连接工程

以绕城公路为连接纽带,以杭宁、申嘉杭、国省道等五条对外通道为基础,规划轻轨铁路,近期完善快速公交线路,梳理高速公路,打造杭州最便利交通区域。

(4) 拱墅区工业转型工程

根据城北(拱墅)区产业发展新的定位,加快制订详细的工业搬迁、用地置换计划,建设现代化新城北。

# 8

宁波北仑区产业发展与空间
布局战略研究

## 8.1 背景和目标

### 8.1.1 发展背景

（1）全球发展背景：全球化与航运中心的转移

进入 21 世纪以来，在全球化趋势之下，国际化和地区经济一体化开始成为我国区域发展的重要特征，地区经济联系和产业交往由此不断加强，产业要素的地区转移变得更为活跃，区域分工、国际分工越来越明显。受全球经济一体化的影响，未来港口的功能将逐步纳入全球性资源配置体系之中，区域战略性港口将成为影响地区发展的关键因素，其功能也将在货物中转和产品分配等传统港口功能的基础上形成新的港口功能，不断刺激地区的发展。

同时，全球集装箱港口中心正在向亚洲特别是亚洲太平洋沿岸转移。随着中国产业经济的发展，国际商品、资本、生产要素向中国转移的速度日益加快，中国成为国际航运中心的态势非常明显。

（2）产业发展背景：海洋经济地位的迅速提升

21 世纪是海洋经济发展的新世纪，海洋经济正在成为全球经济新的增长点。海洋交通运输业、海洋石油工业、现代海洋渔业和滨海旅游业已成为世界四大海洋支柱产业，新型海洋产业也处于不断壮大之中。

我国是海洋大国,拥有 300 多万平方千米的管辖海域,海洋经济一直维持着年均两位数的快速增长水平。浙江省作为"陆域小省,海洋大省",先后公布了《浙江海洋经济强省建设规划纲要》《浙江省沿海港口布局规划》,提出了"发展海洋经济、建设海上浙江"的重要发展目标,不断提高海洋经济综合竞争力和可持续发展能力,努力走出一条陆海相互联动、具有浙江特色的海洋经济发展之路。

(3)区域发展背景:地区联动合作的快速展开

为了加快地区发展和提高地区综合竞争力,促进地区联动合作已经成为不可或缺的区域对策。针对浙江沿海各地区的发展态势,浙江省于 2003 年明确提出整合宁波港与舟山港两港资源、加快两港一体化建设的战略思路,将宁波、舟山两港深水岸线作为一个整体,统筹规划各段深水岸线的泊位功能、吨级、能力,进一步优化宁波—舟山港域的港口功能结构和总体布局,以期真正做到港口深水岸线资源的科学合理开发利用,并将促使北仑从原有的大陆尽端区位演变成甬舟港发展的枢纽与节点区位。

(4)地区发展背景:新形势下的诉求

北仑港区岸线的 43% 已经开发利用,产业、基础设施和城市空间开发已呈渐趋饱和状态,建设空间占据适宜建设用地的面积已达 75%,可供开发建设的土地资源极其有限。因此,支撑粗放式发展的资源环境条件已经一去不返。与此同时,北仑区的发展目标也已经从较为单一的港口功能目标,转向现代化综合性的港口城市目标,经济转型迫在眉睫。因此,需要根据经济和城市发展的阶段性特征,构思新一轮产业和城市发展的战略思路,因地制宜、因势利导,制订睿智的发展战略,正确定位、适宜的产业和城市发展思路。

## 8.1.2 战略目标

(1)认清内外条件,制订产业发展战略

二十多年以来,北仑区之所以从滨海小镇发展成为初具规模的港口城市,其根基是港口,是临港工业。港口及因港而兴的产业,仍然是今后北仑区发展的依托。但是,迄今港口资源数量开发已近尾声,临港工业发展依赖的用地资源已趋紧张,国内外产业发展环境日益深入影响北仑的产业发展。因此,审时度势认清产业发展形势,构筑新一轮的产业发展思路,对北仑来说已是迫切的现实课题。

(2)优化产业布局,提升产业空间,协调产业与城市发展

港口是北仑区产业兴起的依托,用地空间是北仑区产业发展的保障。当北仑区已经进入土地资源强约束阶段之时,高效地利用土地资源亦已成为产业进一步发展的决定性因素。同时,北仑区已经面临从"区"(经济技术开发区、港口开发区)向"城"(综合性港口城市)转变的转折时期,适宜的产业选择和合理的产业空间布局,是港口、产业和城市多目标协调发展的基础。

(3)寻求长远发展的保障与近期建设的路径

空间(用地)是发展的根本保障,在经历了资源和土地依存的粗放式经济发展模式之后,对港口、土地等资源的开发利用必须加强长远的战略考量,需要为长远发展的不确定性和不能预见的发展机遇,安排好战略性储备空间——港口岸线和较大规模的用地。同时,要以下一阶段北仑区产业发展的可行途径为依据,谋划空间开发利用和优化调整的对策,提出切实可行的建设实施途径。

## 8.1.3 研究思路

以资源环境条件,即区位、港口、土地资源的分析为基础,以国际国内经济发展形势和产业分工趋势为背景,优化北仑产业发展定位,制订新一轮产业发展战略。尊重生态和城市人居环境,探索产业、环境、城市协调共生的北仑空间开发利用策略。以面向土地配置的开发规划为手段,从全区域布局和建设时序安排、主要产业空间布局和用地综合整理三个层面,制订产业布局优化规划措施。

研究的核心问题:①发展定位:产业与城市定位;②产业规划:构建现代产业体系;③空间布局:空间格局、产业功能区和用地优化调整。

# 8.2 现状与问题

## 8.2.1 以临港大工业为支柱,传统产业亦具一定优势

北仑区利用得天独厚的港口优势,大力发展重化工业,已初步形成了全省重大项目规模最大、企业最为密集、产业配套较为完善的临港产业集群。钢铁、石化、造纸、造船、汽车、能源等六大临港支柱产业地位基本确立。2008 年临港产业产值总量达到 692.7 亿元,占规模以上工业产值的 55.4%,同比增长 23.9%(见表 8-1)。

表 8-1　北仑临港工业历年发展情况

| 年份 | 规模以上企业工业总产值/亿元 | 六大临港工业总产值/亿元 | 临港工业占规模以上企业产值的比例/% | 同比增长/% |
| --- | --- | --- | --- | --- |
| 2006 | 801.1 | 428.2 | 53.5 | — |
| 2007 | 1083.7 | 559 | 51.6 | 30.8 |
| 2008 | 1250.7 | 692.7 | 55.4 | 23.9 |
| 2009 上半年 | 517.54 | 300.95 | 58.2 | |

资料来源:《北仑统计年鉴》(2007—2009 年版)以及北仑统计局网页相关数据整理。

同时,塑机工业、模具工业、纺织服装制造和文具制造业等传统优势产业是北仑区经济发展的重要基础,产值规模较大,具有明显优势,已经形成以骨干企业为龙头的全国性或区域性生产基地与企业集群。

## 8.2.2　高(新)技术产业初具规模,以港口物流业为重心的服务业加快发展

高(新)技术产业作为战略先导产业,是北仑区工业的重要组成部分,也是北仑未来产业升级的重要发展方向。北仑区已逐渐形成具有一定规模和竞争力的以精密仪器、电子信息、生物医药、新材料为主的高技术产业群。2007 年,北仑区的高(新)技术产业实现总产值 345.5 亿元,增加值 58.4 亿元,分别占规模以上工业总产值和增加值的 32.0% 和 28.3%。高(新)技术产业出口交货值占总产值的比重为 16.2%。

北仑区充分发挥港口在运输物流中大进大出的特点,初步形成了水运、铁路、公路等多种运输方式密切配合的综合运输物流网络。2008 年,物流业实现增加值 54.1 亿元,同比增长 13.1%,物流业增加值占服务业增加值的比重提高到三分之一(见表 8-2)。但目前北仑区港口物流业尚处于以运输功能为主导的发展阶段,港口的业务仍以传统装卸储运为主,物流企业主要集中于传统的同质化的服务。

## 8.2.3　产业临港布局,港航和工业占据主要空间

北仑区的产业主要是临港型产业,因此其布局以港口为依托,形成了"依托港口的重化工业、港口航运与加工贸易区、港口航运与物流园区"三种主要的产业布局形式。

表 8-2　北仑区港口物流业历年发展情况

| 年　份 | 增加值/亿元 | 增长速度/% | 占服务业增加值比重/% | 占 GDP 比重/% |
|---|---|---|---|---|
| 2004 年 | 24.9 | 33.1 | 28.9 | 10.6 |
| 2005 年 | 35.5 | 42.6 | 35.2 | 12.9 |
| 2006 年 | 40.5 | 14.1 | 34.3 | 12.8 |
| 2007 年 | 47.9 | 18.3 | 33.3 | 12.7 |
| 2008 年 | 54.1 | 12.9 | 32.6 | 12.8 |

资料来源:《北仑统计年鉴》(2005—2009 年版)。

北仑的港航用地占据大部分沿海岸线,且主要分布在沿北部岸线的临港带状区域;第二产业用地比重大,形成以"青峙工业区—联合开发区"、"江南出口加工贸易区—小港工业城"、"宁波保税区西区—大港工业城—出口加工区—北仑科技园区"、"宁波保税区东区—小山工业区—宁钢—石化区"四大片区为主,其余分布较为分散的"四片多点"分布格局。

为生产、生活服务的第三产业比重较小,生产性服务业呈分散状间杂在各片区的园区内,生活性服务业集中分布在城区内的核心地段以及居住区块。

## 8.3　产业发展与布局存在的问题

### 8.3.1　临港工业规模效益不明显,进一步发展面临两难

临港产业具有很强的规模经济效应和集聚分布特点,但北仑区现有的石化、钢铁和汽车等临港产业的区位商指数并不高,港口优势对临港工业的支撑作用发挥不充分,临港工业的规模效应不明显。

与此同时,北仑区进一步发展临港工业又面临着两难选择,即从空间经济活动追求规模效益的内在规律看,客观上要求北仑区必须进一步扩大石化、钢铁、船舶等临港工业的生产规模,扩大宁钢的产能,进一步发展大乙烯项目等。但是,临港重化工业的产能扩张,不仅增加生态建设和环境保护的压力,与北仑区建设宜居城市的目标存在一定的矛盾,而且与北仑目前用地储备紧张、临港工业用地成本-效益不理想的经济约束日益凸显的状况存在矛盾。

### 8.3.2　产业有"群"无链,有待整合发展

依托于北仑港的港口资源优势,北仑区已初步建立了较为完备的产业体系,同一产业的企业集聚形成的产业集群发展已比较明显。但是,不同产业之间的

联系不紧密,配套协作不充分,存在着明显的有"群"无链状况,降低了产业的抗风险能力,不利于北仑区产业的平稳发展,有待于根据产业发展规律和趋势作进一步的整合。

### 8.3.3 城市功能尚不完善,生产性服务业发展面临困难

生产性服务业的发展在开发区环境中自身难以实现,客观上要求北仑区进一步完善城市功能,实现从"区"向"城"的战略转变。但是从北仑城区目前的情况看,城市功能尚不完善,不仅缺少金融、保险、贸易、中介服务等服务机构,而且城市生活环境欠佳,城市功能空间布局松散。这使北仑区在大力发展生产性服务业的过程中缺少城市环境的支撑,不利于生产性服务业的发展。

### 8.3.4 大型临港产业规模化、集群化、隔离式布局不足

北仑区临港产业的空间布局相对集中,形成了以青峙—联合片和中片区北部沿海为主体的临港产业布局空间。但是根据临港产业规模化、集群化布局的要求,北仑区尚未形成"大产业大集中"的综合体化临港产业集聚区,其规模和预留空间不能适应潜在的发展需要。

同时,大型临港产业没有形成比较完整的隔离式产业区布局,不利于港口城市空间组织的优化和城区环境的改善。

工业项目"遍地开花",大企业大区块布局与小企业零星布局并存,较难形成按专业化、集群化要求的布局形式,从而造成土地粗放利用、零星用地较多(见图8-1)。

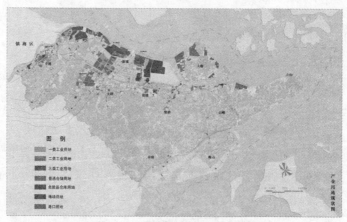

图8-1 北仑区现状工业分布(附彩图)

### 8.3.5 "园区"和"大项目"单元化布局,建设空间整体组织程度不高

北仑区产业布局以项目引进和政策性园区建设为主导,形成了经济技术开发区、保税区、出口加工区和多种园区的布局结构。据不完全统计,北仑区有各种开发区、园区、港区 20 多个。因此,港区、开发区以及大项目已经成为北仑区产业和城市空间布局的标志性特征。

开发区(园区)模式造成北仑区建设行政主体多元,各主体画地为牢,自我配套,使建设空间相互隔离,产业小而全,服务设施分散,空间开发单元多,规模不大,空间跳跃,使人口与商务功能的空间集聚度低,消费服务业发展不起来,城区氛围较难形成。同时,各开发区、园区缺乏整体的战略协调,形成区内竞争(见图 8-2)。

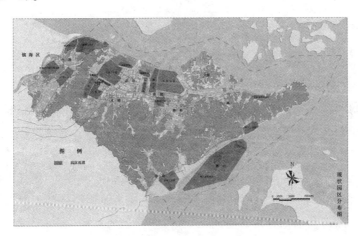

图 8-2 北仑区产业园区分布(附彩图)

### 8.3.6 土地资源紧缺与土地粗放利用并存

土地资源是港口城市功能发展的关键性因素。一方面,北仑区的发展面临着临港大工业用地的大规模需求与土地后备资源紧缺之间的矛盾,产业发展和结构升级步伐受掣。另一方面,土地粗放利用、土地利用效益低、生态环境以及经济成本上升的现象较为明显。从地均产出来看,其单位土地 GDP 产值还较低。因此,在北仑区的快速发展过程中,对产业发展与土地资源可持续利用之间的互动关系还有待深入研究,空间开发建设的整体有序推进思路还有待进一步明确。

### 8.3.7 港-城冲突明显,城市宜居性较差

北仑区的海岸线基本上为大型港口航运和临港石化、钢铁等工业所占据,生活性城区后退在临港产业后方,城市的滨海性较差,滨海城市形象欠缺。同时,生活空间被产业空间包围、挤压,景观与环境受重化工业和疏港交通干扰严重。

## 8.4 国内外港口城市产业发展和空间布局经验

北仑区因港而兴,其产业发展过程与趋势、岸线后方陆域产业布局等必然遵循港口城市发展的一般规律。因此,总结国内外港口城市产业发展的基本规律对于北仑区产业发展规划具有重要的借鉴意义。

### 8.4.1 国外港口城市产业发展的主要趋势

从世界港口城市产业发展的特征看,以下四个方面的趋势值得北仑区关注。

(1)随着港口功能演进,港口城市的产业结构逐步升级

当港口仅仅作为交通枢纽时,港口只是进行货物的简单装卸,需要所在地区提供的也主要是一些简单的配套服务,因此,港口对当地的产业发展不会产生根本性的影响。与此相对应,港口所在地区一般是"一、二、三"的产业结构。随着港口功能向第二代港口演进,港口位置逐步向河口和海岸移动,依托于海港的深水岸线,临港大工业开始发展,港口后方陆域以加工业为特色的工业区开始建立起来。由于经济活动的特定区位指向,以及产业集聚效益的内在冲动,相关的产业会进一步向港口周边地区集聚,港口所在地区的工业化进程被迅速推动,港口城市第二产业的产值比重不断升高。当港口进入第三代时,港口的商贸和现代物流功能开始凸显出来,港口城市的物流业逐步发展,带动了港口城市现代服务业的发展,第三产业的产值不断上升,港口城市的产业结构向"三、二、一"转变。

世界港口城市产业结构的变动大抵如此。对于北仑区而言,由于北仑港未来将是我国率先迈进第四代港口行列的港口之一,港口功能趋于多元化,不仅仍将保持货物运输和中转的基本功能,而且现代物流功能进一步增强。因此,北仑应高度重视港口现代物流业对产业结构升级的影响,以培育现代物流业为突破口,带动第三产业的发展,逐步实现产业的转型和升级。

(2)从世界主要港口城市的产业构成看,临港大工业仍占据重要地位

港口城市产业结构变动的总体趋势是随着第三产业的兴起,第二产业的产

值比重趋于下降,但这并不意味着港口城市抛弃临港大工业。相反,从全球一些重要的港口城市看,临港大工业仍然是这些城市重要的产业部门。[95]不论是欧洲的安特卫普、鹿特丹,还是美洲的休斯敦、纽约,乃至亚洲的新加坡、釜山等,这些著名的港口城市仍保留着较为强大的临港大工业,[96]有的城市仍是全球或者区域性的石化、钢铁、造船等工业中心(见表8-3和图8-3)。

上述经验表明,港口城市产业转型并一定要同时抛弃临港大工业。对北仑区而言,在产业转型发展的城市环境尚未成熟的背景下,如果轻易放弃临港大工业,可能会导致第三产业难以发展壮大,而第二产业的优势又不复存在的尴尬境地。因此,北仑区应充分利用拥有深水港口的本底优势,抓住中国工业化、城镇化强劲支撑重化工产业发展的有利时机,选择适合的临港大工业,并真正将其做大、做强、做优。

表 8-3　世界著名港口城市产业现状概况(引自参考文献[97])

| 序号 | 城市名称 | 港口名称 | 产业概况 |
|---|---|---|---|
| 1 | 休斯敦 | 休斯敦港 | 休斯敦正在由全国的石油开采、加工中心向大都市转变,但石化工业仍是其重要工业部门,目前休斯敦的乙烯产量为 1252 万吨/年,丙烯产量为 494 万吨/年,丁二烯产量为 109 万吨/年,都占全国的一半以上。其他化工原材料如苯、二甲苯、聚丙烯等的产量均占全国的 1/4 以上 |
| 2 | 鹿特丹 | 鹿特丹港 | 鹿特丹是世界三大炼油中心之一,在新水道沿岸发展起炼油、石油化工、船舶修造、港口机械、食品等工业,其中石化工业是重点发展的产业,由于临港工业的带动,近年来金融、贸易、保险、信息、代理和咨询等服务业的发展迅速,鹿特丹同时也是欧洲最重要的农产品贸易中心,农产品加工业较为发达 |
| 3 | 安特卫普 | 安特卫普港 | 安特卫普市是比利时第二大经济中心,有众多的商业机构、贸易公司、银行和保险公司等。重要的工业部门包括造船、机械、汽车、电子、有色冶金、炼油、石油化工、纺织和食品加工等 |
| 4 | 热那亚 | 热那亚港 | 热那亚是意大利造船工业的中心,全国三分之二的船舶在此建造,石油化工、钢铁、冶金、食品以及机械制造、纺织等也是重要的工业部门。此外,运输及保险业也非常发达 |
| 5 | 新加坡 | 新加坡港 | 新加坡是世界三大炼油中心之一,也是全球重要的造船中心和世界上电脑磁盘和集成电路的主要生产地,形成了以电子电器、炼油和船舶修造为三大支柱的工业产业,石油化工产业以炼油、乙烯及下游石化产品为主体,与此同时,为满足第三方物流发展的需要,新加坡港已在裕廊码头建立了物流中心,培育港口物流链,强化港口与加工业联合发展。通过综合开发,新加坡已经形成了一个轻、重工业合理布局的临港工业区 |

续表

| 序号 | 城市名称 | 港口名称 | 产业概况 |
|---|---|---|---|
| 6 | 洛杉矶 | 洛杉矶港 | 主要产业包括飞机制造业和石油工业,此外汽车制造业、电子仪器、化学、钢铁及印刷等也占重要地位;运输业较发达,旅游业也日益鼎盛 |
| 7 | 迪拜 | 迪拜港 | 迪拜是海湾地区的修船中心,拥有名列前茅的百万吨级的干船坞;主要工业有造船、塑料、炼铝、海水淡化、轧钢及车辆装配等,有年产50万吨的水泥厂。迪拜是波斯湾南岸的商业中心,旅游业也在迅猛发展,其旅馆饭店等旅游设施在中东地区堪称一流 |
| 8 | 釜山 | 釜山港 | 有纺织、汽车轮胎、石油加工、机械、化工、食品、木材加工、水产品加工、造船和汽车等工业,其中机械工业尤为发达,而造船、轮胎生产居韩国首位,水产品的出口在出口贸易中占有重要位置 |
| 9 | 奥克兰 | 奥克兰港 | 以工业为主,主要的工业部门有造船、金属加工、炼油、电动设备、计算机、玻璃、化学、数控机械、儿童食品、汽车和生物制药等。此外,悠久的历史及优美的景色也使其商业、旅游业十分发达 |
| 10 | 西雅图 | 西雅图港 | 航空、航天工业发达,是全世界最大的飞机公司——波音飞机总公司的所在地,主要的工业部门包括钢铁、铝制品、服装、机械、木材加工、造船、罐头食品及汽车装配等 |
| 11 | 纽约 | 纽约港 | 工业发达,尤以服装、印刷及化妆品等部门均居全国首位,其次有机器制造、石油加工、电气、金属制品、食品加工、军火、皮革及重型化工等 |
| 12 | 马赛 | 马赛港 | 以重工业发展为主,主要工业有炼油、纺织、食品、石油化工、造船及机械等,是欧洲第二大化学工业区,港区附近有大型炼油厂、钢铁厂及石油化工企业等;由于景色秀丽、气候宜人,有众多的教堂、博物馆等名胜古迹,马赛同时也是旅游胜地 |

(3)重化工业是世界港口城市深水岸线后方陆域布局的重要产业类型

"深水深用、浅水浅用"是岸线利用的基本原则。由于原料和产品具有"大进大出"的特点,重化工业一般需要依托深水港口。因此,从岸线利用的基本原则看,深水岸线后方陆域布置重化工业企业,是岸线综合利用效益较高的一种形式。[98]国际上一些重要港口城市正式采取了开辟部分深水岸线用于布局重化工产业区的产业布局方式。无论是日本的东京、横滨、大阪、神户,还是韩国的仁川,乃至荷兰的鹿特丹、美国的纽约等,都是如此。图8-3反映的是鹿特丹、纽约和仁川等部分港口城市重化工产业区的布局情况。从中可以看出,有的重化工产业甚至毗邻人口密集的城区。这表明发达国家的港口大城市仍在临港地区布置重化工企业,并通过生态空间隔离和企业的技术改造缓解与城区环境的矛盾。因此,正处于工业化中期且原油和铁矿石等原材料严重依赖进口的中国,应根据需要在具有深水岸线资源的地区发展和布局重化工业。对于北仑区而言,开辟部分深水资源用于布局重化工产业,也是规律使然,而且对中国、浙江省和宁波市的工业化进程具有重要的意义。

鹿特丹石化产业区

仁川港石化产业区

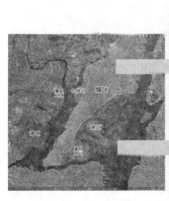 

纽约港石化产业区

图 8-3　国际著名港口产业区

(4)衰退的河港和河口港地区出现完全放弃临港产业、进行产业彻底转型的现象

近些年来,伦敦的码头区(dockland)、阿姆斯特丹的东码头区、巴尔的摩内河港、纽约的 Battery 花园城与南街海港城,以及汉堡港哈尔堡地区和易北河北岸地区等老港区,正在进行彻底的产业转型,完全放弃了港口航运和临港产业。但是,这些产业完全转型的临港地区有一个共同特征,这就是它们属于河港和河口港港区,都是在船舶大型化背景下由于水深条件受限制而逐步衰退的老港区。从某种意义上说,这些地区的产业转型是不得已采取的发展策略。此外,这些已经衰退或正在衰退的老港区之所以能够实施城市复兴计划发展第三产业,实现转型发展,其不容忽视的条件是老港区已经成为大都市的有机组成部分,已经与城市空间融为一体。

北仑港是宁波港由河港向河口港、向海港演进的产物,水深条件完全可以适应未来船舶大型化趋势的要求。因此,北仑区并不存在由于港口衰退而不得不放弃临港产业去重新寻找新的发展机会的压力和迫切需要。北仑区在现有基础上,通过进一步的产业筛选和布局调整,可以进一步优化发展临港产业。北仑区对此应有信心和耐心。

### 8.4.2 港口城市产业空间组织重要特征

(1)世界大型港口、产业综合体的兴起与发展

20 世纪 50 年代以来,以现代大型港口、产业综合体为载体的世界重化工业获得了巨大的发展,欧洲前 5 名大港无一例外全是世界级的港口-重化产业综合体。以鹿特丹港为代表,它是欧洲最大的综合性港口与世界最大的重化工业区。随着太平洋时代的来临,世界经济重心向东北亚转移,与之相伴,东北亚各国与地区相继迈入重化工业发展时期。日本"三湾一海"地区构筑起亚洲最具代表性的世界级沿海港口-重化工业综合体延绵带,被认为是日本经济崛起重要因素之一。[98]

20 世纪 60 年代末开始,许多发展中国家及地区实施外向型经济发展战略,围绕海港设立经济开发区、自由贸易区,产生了港口、贸易加工区综合体,其目的是利用港口设施条件,吸引外资,引进国外先进技术与管理经验,促进港口与当地经济的快速发展,提高国家或地区的国际竞争力。

改革开放以来,我国充分利用沿海港口的优势,实现了外向型经济的蓬勃发

展,也发展起一系列的港口-产业综合体。进入 21 世纪,我国工业结构呈明显的"重化"趋势,沿海地区发展起众多依托大型港口的大型临港工业区。为了巩固沿海主要港口的国际竞争力,近年来相继开辟了多个具有国际贸易增值服务功能与产业功能的保税港区。

因此,大型港口-产业综合体成为国际临港工业布局的主体模式,其中又大体上可分为两大类,即港口与重化产业综合体、港口与贸易加工区综合体。[99]

(2)"大型港口＋贸易加工区"综合体空间布局

港口与贸易加工区的布局形态可大致分紧密型与分离型两类。

1)紧密型布局

加工区紧邻港区布局,两者空间呈一体化布局形态(见图 8-4)。国内外贸易加工区(包括港口自由贸易区、港口物流园区、港口开发区等)的产业特征是商贸、物流与下游加工制造业,其产品的主要目标市场为境外,需要有密集班轮航线服务支持。所以,大型外向型贸易加工区一般以集装箱干线港为依托,以直接布置在集装箱干线港作业区后方为最佳区位。迪拜 Jebel Ali 自由贸易区(见图 8-5)面积 30 平方千米,充分利用依托港口的便利,围绕港区布置,与港区呈空间一体化布局形态,是紧密型港口、贸易加工区综合体的世界级典范。

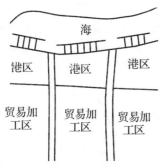

图 8-4　紧密型布局

图 8-5　迪拜自由贸易区与港区紧密布局

此种布局方式既节省运输成本又可以与相关产业企业形成特色产业链。其缺点是随着港区经济的发展,受加工贸易企业的围合,导致港区用地无法扩展。

2)分离型布局

港区与加工区有一段距离,两者空间相对独立。不具备紧密型布局条件的加工区,需要与干线港区有高效、便捷的货运通道连接(见图 8-6)。上海洋山保税港区港口、产业区综合体是分离型布局的一种类型,保税港区以发展国际中转、配送、采购、转口贸易和出口加工等业务为目标,2 平方千米的港区与 6 平方千米的贸易加工区内部一体化管理,通过30千米的东海大桥相连。深圳前海湾物流园区与深圳港西部港区集装箱码头距离2~7千米,未来计划设置内部高架专用通道连接(见图8-7)。

图8-6 分离型布局

图8-7 深圳港区与加工区分离型布

从加工区与城区的空间关系看,根据贸易加工园区内加工产业门类不同,与城区的距离可以不同。对于污染较为严重的贸易加工园区,需在其周边设置一定宽度的防护绿带与城区隔离。污染较轻的贸易加工区则可以与城区接壤,进行一定的绿化修饰与入口设计,使得加工区与城区有机联系起来,成为港口城市一道特殊的风景线。

(3)"大型港口+重化产业区"综合体空间布局

大型重化产业具有明显的运输指向性特征,因此,减少港口与产业区之间的转运环节、缩短运输距离以尽量降低物流成本是大型重化产业布局的重要引导性因素。

国内外大型港口与重化产业综合体的布局实践表明,其空间结构一般呈现紧密型布局特征;但也有部分综合体受资源条件的制约,采取分离型布局。具体来看,其空间结构形式大致分为以下四类。

1)紧密型之一:以项目为单位的独自配套布局

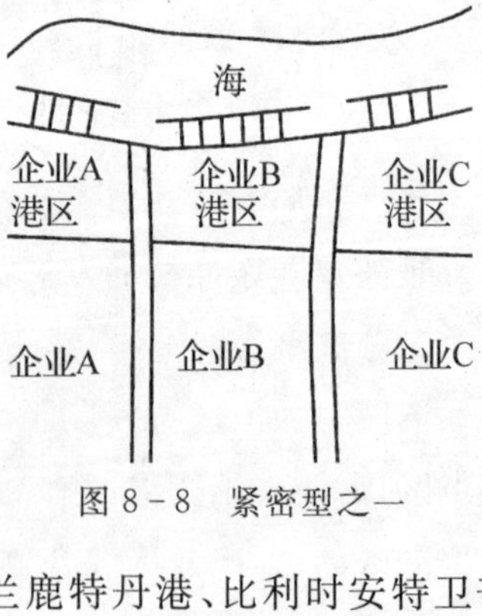

工业区内各厂商分别建设为自身服务的专用码头,厂商完全掌控自己的海上接卸终端设施(见图8-8)。这种模式需要有较丰富的岸线资源支持,适合于带状布局的沿江、沿海岸工业走廊,或者工业区内河网发育、适宜布置挖入式港池的情形。国外大型港口、重化产业综合体(如荷兰鹿特丹港、比利时安特卫普

图8-8 紧密型之一

港的临港工业区以及裕廊工业岛等)普遍采取这种模式。

新加坡裕廊岛化工区经过长达 10 年的填海造地,形成目前约 32 平方千米的用地规模,已有(包括伊斯曼、杜邦、克洛达国际、塞拉尼斯、埃克森美孚、三井化学、旭化成等)72 家石油、石化和特种化学品公司进驻,是全球第三大石油炼制中心和全球十大乙烯生产中心之一,大的石油化工厂商均自设专用化工码头(见图 8-9)。[100]

图 8-9　新加坡裕廊工业岛

此种布局方式以重化工为主,由于具有投资大、资产专用性强、地块占用面积较大的特点,需要临海岸线布置用地,并配置专用码头。其缺点是码头的专属性导致码头共享性、利用率降低,同时占地面积较大,自成体系,与周边的交通运输网络联系较弱,污染较为严重。在港口城市转型时期需要对重化工产业进行生产工艺的提升以及逐步迁移污染严重、效益低下的企业。

2)紧密型之二:按专业功能划分的"专港专区"布局

工业区按专业进行分区,每个专业工业区均配置专业化的配套码头,体现了专业化与区、港密切关联的布局特点(见图 8-10)。台中港是这种模式的代表,37 平方千米的港口工业区设有 17 个工业专区及 3 个自由贸易港区;散货码头与工业专区形成一体化的工业港,集装箱作业区则与物流园区整合,分三阶段发展自由贸易港区(见图 8-11)。法国马赛福斯工业港也属此类。

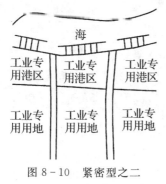

图 8-10　紧密型之二　　　　图 8-11　台中港工业区

此种布局方式的专业化分区形成了特色的产业集群,通过高效的集疏运系统联系各工业区。其缺点是各产业集群之间的关联度若一般,由于专港专区则会降低土地的混合利用率,同时由于地块划分较大,不利于与交通网络的组织,对于港口城市的宜居性营造也有一定的制约作用。

3)紧密型之三:港区与产业区独立设置,相邻布局

为工业区服务的码头统一规划布置成港区,与工业区相互靠近但相对独立。这种布局具有实现港口作为重要基础设施公共性的条件。广州南沙港区与万顷沙工业区、台湾麦寮工业港与麦寮工业区是这种布局模式的典型代表(见图 8-12 和图 8-13)。

图 8-12　台湾麦寮工业区

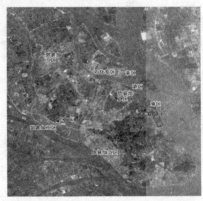

图 8-13　广州南沙港产业空间布局

此种布局方式沿海岸线布置港区用地,并在港区后方设立与其关联度高的海运业、物流等企业。其缺点是由于沿海岸线布置,导致生产性岸线占用比重过大,同时导致道路、基础管网设施等沿海岸线横向布置,造成资源浪费,若长距离横向布置则导致企业间的联系不便。

4)分离型:港区与产业区独立设置,空间分离布局

为工业区服务的码头统一规划布置成港区,与工业区空间上呈分离布局,港区通过物料输送管道将原料运送至工业区。惠州港马鞭洲作业区与大亚湾石化工业区属此类型。

此种布局方式出现在港口城市相对成熟期,通过良好的集疏运系统以及电子信息化物流业支撑港区与产业区的独立设置。其缺点是一些与港区关联度高的企业在与港区分离的状态下无法体现其优势,同时两者的空间分离会导致产业集聚效益的减弱。

(4)"港口＋仓储物流园区"综合体空间布局

港口作业区一般沿海岸线布置。在港口城市相对成熟期,码头作业区以海

为轴的带状特征不断加强,新码头作业区形成分散式组团布局。随着港口城市进入转折期,激烈的竞争使得港口进入了缓慢的发展阶段,港口功能出现多样化,逐步从装卸发展到集装卸、客运、旅游、物流等于一身。

仓储物流布局以码头为核心,布置在港口及联运设施后方及附近,或布置在交通枢纽节点,其主要功能有拆装箱、仓储、再包装、组装、贴标、分拣、测试、报关、集装箱堆存修理以及向欧洲各收货点配送等,发挥港口物流功能,提供一体化服务(见图 8-14)。

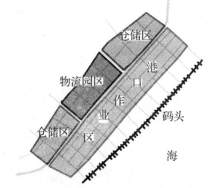

图 8-14 "港口+仓储物流园区"的空间布局形式

综上关于港口城市产业空间布局特征的分析,可以看出港口城市临港产业的空间布局类型有:港口与重化工产业综合体、港口与贸易加工产业综合体、港口与物流产业综合体三大类,它们都与港口有紧密的布局关系。

# 8.5 战略思路

## 8.5.1 战略定位分析

### (1)优势(strength)

1)得天独厚的深水良港优势

深水港口是区域发展的战略资源。在经济全球化的今天,拥有了深水港口就拥有了区域发展的战略引擎。北仑港进港航道一般水深在 30~100 米之间,深水岸线长达 120 千米以上,而且近海水域浪小、不冻、不淤,具有优越的建设深水大港的自然条件。经过近 30 年的开发,北仑港已经成为国内拥有大型和特大型深水泊位最多的港口,是国家重点开发建设的国际深水中转港、集装箱远洋干线港,是宁波—舟山港的核心港区。从北仑港所具备的水深条件看,完全能够适应国际航运业未来船舶大型化的发展趋势。[101]这表明,在相当长的时间内,北仑区产业发展所倚重的深水港口不会因为水深条件的限制而出现衰退的迹象。因此,深水港口将成为北仑区产业发展长期存在的优势本底条件,有利于北仑区相关产业的持续发展。

2）长三角核心区的区位优势

北仑区地处长江三角洲大都市带的南翼,地理区位优越。对内,可以通过高速公路、铁路和水路联系省内宁绍杭、温台地区等直接经济腹地和浙江、江苏、江西以及湖北等间接经济腹地;对外,直接面向东亚及整个环太平洋地区,通过北仑港可以非常便捷地融入国际航运网。这就使得北仑区成为东南沿海地区和长江流域地区与东亚以及美洲、大洋洲联系的一个重要节点,内外辐射非常便捷,经济区位十分优越。因此,得天独厚的区位条件可以使北仑区比其他非临港地区更为容易地获得产业发展所需要的资源、信息乃至资金,有利于北仑区发挥深水港优势,发展现代产业体系。

3）临港产业的基础优势

依托于港口通关便利、节约运输成本等优势,北仑区在邻近港区后方陆域发展起宁波经济技术开发区、宁波保税区、出口加工区、港口物流园区等临港工业区。目前,全区规模以上工业企业已从 2002 年的 271 家增加到 2008 年的 1002 家。2008 年,六大临港产业实现产值 692.9 亿元,增长 23.9%,占全区规模以上工业产值的 55.4%,占宁波市规模以上工业产值的 7.8%。以深水港口为依托,北仑区逐步形成了由石化、钢铁、汽车、能源等六大工业构成的临港产业体系,目前已经成为宁波市和浙江省重要的钢铁、石化和能源工业基地,并已建立了较为完备的产业体系,这将为北仑区产业规模和结构进一步优化升级提供良好基础。

4）国家级开发区的政策集成优势

在北仑区,目前有 4 个国家级开发区,其中宁波经济技术开发区经国务院批准设立,是中国建区最早、面积最大的国家级开发区之一。宁波保税区经国务院批准设立,是中国大陆目前开放度最大、运作机制最活、政策最优的特殊对外开放区域之一。大榭开发区经国务院批准设立,享受国家级经济技术开发区政策;2009 年经国务院批准设立梅山保税港区是全国第五个保税港区。在北仑区不足 600 平方千米的土地上,云集了 4 个国家级的开发区,由此形成的政策资源综合集成与优势互补,将为北仑未来产业发展构筑国内对外开放最完整、最系统、最丰富的政策体系。

（2）劣势（weakness）

1）产业关联程度较低,产业链不发育

北仑区的产业存在着明显的有"群"无链问题,因此,临港大工业的规模效应和关联带动效应不强,根植本地的传统优势产业与临港产业之间的关联度低,产业链高端环节的装备制造业和港航服务业门类少、规模小。产业链的缺失使北仑区发展临港产业的优势不能有效发挥,并降低了产业的抗风险能力,不利于产业的平稳发展,难以形成产业的关联推动效应。同时,北仑区的各类开发区、产业园区各自为政,产业布局分散,规模化、协作配套化布局差,制约着北仑区产业的壮大和产业结构的提升。

2) 产业发展的后备空间资源有限

北仑区陆域面积 599 平方千米,其中适宜产业和城市发展的区域主要集中在小港、新碶和大碶中北部,以及霞浦、柴桥北部、白峰的穿山南北的缓坡地、春晓南部及梅山岛。根据《宁波市北仑区区域空间发展战略规划研究》的相关成果,未来保障生态平衡下的北仑区可建设用地总量为 154.21 平方千米,2005 年,北仑区城市建设用地和村镇建设用地总量已经达到 107.88 平方千米。按照北仑区1998 年至 2005 年平均每年 7.7 平方千米的用地供应量来推算,未来即使可建设用地总量全部被用来满足建设用地需求,也只够保障北仑区 6 年的建设用地需求。因此可以说,产业后续用地紧张是北仑区未来产业发展面临的一个比较严重的问题。

3) 产业转型发展的城市支撑力弱

北仑区是一座典型的因港而兴的城市,建城历史不到 30 年,开发区、工业区的性质决定了其城市功能发育不足,城区生活环境较差。加上依托港口和开发区(园区)"蛙跳"型的城市空间生长,使城市形成片区式、组团式的布局形态,城市集聚度低,功能难以形成规模,即使是城市生活最集中的新碶和小港片区,也未形成紧凑、稳定的城市空间结构,城市功能不完善,而且由于疏港交通分割城市空间带来的城市空间环境较差的问题也比较突出。这些都可以归结为北仑区的城市功能"软实力"不强。随着"软实力"越来越成为城市综合竞争力,北仑逐渐缺少产业转型发展的城市依托环境。

4) 临港大工业与建设宜居城市的矛盾

电力、石化、钢铁等临港企业在生产过程中会产生大量的二氧化硫、工业粉尘等多种污染。当这些企业分布在临近城区的周边地带而又没有有效的生态隔离措施时,将严重影响城市人居环境。北仑区已经建立了由电力、钢铁、石化等产业构成的临港产业体系,这些企业均分布在北仑中心城区周边,特别是宁波钢铁厂距离部分居民区不足 1 千米,而位于宁钢东侧的台塑一期距离城区也不足3 千米。如果在保留的台塑地块继续发展炼油和化工项目,势必对中心城区和周边的街道带来严重的环境问题。因此,如果按照现状的产业空间分布格局或拓展新的空间继续发展临港大工业,将导致北仑区人居环境的进一步劣化。这是北仑区发展产业与打造宜居城市不容回避的矛盾,处理好两者关系是一大挑战。

(3)机遇(opportunity)

1)全球经济一体化带来的战略机遇

经济全球化对中国的影响是双重的,既有正面的影响,也有负面的效应,但总体来看是利大于弊。[102] 从经济全球化与中国港口发展的关系看,经济全球化对我国港口发展的影响主要表现在三个方面:一是国际贸易规模扩大,外向型经济发展,港口吞吐量增加;二是世界发达国家产业向我国沿海沿江地带转移速度加快,我国成为世界制造业的重要基地,矿石、原油、煤炭、化工等原材料和能源运输急速发展,集装箱运输高速增长;三是我国沿海沿江港口被纳入世界物流系统,这对港口的服务效率、服务内涵和服务水平提出更高要求,港口的现代化进程随之加速。经济全球化极大地推动了我国港口的发展,使港口建设进入前所未有的发展阶段。在这种背景下,水深条件和经济区位优越的北仑港后来居上,高速发展。

经济全球化对北仑区产业发展带来的战略机遇主要表现在以下两个方面:一是北仑港将进一步融入全球性资源配置体系之中,北仑区可以更为便捷地获取各种资源要素;二是经济全球化助推北仑港的生产规模和运输规模进一步扩大,港口服务功能呈现出多样化的趋势,有助于北仑区发展壮大港口物流等生产性服务业。可以说,经济全球化将为北仑区产业转型提供难得的战略机遇。

2)中国工业化与城镇化联动推进带来的长期机遇

未来十几年的时间内,我国仍处于工业化和城镇化加速推进的阶段,仍处于以住房和汽车为代表的重工产品以及电子通讯产品的消费周期,住房、汽车等大宗耐用消费品的需求仍比较旺盛。因此,未来十几年内支撑我国钢铁、石化等重化工产业发展的市场需求的拉动力量不会发生根本性逆转,这将为北仑区优化发展临港大工业带来现实机遇:北仑区依托深水港口带来的成本优势、半岛地形优势,利用钢铁、石化等重化工产业具有的长期增长机会,经过技术改造和生态隔离措施,可以进一步优化调整和发展壮大临港产业。

3)国家产业调整振兴规划实施带来的政策机遇

为了积极应对金融危机带来的不利影响,国务院出台了十大产业调整和振兴规划。从与北仑区关系密切的钢铁工业的调整政策看,国家明确要求提高钢铁企业的生产集中度,国内排名前5位钢铁集团产能达到45％以上,力争用3年时间实现国内钢铁业企业的联合重组。在这一背景下,宝钢已经取得了宁波钢铁56.15％的控股权,同时,按照国家淘汰落后产能,提高企业自主创新能力的钢铁产业政策导向,未来宝钢必然会加大对宁钢的投资力度,推动宁钢的产品上档次、生产上规模,这无疑会为北仑区钢铁产业的转型升级提供难得的政策机遇,同时也有助于北仑区钢铁工业与汽车工业、造船工业的横向联合,形成产业集群。而国家《汽车产业调整和振兴规划细则》也明确提出要实施自主品牌战略和汽车产品出口战略,这对于汽车工业已经有一定基础的北仑区来说,无疑是一个利好的消息。因此,2009年以来国家对于汽车、钢铁、船舶、石化、轻工、纺织、有色金属、装备制造、电子信息、物流等重点产业领域所进行的以企业跨地区兼并重组、淘汰落后产能、优化空间布局、产业结构升级等为重点的产业政策调整将为北仑临港工业升级转型以及港口物流业的蓬勃兴起提供难得的政策机遇与发展空间。

4）长三角一体化和港航强省战略实施带来的升级发展机遇

长三角地区是我国最具发展活力和国际竞争力的世界级大城市群,长三角发达的区域腹地为国际枢纽港的发展提供了有力的支撑。国家正致力于积极推动长三角的一体化进程,上海国际航运中心的建设与宁波-舟山港的发展必将共赢共荣,北仑区面临打造国际主枢纽港群南翼中心的机遇。

基于能源小省、经济大省、港航大省的省情,2007年浙江省委省政府作出了加快实施“港航强省”战略的重大决策,为了充分发挥港航资源的整体优势,提出以宁波—舟山港为核心,进一步加快全省港航资源的整合与开发,构建以宁波—舟山港为龙头、温台和浙北港口为两翼的层次分明、结构合理、功能完善、信息畅通、安全高效的沿海港口体系。港航强省战略的实施,使得港口岸线资源的开发利用和临港产业的发展拥有了更优越的政策环境,使在浙江省沿海港口体系中占据举足轻重地位的北仑港迎来了新的重要发展机遇。宁波舟山港的整合发展和杭州湾、象山港、三门湾的系统开发规划,为港区间的分工合作提供了条件,扩展了北仑区港航和临港产业升级发展的腾挪空间,为北仑区新一轮的升级发展提供了新的机遇。

5）梅山岛开发带来的现实机遇

2008年,经国务院批准,梅山保税港区正式成立。保税港区相比于保税区,港口功能和业务范围进一步拓展,具有仓储物流,对外贸易,国际采购、分销和配送,国际中转,检测和售后服务维修,商品展示,研发、加工、制造,港口作业等9项业务功能。因此,梅山保税港区的开发兴建,赋予北仑开放度更高、政策更优惠、功能更齐全的对外开放载体,使北仑在更高层次、更大范围、更宽领域,发挥更大的服务、带动作用,为北仑区在南部片区发展港口航运、港口物流和高端服务业,优化产业结构提供了难得的现实机遇。

（4）挑战（threats）

1）全球化危机效应的挑战

经济的周期性波动是市场经济发展过程中的必然现象。[103]在全球经济一体化背景下,由于外部不稳定因素的冲击和影响而引发的区域性经济危机都有可能演化为世界性的经济危机,任何选择了市场经济的国家和地区都无法避免这种经济周期性波动所带来的影响。

从中国的情况看,总是那些产业外向度较高的地区最先受到经济危机的冲击。2008年席卷全球的金融危机中,产业外向度较高的北仑区就较早受到了明显的影响。由市场经济的本质所决定,这次经济危机不会是最后一次,因此,北仑区如何未雨绸缪,尽可能从结构优化的角度提高产业的抗风险能力,是未来产业发展面临的一大挑战。

2）协调省市产业发展战略与北仑区发展诉求关系的挑战

国际诸多发达国家的实践表明,具有深水岸线资源的临港地区是重化工业密集布局的最佳区位。从浙江省的岸线分布、港口条件和已有工业基础看,北仑区是浙江省发展临港重化工业的理想地带。客观上,北仑港也已经成为我国集装箱运输的"干线港"和进口原油及铁矿石中转基地,北仑区在国家发展战略中承担着发展临港工业的重任,是承载浙江省和宁波市重化工产业的主要地域。

因此,"十一五"以来,浙江省进一步重视对包括北仑在内的临港重化工业的布局和建设。从浙江省工业化中后期经济发展阶段的情况看,"十二五"及更长的一段时间内,发展重化工业仍将是浙江省推进工业化进程,促进产业升级的一项重要任务,而发展重化工业的任务主要落实在北仑区这样的临港地区。与此同时,《宁波市城市总体规划（2004—2020）》对北仑片的职能定位中,也明确提出"东南沿海以大型临港工业和出口加工工业为主的先进制造业基地";《宁波市域总体规划纲要（2006—2020）》对宁波市的功能定位之一是建设全国最重要的能源与化工基地之一,而其布局主要在镇海和北仑。因此,对宁波经济技术开发区（包括江南出口加工贸易区和郭巨片）的重点产业定位中包含"能源、原材料和化工"。2012 年 10 月，宁波市制订的《九大产业调整振兴三年行动计划》中北仑是石化、钢铁产业的重点布局区。

目前北仑区从实施"宜业宜居"战略，建设现代化滨海新城区的需要出发，试图调整岸线利用结构，改变临港产业发展的方向。但是，这样的发展诉求，必然受到省、市产业发展总体意图的约束。因此，如何协调好这一关系，是北仑区调整产业战略面临的一大挑战。

3）周边临港地区争夺临港工业高地带来的挑战

由于临港地区具有发展重化工业的区位优势，[104]因此，近年来我国沿海各地具有深水港口资源的地区都将发展重化工业作为区域产业发展的主要方向。广东省在湛江、茂名以及惠州等石化产业基地的基础上，正通过新建和扩建等方式进一步扩大石化产业的生产规模，预计 2020 年将形成 1 亿吨/年的炼油能力，600 万吨/年的乙烯生产能力，约占全国的 1/4；广西在钦州、防城港等具有深水岸线资源的北部湾临港地区正在进行千万吨炼油和百万吨乙烯项目建设；长三角地区的上海和江苏等地也在进一步扩大石化产业的生产规模；而省内的台州市也在依托沿海的岸线资源筹划发展石化产业，1000 万吨炼油和 120 万吨乙烯的项目落户台州即将成为定局，镇海区的炼油能力目前已扩大到 2300 万吨/年，100 万吨/年乙烯工程也于 2012 年年底建成投产。其他临港地区争夺石化产业高地的竞争对北仑区临港产业发展带来了巨大挑战：一是可能使北仑区继续上马"大石化项目"的审批难度增加，二是未来石化产业发展将面临更为激烈的竞争。

此外，从钢铁产业看，宁钢完全依靠自身的技术力量和实力难以完成转型升级的任务，而必须依赖宝钢的支持。因此，从这个意义上说，北仑区依托宁钢建设精品钢铁产业基地要更多地取决于上海市的钢铁产业政策的变化。在上海市依托宝钢发展钢铁工业的产业方向没有根本性调整之前，北仑区钢铁产业的发展和优化必然面临外部因素的制约。

4）宁波都市区功能空间分工对北仑城市功能培育带来的挑战

《宁波城市总体规划（2006—2020 年）》提出按照"两带二片双心"组团式的结构对宁波都市区的中心城进行空间组织，三江片、镇海片、北仑片三个片区相对独立，功能分工。其中北仑片定位为东北亚航运中心深水枢纽港，东南沿海以大型临港工业和出口加工工业为主的先进制造业基地、区域性现代物流中心和现代化滨海新城区，重点发展港航和临港工业、高新技术产业，而把生产性服务业和城市综合服务功能集中置于三江片。这一安排是宁波城市协调发展的需要，是构建宁波都市区的统筹安排，也基本符合北仑区的实际情况。客观上，城市功能的空间布局格局也是如此。这一城市功能空间分工现状和规划安排,对北仑区发展相应产业,特别是发展港航服务业、提升城市服务功能,是一大挑战。

(5)战略强度分析

为使 SWOT 分析的基本要素更科学、客观、全面,应采用多专家评议的特尔菲法,即由规划组的成员通过多轮讨论,达成较为统一的意见,最终确定各个要素,并依据各种因素的重要性和出现频率,赋予要素一定的权重值,计算出 SWOT 力度,确定战略类型和强度。针对北仑区,计算战略强度见表 8-4。

表 8-4　战略强度分析指标权重确定

| SWOT | SWOT 因素 | 分值 | 权重 |
|---|---|---|---|
| 优势(77) | 深水港口本底优势 | 90 | 0.4 |
| | 区位优势 | 80 | 0.4 |
| | 临港产业基础优势 | 50 | 0.1 |
| | 政策集成优势 | 40 | 0.1 |
| 劣势(65) | 产业关联程度较低,产业链不发育 | 70 | 0.4 |
| | 产业发展的后备空间资源有限 | 50 | 0.2 |
| | 产业转型发展的城市支撑力弱 | 70 | 0.3 |
| | 临港大工业与建设宜居城市的矛盾 | 60 | 0.1 |
| 机遇(80.5) | 全球化的战略机遇 | 80 | 0.1 |
| | 中国工业化城市化带来的长期机遇 | 90 | 0.3 |
| | 国家产业振兴规划实施带来的政策机遇 | 65 | 0.2 |
| | 长三角一体化和港航强省的产业整合机遇 | 70 | 0.1 |
| | 梅山保税港区开发的现实机遇 | 85 | 0.3 |
| 挑战(70) | 全球化危机效应的挑战 | 50 | 0.2 |
| | 协调省市产业发展定位与北仑区发展诉求关系的挑战 | 70 | 0.4 |
| | 周边临港地区争夺临港工业高地带来的挑战 | 60 | 0.4 |
| | 宁波都市区功能空间分工对北仑城市功能培育带来的挑战 | 40 | 0.2 |

从表 8-4 分析得出北仑区的战略四边形(见图 8-15 和图 8-16),其战略重心的位置位于第一象限,是优势和机遇结合的取向战略,属于开拓型战略区的机会型战略体系,其战略含义解读为:**立足优势,勇抓机遇,乘势而上,迎接挑战。**

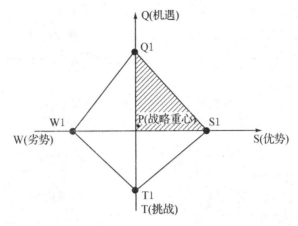

图 8-15　北仑区产业发展 SWOT 分析战略重心

| 第一象限 | | 第二象限 | | 第三象限 | | 第四象限 | |
|---|---|---|---|---|---|---|---|
| 开拓型战略区 | | 争取型战略区 | | 保守型战略区 | | 抗争型战略区 | |
| 类型 | 方位域 | 类型 | 方位域 | 类型 | 方位域 | 类型 | 方位域 |
| 实力型 |  | 进取型 |  | 退却型 |  | 调整型 |  |
| 机会型 |  | 调整型 |  | 回避型 |  | 进取型 |  |

图 8-16　SWOT 分析战略体系

（6）耦合分析

1）优势与机遇（SO）耦合分析

从战略强度看，这是北仑区应遵循的主导战略取向，其含义解读为：**立足优势，勇抓机遇**。

一是利用得天独厚的深水港口优势和经济区位优势，勇抓经济全球化带来的产业转型机遇和长三角国际航运中心枢纽港群建设的契机，积极竞合长三角国际港口区域及其腹地，大力发展港航业和临港产业，以机遇为契机，化资源优势、区位优势为产业优势，并紧抓经济全球化时代资源配置体系重构的战略机遇，积极培育发展港口物流产业，打造成区域门户和物流中心，努力转变北仑的分工地位，由接受资源为主转向配置资源为主。

二是依托现有临港产业基础，抓住工业化与城镇化联动推进带来的长期机遇和国家产业调整振兴规划实施带来的政策机遇，优化提升发展临港产业，推进现代服务业与临港产业联动发展,构筑新型临港产业体系。

三是积极推进开放政策,把握梅山保税港区等开发建设的现实机遇,拓展新的产业发展空间,进一步提高对外开放水平,占领临港产业高地和对外开放前沿地位。

2)优势与挑战(ST)耦合分析

该战略象限构成次强度战略,思路解读为:**凭借优势,迎接挑战。**

一是发挥临港产业和传统优势产业的基础优势,优化发展关系国计民生,并得到政府财政、货币等宏观政策支持的产业,如汽车、石化产业等;积极打造多条产业链,通过完善的产业链形成抵御经济危机的合力;逐步调整外资导向和出口导向型的开发区发展模式,外资与内资并重,同时积极发展以国内为主要消费市场的相关产业,如石化产业等,通过发展消费市场多元化的产业增强化解危机的调节能力。

二是凭借深水港优势,积极承担省市发展港航和临港工业的重任,服务全省全市。同时兼顾北仑区发展的诉求,综合考虑北仑产业发展因素,按照"内外兼顾,整合优化"的战略思路,在发挥深水港优势的基础上,实施结构调整战略,优化提升临港工业,大力发展港航服务业。

三是积极应对周边地区的竞争,扬长避短,错位竞争,深化与周边临港区域的产业分工和合作,积极培育自身的核心竞争力,力踞生产链有利位置,形成临港产业高地。

四是协调北仑在宁波都市区中的功能空间分工,按照"相对独立、有机联系"的思路,积极发展生产性服务业,提升城市功能,壮大发展第三产业。

3)弱势与机遇(WO)耦合关系

战略思路解读为:**借助机遇,变弱为强。**

一是充分利用国家产业调整振兴规划实施带来的政策机遇,通过政策推动、招商引入中间关联企业等多种方式,打造强势产业链,集群化发展现代产业体系,并可以在两条集群化、循环化产业链中实现转型升级:由炼油→乙烯→对苯二甲酸(PTA)→石油化纤(工程塑料)→下游产业(汽车、家电、纺织服装等)构成的石化产业链;由钢铁→特种钢材→汽车整车→汽车配件等构成的产业链。

二是以"宁波—舟山港"建设和"两湾一港"(杭州湾、象山港、三门湾)战略实施带来的分工合作契机,优化调整产业结构,提高用地效率,缓解产业用地紧张的发展瓶颈;利用港航强省战略实施带来的发展机遇,逐步破解产业整合发展所面临的困难,通过企业搬迁等手段,重构北仑区临港工业空间分布格局,避免按照现有的产业分布格局继续发展临港大工业将导致人居环境恶化的后果。

三是利用全球经济一体化带来的战略机遇和梅山保税港区开发的现实机遇,以港口物流业的发展为支撑,壮大第三产业。以新的产业空间拓展为契机,优化城市功能空间布局,培育城市商务功能空间,增强城市功能,激发城市活力,逐步改变北仑区产业转型发展缺少外部环境支撑的现实。

4)弱势与挑战(WT)耦合分析

战略思路解读为:**扬长避短,转危为机。**

实施"区"转"城"战略,因地制宜,扬长避短,积极培育北仑的城市功能;加快实施产业转型升级战略,积极培育壮大和上下延伸产业链,打造现代产业体系,提升产业持续发展能力;大力推进循环经济、清洁生产,实现产业集群化、循环化、生态化,集约节约用地,加强环境保护措施,创建宜业宜居新城区。

## 8.5.2　产业发展阶段判断

(1)北仑区已由单一的港口功能和城为港兴发展阶段逐步向现代化综合性　港口城市和港城互动发展阶段转变

自 20 世纪 80 年代以来,北仑因港设区,以港兴产,城为港兴。经过 20 多年的发展建设,钢铁、石化、造纸、造船、汽车、能源等临港产业发展迅猛,塑机、模具等优势产业发展良好,精密仪器、电子信息、生物医药、新材料等高(新)技术产业初具规模,港口物流业等服务业飞速发展,城市基础设施日趋完善,城市功能不断提升,产业、城市发展对港口功能提升形成强有力的支撑。在经济全球化和全球集装箱港口中心向亚洲太平洋沿岸转移的大背景之下,北仑日益集聚优质的国际航运资源,港口功能提升与产业、城市发展的联系与互动日趋紧密,正大步迈向现代化综合性港口城市和港城互动发展的新阶段。

(2)北仑区经济发展已处于工业化后期、发达经济的初级阶段,但服务业发展　明显滞后

自 2002 年两区合并以来,止值长三角区域合作加速发展的战略机遇期,北仑区发挥港口优势、区位优势,开发开放优势,充分利用各项政策资源,大力发展临港工业,加快推进工业化进程,逐步形成以临港大工业为支柱,传统优势产业为基础,高技术产业为先导的工业体系,整体上处于工业化后期、发达经济的初级阶段。但与此同时,北仑服务业发展相对滞后,低于国内重要港口城市10%～15%,且有进一步扩大的趋势,这一现象必须引起北仑区的重视,在未来经济社会发展规划以及产业发展规划中加以体现。

(3)工业仍将是未来5~10年北仑区经济发展的主要动力,而以港口物流业和生产性服务业为主体的第三产业将是北仑未来发展的产业重点

2008年,北仑区实现第二产业增加值250.7亿元,占GDP的比重为59.3%,是北仑经济发展的主体;实现第三产业增加值166.2亿元,占当年GDP的比重为39.3%,自2002年以来所占比重平均每年提高2.5%。根据发达国家的发展经验,在工业化后期,工业进一步由粗放型向集约型转变,制造技术和信息化程度进一步提高;服务业尤其是现代服务业比重的上升是发达国家工业化中后期的普遍现象,现代服务业的发展又反过来推动制造业的现代化。更为重要的是,北仑得天独厚的港口优势为港口物流业和生产性服务业的大发展创造了条件和可能,必将成为未来北仑服务业发展的龙头。

### 8.5.3 主导产业选择

北仑区主导产业选择既要考虑产业发展的连续性,又要考虑未来经济社会发展趋势的前瞻性以及各产业未来发展的成长性。认为未来北仑区主导产业发展具有阶段转化的特征(见表8-5),具体如下。

近期(2010—2015年)以临港工业为主导产业,主要行业构成为:①化学原料及化学制品制造业;②黑色金属冶炼及压延加工业;③电力、热力的生产和供应业;④交通运输设备制造业。北仑具有临港工业城的发展特征。

中期(2016—2020年)临港工业与依托港口的服务业并重发展,服务业比重略高于工业但大体相当。这一阶段的重点行业构成包括:①化学原料及化学制品制造业;②交通运输设备制造业;③港口物流及港航产业;④生产性服务业。

远期(2021—2030年)以依托港口的服务业为主导,主要行业构成为:①港口物流业;②港航产业;③生产性服务业;④商贸流通业。北仑具有贸易港的发展特征。

### 8.5.4 区域关系定位分析

(1)区域分工地位与作用

1)国家集装箱运输"干线港"、进口原油及铁矿石中转基地,临港工业战略要地

我国工业化进程中铁矿石和原油依赖进口的局面难以改变,因此,深水港口及其临港地区对国家经济安全和国防安全的重要性不言而喻。由于具有建设世

界一流深水大港的自然条件,北仑港和北仑区在国家工业化进程中具有重要的战略地位。

表 8-5　北仑区发展阶段与主导产业选择

| | 近期(2010—2015) | 中期(2016—2020) | 远期(2021—2030) |
|---|---|---|---|
| 主导产业 | 临港工业<br>1.化学原料及化学制品制造业<br>2.交通运输设备制造业<br>3.电力、热力的生产和供应业<br>4.黑色金属冶炼及压延加工业 | 临港工业<br>1.化学原料及化学制品制造业<br>2.交通运输设备制造业<br>3.电力、热力的生产和供应业<br>4.黑色金属冶炼及压延加工业<br>依托港口的服务业<br>1.港口物流业<br>　1.1第三方物流业<br>　1.2第四方物流业<br>2.港航产业<br>3.生产性服务业<br>　3.1物流金融服务<br>　3.2中介服务业 | 依托港口的服务业<br>1.港口物流业<br>　1.1第三方物流业<br>　1.2第四方物流业<br>2.港航产业<br>3.生产性服务业<br>　3.1金融服务业<br>　3.2中介服务业<br>4商贸流通业<br>　4.1批发与零售业<br>　4.2国际贸易及配套服务业 |
| 发展阶段 | 临港工业城 | 转换阶段 | 贸易港 |

　　早在 20 世纪 70 年代初,北仑港的开发建设就已引起国家的高度关注,国务院有关部委曾多次对北仑港岸线及前沿水深、海域、陆域和航道等基本情况进行重点调研,国家曾明确要求"把宁波港建设成为我国四大国际深水中转港之一"。经过 30 多年的开发建设,北仑港已经成为我国集装箱运输的干线港,同时北仑港也是我国原油成品油进口、贮存、转运基地和长江流域进口铁矿石中转基地。2007 年国家交通部编订的《全国沿海港口布局规划》中明确提出,以北仑港为主体的宁波港除了承担长三角地区集装箱运输"干线港"的角色之外,还将继续承担原油、铁矿石及其他干散货的吞吐任务。

　　北仑区不仅具有深水港口的支撑,而且港区后方陆域用地条件较好,具备发展临港大工业的基础。因此,以"建成拥有若干国际影响的战略产业、具有强大创新能力和发展活力的世界级城市群"为战略目标的国家层面的《长江三角洲地区区域规划(2006—2010 年)》中明确提出,宁波市应发挥沿海港口资源优势,大力发展石化、钢铁等临港重化工业和现代物流业,建设临港重化产业基地和上海国际航运中心的南翼副中心。由于宁波市的深水港口资源主要集中在北仑区,因此,长三角地区在构建我国具有全球竞争力区域的进程中对宁波市发展临港产业的要求实际上主要落实在北仑区。这是北仑区产业发展中首先需要考虑的背景因素。

2) 浙江省和宁波市重化工产业的主要承载地区

浙江省正处于由轻工业到重工业化的发展阶段,但值得注意的是,我省重化工业发展严重滞后。2007 年全省轻工业产值所占比重仍高达 47.3%,规模以上工业大中型企业比重不足 10%。因此,从目前所处的发展阶段看,浙江省急需发展重化工业。由于临港地区具有发展重化工业的区位优势,从"十一五"计划开始,浙江省更为重视对包括北仑港在内的临港重化工业的布局和建设。《浙江省国民经济和社会发展第十一个五年规划纲要》中提出要"加强沿海港口规划建设和资源整合,加快建设临港工业等三大基地",并把推进一批临港工业等重大产业项目作为"十一五"计划开局之年的主要任务。

以浙江省"十一五"规划纲要为指导,宁波市在国民经济和社会发展第十一个五年规划中进一步明确了"大力发展优质临港工业,形成五大临港产业基地"的思路,《宁波市城市总体规划》中关于北仑片的职能定位时也明确提出继续发展大型临港工业。

预计"十二五"乃至更长的一段时间内,发展重化工业仍将是浙江省和宁波市推进工业化进程,促进产业升级过程中的一项重要任务,依托包括北仑区等临港地区发展临港大工业的格局难以发生根本性的变化。

(2) 区域关系定位

区域关系是北仑区产业定位不容回避的重要背景因素。区域关系的定位应按照**"上下兼顾、优化调整,相对独立、有机联系"**的基本思路和路径。

1) 上下兼顾、优化调整,构筑现代产业体系

"上下兼顾"是要协调好浙江省和宁波市产业发展战略的客观要求与北仑区现实利益之间的矛盾。

港口与岸线资源是国家的重要战略资源,港口功能定位和岸线利用方向与方式必须考虑国家的利益。鉴于北仑港和北仑区在国家、浙江省以及宁波市发展战略中的地位,北仑区的产业定位不可能完全取决于本区域的发展意图,必须同时考虑浙江产业发展阶段和宁波市区域产业分工的影响。与此同时,充分利用国内外港口功能和产业调整的各种机遇,按照**集群化、循环化、国际化、高端化**的产业调整思路,逐步优化临港工业布局,发展新型临港产业,优化调整北仑区

产业结构现状,实现省市战略和北仑利益的共赢。

"优化调整"是要改变当前北仑区产业结构层次低、环境不友好的状况,通过对现有产业的改造提升和发展新型产业,逐步构筑北仑区的现代产业体系,实现产业现代化。

北仑区应充分利用国家产业振兴规划实施带来的政策机遇,通过政策推动、招商引入中间关联企业等多种方式,推动北仑区临港工业向集群化、循环化方向演进。充分利用浙江省实施港航强省战略的机遇,因势利导,推动北仑区临港工业的布局优化调整。北仑区应根据已有临港工业的发展现状、未来发展壮大的可能性以及区域环境容量,对临港工业的产业类型进行进一步的优选,对于适宜发展而且可以做大的临港工业,应进一步扶持壮大,对于那些现状规模不符合国家产业发展的导向且无法在已有基础上进一步做大做强的临港工业项目应逐步搬迁。

根据北仑区现状产业特征和可能的产业联系,可以通过以下两条产业链的构造与完善推动北仑区的产业向集群化、循环化方向发展。一是形成由炼油→乙烯→对苯二甲酸(PTA)→石油化纤(工程塑料)→下游产业(汽车、家电、纺织服装等)构成的**石化产业链**。二是逐步引导形成由钢铁→特种钢材→汽车整车→汽车配件等构成的**钢铁汽车产业链**。

随着经济全球化进程的加深和中国经济的进一步发展,北仑港的货物装卸、工业生产以及现代综合物流、信息服务等港口服务功能将呈现多样化趋势,它对生产性服务业特别是现代物流业具有很强的带动作用。因此,北仑区应充分利用经济全球化对北仑港港口功能演进带来的战略机遇,大力发展面向全球的港口物流、国际贸易、中介服务等生产性服务业以及旅游、商业、会展等消费性服务业,逐步推动北仑区产业向国际化、高端化方向发展。

高度重视梅山岛的开发带来的机遇,以梅山保税港区开发和春晓生态产业区建设为核心,在南部地区逐步构建北仑区新的产业发展战略空间,使之成为未来北仑区产业持续发展的新的增长点。

2) 相对独立、有机联系,建设现代化的滨海新城

城市是孕育第三产业的必需环境。北仑区实施产业转型,离不开城区功能和环境的培育。因此,北仑区要协调与宁波主城及都市区各片区之间的关系,应按照"相对独立、有机联系"的思路,实施"区"转"城"战略。

在与宁波主城区的空间关系上,北仑区中心距离宁波主城 26 千米。新一轮的宁波城市总体规划明确提出三江片、镇海片、北仑片三个片区相对独立,生态

绿地隔离。但是,"港(北仑)市(主城)分离"的大规模功能空间分工,不利于产业区人居和交通条件的改善,并给产业发展带来制约。因此,北仑区在空间定位上应以港口为依托,发展临港产业和相应的城市服务功能,在空间上形成功能相对**独立的城区**。

根据宁波城市的空间布局结构,北仑区无疑是主城片的副中心城区。宁波市在东部新城建设市级商务中心区和行政中心区,并将之作为宁波市建设国际航运中心的重大战略举措。但这并不排斥北仑区依托港航业的当地优势发展城市商务功能、行政中心功能和商贸服务功能。一方面,东部新城是面向宁波—舟山港的大区域,其功能配置是以满足港口发展的基本需求为主旨的,而港口功能的多元化,使港口商务功能空间上可以分离。另一方面,如果服务于港口的所有商务功能完全依托于东部新城,必然带来大量的人流和车流,不仅增加交通压力,而且增加商务成本。此外,随着北仑港集装箱运输量的不断增加,将直接催生服务于北仑集装箱港口的物流业,在北仑区适时建设城市商务中心有助于相关服务企业的集聚。

当然,北仑城市商务功能建设应坚持适度、量力的原则,按照功能错位的思路,逐步建设与东部新城有机互动的城市商务中心。

**综上所述**,北仑区是支撑浙江省和宁波市产业转型的战略空间,未来继续发展临港大工业的格局难以产生根本性的改变。但是,受用地、人居环境等因素的制约,必须对现有临港产业进行优选,有选择地发展临港大工业。同时,由于产业转型必须依托于城市环境,所以应重视发展北仑的城市功能,合理规划与宁波主城及相关片区和内部各组团的关系。一方面要依托北仑港,在空间上与宁波主城相对独立发展,另一方面要分阶段有重点地推进"城镇-产业组团"的建设,力争在远期形成有机互动的现代化滨海新城区,为未来北仑区产业的全面转型构筑良好的城市环境。

### 8.5.5 北仑区战略定位

综上分析,北仑区的战略定位原则是体现战略前瞻性又符合阶段特点,突出特色又切合区域分工地位,强调城市功能培育。因此,确定北仑区的发展战略定位为:**国际航运中心深水枢纽港、长三角南翼临港先进制造业基地、国际性现代物流中心、现代化滨海新城**。

充分利用深水港口资源优势,以长三角区域打造国际航运中心枢纽港群为契机,大力发展国际中转和长三角腹地航运,以建设第三、第四代港口为目标,积极培育拓展国际化深水枢纽港功能,为建设宁波国际航运中心奠定坚实基础。

以产业升级为主线,以临港大工业为重点,加快应用先进制造技术,加快自主研发和品牌建设,加快发展循环经济,积极培育资源消耗低、附加值高的高技术产业,建设长三角南翼的临港先进制造业基地。重点突破研究开发、营销、品牌培育、技术服务、专门化分工等制约产业结构优化的关键环节,构建创新型、融合型、节约型、生态型、高效型、集约型的现代产业体系,成为宁波市产业现代化先行区。

以北仑港区为基础,以梅山保税港区开发兴建为契机,充分发挥深水良港的自然优势、便捷集疏运体系的交通优势和临港大工业的产业优势,大力发展现代航运服务和港口物流业,建设长三角南翼的国际性物流中心,促进由航运中转、加工增值向综合资源配置的功能转变。

在产业发展基础上,积极推动城市化,大力发展生产性服务功能,努力改善城市景观风貌,优化人居环境,集聚人口和商贸服务,培育打造城市商务中心,建设现代化海港城市(见图8-17)。

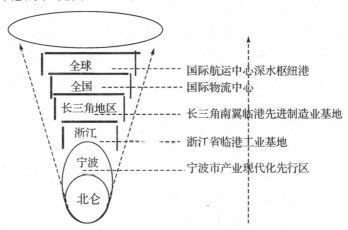

图 8-17  北仑区产业发展扇面战略

### 8.5.6  战略思路

(1)立足港口和区位优势,打造新型临港产业体系

北仑区拥有得天独厚的深水港口优势和经济区位优势,根据国际港口城市发展的经验,随着港口功能的升级换代,临港产业相应地转型升级。同时以临港重化工业为基础的临港工业仍然占据港口城市产业的重要地位。因此,北仑区亦应充分利用深水港的优势,勇抓经济全球化带来的产业转型机遇和长三角国

际航运中心建设的契机,积极竞合长三角国际港口区域及其腹地,以机遇为契机,化资源优势、区位优势为产业优势,大力发展港口航运和临港产业,并紧抓经济全球化时代资源配置体系重构的战略机遇,积极培育发展港口物流产业和服务业,打造区域门户和物流中心功能,积极转变北仑的分工地位,实现接受资源向配置资源的转变。

应依托现有临港产业的基础,抓住工业化与城镇化联动推进带来的长期机遇和国家产业调整振兴规划实施带来的政策机遇,优化提升发展临港产业,推进现代服务业与临港产业联动发展,构筑新型临港产业体系。

积极推进开放政策,把握梅山保税港区等开发建设带来的现实机遇,拓展新的产业发展空间,进一步提高对外开放水平,占领临港产业高地和对外开放前沿阵地。

(2)拓展区域视野,协调内外关系,优化发展定位

一方面,北仑的深水港口与岸线资源是国家的重要战略资源,其开发利用必须考虑国家利益和大区域利益。鉴于北仑港和北仑区在国家及省市航运、矿油中转和重化工业发展中的战略地位,北仑区产业发展必须考虑浙江省产业发展阶段和宁波市产业分工的需要,积极承担航运和基础工业基地的职能。另一方面,根据北仑区土地后备资源不足的现实状况和产业升级转型、建设宜居城市的客观诉求,亦应从环境容量上考虑产业发展的定位。

北仑区的产业发展定位还应拓宽视野,立足甬舟和象山港联合区域,统筹安排临港大工业发展布局。

为此,应该按照"上下兼顾、优化调整"的思路,一方面通过对现有产业的改造提升和优化布局,做强做优现有临港基础产业。另一方面充分利用国内外港口功能和产业调整的各种机遇,按照集群化、循环化、国际化、高端化的方向,积极发展新型临港产业,优化调整北仑区产业结构,逐步构筑现代产业体系,实现省市战略和北仑利益的共赢。

与此同时,北仑区实施产业转型离不开城区功能和环境的培育,所以应重视城区发展的定位,合理规划与宁波主城及相关片区的关系。"港(北仑)市(主城)分离"的大规模功能空间分工,不利于北仑区人居环境和交通条件的改善,不利于第三产业的发展。因此,应按照"相对独立、有机联系"的思路,以港口为依托,以发展临港产业和城市服务功能相协调为方向,培育功能相对独立的城区,实现"开发区"向"滨海新城"的战略转变。

北仑城市商务功能建设应坚持适度、量力的原则,按照功能错位的思路,逐步建设与宁波国际航运中心分工协调的城市商务中心。

(3)强化利用空间布局规划的调控手段,促进港城协调发展,提升产业发展条件,改善人居环境

北仑区港口航运和临港产业的特点决定了其产业发展对空间环境的压力和港城的矛盾,正如国内外港口城市的发展经验所示,港口城市的空间布局规划显得更为重要。

宏观上,应根据产业发展和生态格局保护的空间条件,充分体现区域环境特点,并协调各项生产生活功能发展的需要,制订可持续发展的整体空间布局秩序,保障产业、人居的长远协调发展。

微观上,应按照企业布局和配套协调的客观要求,合理组织产业和城市各项功能空间,强化空间管制,优化生产和生活空间布局。

基础设施上,应重点优化港口集疏运、产业运输和城市道路交通,实现交通与功能用地布局的一体化协调发展。

# 8.6 产业发展规划

## 8.6.1 产业发展的战略目标

深入贯彻落实科学发展观,加快产业结构优化升级,加快提升区域产业竞争力,构建现代产业体系。到2020年把北仑区建设成为长三角南翼的临港先进制造业基地、国际航运中心深水枢纽港和国际性物流中心,城市综合竞争力初步达到现代化国际都市水平。

(1)综合实力进一步增强

2002年两区合并、新的管理体制运行以来,北仑区生产总值飞速增长,年平均增长率达到16%,成为宁波市最具增长潜力的经济强区。未来发展努力保持年均10%～13%的增长速度,力争在"十二五"期末的2015年地区生产总值突破1000亿元大关,力争到2020年地区生产总值实现翻两番,突破1600亿元,将北仑建设成经济繁荣、社会进步、基础设施良好的滨海新城。

(2)中心功能进一步强化

完善城市服务功能,增强城市生产生活承载能力,优先发展面向生产和面向

民生的服务业,加快发展楼宇经济和总部经济,培育城市中心功能,到 2020 年将北仑建设成为集办公、商贸、休闲娱乐、餐饮服务等多功能于一体的宁波市生产性服务业集聚区。

(3)产业结构更趋合理

重点培育新能源、节能环保、电动汽车、新材料、新医药和电子信息等战略性新兴产业,加快发展现代服务业,不断提高服务业在三次产业中的比重,促进产业结构优化升级,争取到 2020 年使服务业成为北仑区国民经济的主导产业,形成以服务业为主的产业结构。

(4)海洋经济进一步壮大

实施"蓝色引擎"战略,大力调整临港工业结构,重点发展港航和港口物流业,积极培育海洋旅游业和海洋新兴产业,稳步提高海洋经济在北仑国民经济中的比重,进一步优化海洋经济结构和布局,使海洋生态环境质量明显改善,到 2020 年,把北仑建设成为浙江省海洋经济强区。

(5)改革开放进一步深入

树立"立足长三角、服务全国、融入世界"的战略意识,加快与长三角南北两翼城市的区域合作和良性互动,进一步推进体制改革,大力培育民营经济,积极扩大对外开放,实施以提升产业发展水平为导向的外资引进战略和出口提升战略,争取到 2020 年进入全球产业链及价值链的中高端,开放型经济发展达到新水平。

(6)生态环境建设成效显著

开展清洁生产,发展低碳经济,推进循环经济发展,加强生态建设和环境保护建设,积极发展生态休闲旅游,培育城市配套服务功能,到 2020 年将北仑区建设成为宜居宜业的滨海新城。

## 8.6.2 产业发展基本思路

国际金融危机带来全球产业大调整,有效应对国际金融危机的过程正是推动结构调整、实现经济转型的过程。北仑区应紧抓国家产业调整和战略性新兴产业规划的政策机遇,加大相关政策的扶持力度,努力在战略性新兴产业发展方面抢占制高点,在现代服务业,尤其是生产性服务业发展上实现更大突破。未来产业发展的基本思路具体如下。

(1)培育战略性新兴产业和提升优势产业相结合

重点培育和发展新能源、电动汽车、电子信息、生物医药、新材料等战略性新兴产业,加快形成一批引领未来发展的先导产业。积极运用高新技术和先进适用技术改造提升石化、钢铁、造船、装备制造等优势产业,促进工业化与信息化高度融合,推动制造业向价值链高端攀升,提高产品附加值和产业竞争力。

(2)推动现代服务业和先进临港工业相协调

相对于临港工业的快速发展,北仑区现代服务业的发展潜力尚未得到充分释放。北仑区需要重点发展港口物流、现代金融、信息服务、研发设计等生产性服务业,推动软件、服务外包等高端服务业加速发展,促进现代服务业与先进制造业有机融合、互动并进。

(3)引导特色产业集聚和优势企业壮大相促进

以重点企业为依托,以特色产业为基础,培育壮大一批重大产业集群、重点产业链和重要产业基地,推进产业集聚发展,进一步提高集约发展水平,努力形成一批技术含量较高、市场前景较好、竞争能力较强的大企业集团。

(4)稳固国外市场和开拓国内市场相统筹

北仑要继续稳固和拓展国外市场,不断提升出口产品的档次和附加值。要积极拓展内需市场新空间,加快实施腹地延伸战略,产品实现多元化市场销售,有效应对国际市场波动对企业发展的影响,提高北仑产业,尤其是临港工业的抗风险能力。

## 8.6.3 工业发展

(1)基本思路

1)先进制造技术提升工业

大力推广应用先进制造技术,引进先进生产工艺,实现产品制造朝精确化、极限化、人文化方向发展,制造过程朝绿色化、快速化、节省化、高效化方向发展,制造方法朝数字化、自动化、集成化、网络化、智能化方向发展。

2)集群化发展壮大工业

以集群化发展为手段,加强临港工业内部及其与区内制造业之间的联系。突出龙头企业对产业的牵引、辐射和带动作用,推进企业集聚、资源共享、整体优化,培育以龙头企业为核心、以配套产业为网络、以工业园区为依托的完整产业链,高标准、高起点建设先进制造业基地,打造若干具有国际竞争力的现代化产业集群。

3）循环经济优化工业

以减量化、再利用、资源化为原则,以提高资源利用效率为核心,以资源节约、资源综合利用、清洁生产为重点,通过调整结构、技术进步和加强管理等措施,大幅减少资源消耗、降低废物排放、提高资源生产率,实现"资源—产品—再生资源"的循环生产模式,最小化资源环境成本,最大化经济社会效益,建设资源节约型、环境友好型社会,走可持续发展道路,打造生态北仑。

（2）发展重点

1）积极延伸拓展产业链,打造三大国际性产业集群

**汽车产业集群。**加快掌握发动机、变速器、底盘系统和电磁控制系统等汽车关键性零部件的自主创新能力,加速推进电动汽车这一战略性新兴产业的研发和产业化;加快抢占性能优良、环保节能、高附加值的中高端世界汽车市场;加快培育发展以吉利汽车为龙头,以拓普、信泰、敏孚等30多家汽车及零部件企业为依托,整车厂和配套企业之间合作紧密的先进汽车制造产业基地;进一步发挥吉利汽车作为龙头企业对上下游配套企业的牵引、辐射、带动作用,加快与本地钢铁工业等相关产业的合作交流,加速产业内部和产业间的联系,推动北仑区汽车产业的集群化发展,打造国际性汽车产业集群。

**石化产业集群。**继续发挥逸盛化工、台塑石化、三菱丽阳腈纶等大项目的带动作用,利用北仑港大进大出的优势,大力发展精细化工、聚酯化纤、高档纤维、生物化工、新材料工业等石化产业链,发挥生产装置互连、原料产品互供、副产品集中统一利用、输送管道互通、资源共享、上中下游协调联动发展的产业链优势,打造技术装备领先、管理模式科学、生产生态协调发展的国际性石化产业集群。

**以注塑机和模具为核心的装备制造业集群。**培育发展以海天集团、住重机械、宇进注塑等龙头企业为核心,以铸件类零部件、液压系统、电器驱动和控制系统等配套分工产业为网络,以保税园区为依托的完整产业链,引进先进制造技术,加强自主研发,提高产品精密度,多样化产品结构,开发高技术含量、高附加值的中高档塑机产品,扩大中低端塑机产品在国内外的市场份额,打造"世界级塑机生产基地"。加强模具与塑机、汽车及零部件、五金、电器等上下游产业之间的配套联系,发挥模具产业对北仑整体工业经济的支撑作用;加快掌握模具开发的核心技术,加强核心技术的保护,实现模具工业的专业化、标准化、商品化;加

快产品的更新换代,扩大中高档模具产品的市场份额;加快淘汰部分污染严重、技术水平落后的家庭作坊式模具压铸企业,积极培育模具龙头企业,推动产业集群化发展。力争经过5~10年的建设,把以注塑机和模具为核心的装备制造业集群建设成为技术领先、实力雄厚的国际性产业集群。

**其他相关产业链。**依托钢铁工业,发展建筑材料、交通运输设备、家电、厨卫设备、医疗器械、水资源加工设备等上下游产业;依托汽车和船舶工业,大力发展精密模具、电子、节能设备、尾气排放控制系统、数控设备、发动机制造等上下游产业。

2)推广应用先进制造技术,提升三大规模优势产业

**钢铁工业。**以宝钢、杭钢重组宁钢为契机,抢抓国家钢铁工业产业调整和振兴规划出台的政策机遇,积极引进先进洁净钢冶炼技术和钢坯压力加工技术,提高连铸比,增加高炉喷煤比,提高炼铁炉料中球团矿配比,采用薄板坯连铸连轧工艺技术,实现钢铁冶炼的低能耗和高经济效益;积极引进先进生产工艺,建立现代化生产线,提高行业整体技术装备水平,实现工艺布局向连续、紧凑、短流程、智能化方向发展;积极开发高速铁路用钢、高强度轿车用钢、高档电力用钢、工模具钢和特殊大锻材等关键钢材品种,逐步优化产品结构,稳步提升宁钢、宝新不锈钢等主体钢铁企业的钢材质量;积极探索与本地汽车工业、船舶工业、建材工业等中下游产业的配套联系,着力打造立足北仑、辐射长三角、服务全国的优质钢材生产基地。

**船舶工业。**应以国家船舶工业产业调整与振兴规划出台为契机,发挥北仑深水良港和地处上海国际航运中心南翼及长三角中心地带的独特优势,密切跟踪研究国际先进制造技术发展动态,采取自主研发、中外联合设计、技术引进等多种方式,全面掌握市场需求量大面广的主力船舶和海洋工程装备的优化和设计技术;积极发展远洋渔船、特种船、工程船、工作船等专用船舶,开发发展液化天然气(LNG)船、高速大型集装箱船、滚装船和豪华游轮等高技术、高附加值船舶,积极打造以三星重工业、恒富造船为主体,以整船、游艇及船舶零部件为核心产品的华东地区重要船舶现代化生产基地。

**纸业。**要积极开展国际资金技术合作,强化自主研发、自主创新,实现纸业企业规模化、技术集成化、产品多样化、生产清洁化、资源节约化、林纸一体化发展;要以白板纸四期项目建设为重点,引进世界先进流水线生产设备,进一步扩大产能和提高白板纸质量,稳固宁波亚洲浆纸作为亚洲造纸规模最大,造纸设备、工艺最先进的一流纸业基地地位。

3）培育发展战略性新兴产业,抢占产业发展制高点

**大力发展新材料和新能源产业。**新材料和新能源产业已逐渐渗透到国民经济、社会生活的方方面面,更是未来高技术更新换代和新兴产业发展的重要基础。北仑区应大力发展与本地临港工业、优势产业相关的化工材料、新型塑料、纳米材料、钢基复合材料、高档纺织材料等新材料产业以及太阳能光伏电池、LNG 冷能空分和风力发电项目等新能源产业。

**重视发展生物医药产业。**发展化学制药、生物技术制药、生物医药工程、医疗仪器等技术要求高、资金需求大的生物医药产业,立足北仑现有生物医药产业基础,依托纽康生物、顺杰生物、新波生物等主体生物技术企业,努力实现农产品辐照保险、信息素研发、动物胚胎工程技术等相关产业产品的技术突破;鼓励新型医用材料、新型诊断制剂、新型药物包装材料、中药有效成分提炼等医药产业的发展,提高医药产业的科技含量水平。

**培育发展物联网相关的电子信息产业。**以物联网国家战略实施为契机,培育发展高端传感器、智能传感器和传感器网节点、传感器网关;超高频 RFID 和RFID 中间件产业,重点发展物联网相关终端和设备以及软件和信息服务,稳步发展电子元器件、集成电路等电子信息产业。

**引导发展海洋新兴产业。**引导和鼓励企业涉足海洋生物医药、海洋功能食品、海洋化工和工程材料、海洋环保技术及设备等新兴领域的研发和成果转换,努力开发一批具有自主知识产权的核心产品,集中培育一批具有高成长性的海洋产业,积极开发潮汐能、生物能等可再生能源。

## 8.6.4　服务业发展

（1）基本思路

1）立足优势,抢抓机遇,大力发展服务业

以国家产业调整和振兴规划出台、长三角区域合作加速和梅山保税港区开发兴建为契机,充分发挥深水良港的自然优势、便捷集疏运体系的交通优势和临港大工业的产业优势,加快发展服务业,提高服务业在北仑国民经济中的比重和水平。

2）积极开拓服务业新领域

要开拓服务业发展新领域,大力发展现代物流、金融、法律、咨询、会计、软件服务等面向生产的服务业和医疗卫生、社区服务、文化休闲等面向民生的服务

业,扩大企业、公共事业机构和政府的服务外包业务,努力提高服务业社会化和市场化水平。

3）城市化推动工业化

逐步实现从工业化推动城市化向城市化推动工业现代化和服务业大发展转变,到2020年形成以服务业为主的产业结构。

（2）发展重点

1）重点发展港航和港口物流业

①以梅山保税港区兴建为契机,积极发展绿色港航产业。

**积极发展港口码头产业。**北仑区要在一期矿石码头、二三期集装箱码头、四期散货码头及一批企业专用码头的基础上,积极开发梅山保税港区的港口码头产业;要有策略地引进跨国航运企业参与码头建设,作为发展梅山航运产业及其他产业发展的主导力量;要按照绿色港口和生态港口的标准来建设,施行ISO14001认证（即生态管理和审计制度EMAS）,实现港口管理绿色化、港口产业绿色化和港口环境绿色化。

**积极发展航运及航运服务业。**北仑区要抢抓梅山保税港区开发兴建的政策机遇,在体制创新上先行先试,优化投资软环境,引进一些功能性的招商项目,分阶段、有重点地推动航运服务业的发展;重点发展航运交易、航运信息、航运代理、航运金融、航运展览、航运中介,建设集服务、贸易、结算十一体的航运平台;要延伸与完善航运产业链,积极发展航运研发产业,发展集装箱堆存、清洗和修理、拆拼箱等港口配套服务业。通过5~10年的建设,基本形成以进出口贸易为龙头,以现代物流为支撑,以休闲旅游和涉外中介服务体系为配套的发展格局,把梅山保税港区建设成为"特色鲜明的保税港、休闲宜居的生态岛、充满活力的临港城"。

②充分发挥港口大进大出的优势,大力发展港口物流业。

北仑区港口物流业的发展,必须考虑与上海大、小洋山港"错位发展、相互补充",以发展国际物流为方向,以物流中心建设为重点,以区域物流和市域配送物流为补充,构建宁波市现代物流发展的主平台,建设以港口国际物流为龙头的现代物流中心枢纽城市。

**依托北仑港,大力发展港口物流业。**以马士基、地中海、安博、普洛斯等国际物流企业的引入为基础,鼓励国际物流公司与本土物流企业的合资合作,促进本土物流企业的内部管理、作业流程和业务范围的升级,推动以运输服务、集装箱堆场等仓储服务为主要功能的传统物流企业向出口拼箱及整箱、进出口保税、储存及分拨货物仓储、报关等高附加值港口物流服务企业转型，提升北仑港口物流业的发展水平。优化港口资源整合，以临港产业为基础，以有色金属、建材、石化、汽车物流及资源性产品物流为重点，发展具有涵盖物流产业链所有环节的港口综合服务体系，不断提高国际中转物流能力和水平。加快霞浦国际物流园的基础设施建设和招商引资工作，以向周边港区提供中转服务及海关保税仓储等业务为基础，大力引进以出口拼箱及整箱、进出口保税、储存及分拨货物仓储为主的高附加值港口物流物业企业，打造集国际仓储、国际分拨配送、商品展示等多种功能于一体的国际化、集约化、专业化的国际现代物流园区。

**依托梅山保税港区，大力发展高端物流产业。**以梅山保税港区为突破口，积极培育国际中转、国际配送、国际采购、国际转口贸易和出口加工等五大核心功能，形成立足宁波、依托浙江、服务长三角、辐射中西部、对接海内外的国际采购和国际配送中心。要加快在梅山保税港区建立国际物流信息交易系统，为跨国公司建立国际采购平台，方便国际采购信息的获取及国际采购手续的办理。梅山国际物流产业的发展要突出联合航运企业与大型货主企业，吸引以跨国航运企业为主体的大型第三方物流企业，通过物流产业的发展带动航运业的发展与中转量的提高。要选择和培育一批跨国公司、特大型工业企业发展专业性物流，在梅山保税港区建立其采购、配送、加工中心，发展货主自营物流。要积极培育第四方物流企业，发展增值型港口物流服务，培育梅山保税港区的服务型中转港功能。

2）积极发展面向生产的服务业

围绕长三角南翼国际航运中心和国际物流中心的建设，以市场化、专业化、现代化和国际化为发展方向，积极发展楼宇经济和总部经济，积极发展面向生产的服务业，壮大信息服务、金融保险、信息咨询、法律中介、会计公证、科教研发等高附加值的中介服务业，提高对大港口、大工业、大区域的服务功能，建设区域生产性服务业中心。

**大力发展楼宇经济和总部经济。**以商务楼、功能性板块和区域性设施为主要载体，努力培育新型城市经济业态，积极开展楼宇招商，加快会所经济集聚，并通过创造各种有利条件，吸引跨国公司和外埠大型企业集团总部入驻，鼓励总部经济发展，构建总部链条关系，以资金、技术、服务等各种形式，通过城市或者区域之间的合作，实现协调、互动的发展，带动北仑及周边县市的经济发展与产业升级。

**有序发展金融保险服务业。**目前，北仑区金融保险正处于调整升级阶段。

商业银行不断发展壮大,新兴保险机构纷纷入驻,小额信贷公司试点运营,担保、典当等业务有序发展。在此基础上,北仑区要健全金融市场体系,加快产品、服务和管理创新,充分发挥"保税港区在海关监管下享受国家特殊优惠政策的综合性对外开放区域"的政策优势,完善海关、银行监管体系,保证金融业务的健康、有序发展。同时大力发展海上保险、船舶保险、物流综合服务,梅山保税港区可以邀请更多的境外保险机构参与服务,为港口发展奠定良好的配套服务基础。

**积极发展服务外包产业。**加快推进以现代物流服务外包为主的服务外包示范区建设,以科技创业园为载体,大力发展汽车、注塑机、模具、文具、服装等行业的研发和设计,吸引国内外著名研发和设计类机构入驻,培育形成北仑的科技孵化器;以数字科技园为载体,大力发展港口物流应用软件开发、影视动漫、网络游戏、广告创意等行业,承接国内外服务外包业务;以宁波北仑国际物流园区为主要载体,积极承接近岸物流外包为突破口,以推进国际物流外包为核心,降低经营成本,构建一条集装箱货物重组、分拣、包装、货物仓储、办理进出口报关、报检、国内运输、物流人力资源等物流服务外包产业链。

**培育多样化生产性服务业。**加快科技服务机构的社会化、网络化、规模化、产业化发展步伐,建立由公共服务机构和民营服务机构共同构成的完善的科技服务体系,重点发展科技咨询业、知识产权服务业、科技信息服务业、技术监督服务业等产业。通过各种优惠政策引进各类中介服务相关的企业,如律师事务所、会计师事务所、投资银行、租赁公司等,形成中介服务规模效应。进一步规范各类生产性服务业的发展,全面打造北仑产业现代化的服务业支撑体系。

3) 培育发展旅游服务业

以"东方大港"为最重要的特色资源,整合资源,合理布局,全面增强北仑旅游的创新能力和核心竞争力,实现北仑旅游的快步、和谐与可持续发展,将北仑打造成一个宁波—舟山港"东方大港"港口游的核心区块和浙东海洋旅游集散服务中心。

**立足旅游资源,发展特色旅游服务业。**要充分发挥北仑以商人、外资高管、技术专家、业务员、机关干部等为主要客源的特点,积极开发商务旅游、商务会议等城市旅游产品,积极发展休闲旅游和文化旅游。在大港码头观光区、北仑山港湾休闲区、港城风情游览区、凤凰乐园、临港工业旅游基地等五大板块的基础上,科学利用海岛、海域、山地的自然旅游资源并整合多种人文旅游资源,积极布局休闲度假旅游。

**利用港口优势,发展海洋旅游集散服务业。**突出发挥北仑客运码头的客流集散功能,结合海岸线加快旅游资源整合,深入挖掘北仑海洋文化内涵,积极发展海洋旅游。主动接受 2010 年上海世博会辐射,加快与江浙沪旅游集散单位进行实质性对接,广泛汇集客流,加强海洋旅游集散服务功能建设。加快建立北仑旅游的相关网站,实现旅游企业和景区的联网并与上海、杭州旅游集散中心网站实现对接,进行旅游宣传推介活动,大力打造海洋旅游集散服务中心。

4)积极培育城市配套服务业,建设宜居宜业滨海新城

**完善城市商业配套,发展现代商贸业。**构建中心商务商业区—特色商业街—社区商业服务中心等分工有序,配套完善的商业发展格局。中心商务商业区以培育和强化商务功能为重点,通过引进高端商务活动和商业活动,把以区政府为中心的区块建设成为北仑的行政中心、商务中心、金融中心及省内外著名企业、跨国公司的企业总部集聚中心。中心商业区须将“商”和“住”两大主题加以综合考虑,高起点引进具有现代都市特征的大型购物中心和零售业态,积极发展连锁超市、专卖店、便利店、总代理等为主体的新型商贸业态,形成集购物、休闲、康体、娱乐、旅游观光和居住功能为一体的综合商业区。特色商业街须以休闲功能为核心,突出专业店和专卖店等业态,倡导错位经营、特色经营,以满足人们购物、餐饮、文化、娱乐、旅游、休闲、观光等多种消费需求。社区商业服务中心须以便民利民为原则,以零售商业功能为主,积极建设一些具有一定规模的超级市场、中型规模的综合商场,向市民提供便利的社区商业服务。

**优化房地产开发结构,促进房地产市场健康发展。**建立科学透明合理的房地产规划审批、开发流程监控机制,保持适度的房地产投资规模,统筹安排高档商品房、一般商品房、经济适用房、廉租房、外来人口用房等各类用地,逐步建立适应不同市场需求的商品房、经济适用房、人才公寓、安居房供应体系,完善居民住宅区配套生活设施,鼓励城乡居民对住房的适度消费,满足不同群体的居住需求。

**大力发展公共服务业,建设宜业宜居滨海新城。**积极发展文化娱乐、教育培训、医疗保健、体育健身等潜力产业,在保障基本公共服务、丰富市民文化物质生活的基础上,大力推进市场需求潜力大的社会事业部分领域产业发展。深入实施文化精品工程,大力发展高等教育和培训,建立高水平的医疗卫生服务体系,完善城乡文体设施建设,开展多层次的群众文化体育活动,扎实推进文明城市建设,营造优美舒适的人居环境,建设宜业宜居滨海新城。

### 8.6.5 农业发展

（1）基本思路

以现代农业综合开发区为依托,以花卉、茶叶等特色农业基地为主体,以开放型特色农产品加工业为重点,通过政策引导、科技示范、企业带动,加快农业科技推广,逐步完善农业社会化服务体系,实现农业结构进一步优化、农业综合生产能力显著增强、产业化经营水平显著提高,建设集产业化、集约化、科技化、市场化、生态化于一体的现代农业产业体系。

（2）发展重点

1）加强特色农业基地建设,建设现代农业产业基地

以现代农业综合开发区的沿山生态示范园区为依托,完善该区块的现代农业生产示范、科研与综合服务、特色农产品展示交易等功能,带动北仑特色农业基地建设,提高花卉、茶叶等特色农产品的品质和品牌知名度,积极发展北仑特色农业,建设现代化农业产业基地。

**做优做精花卉苗木。**稳定保持杜鹃等特色花卉在浙江省的领先地位,进一步提升花卉主导产品的档次,实现北仑花卉苗木产业从粗放型到设施化、规模化、专业化的精益型转变;优化品种结构,引进国内外优良品种和先进技术,提升苗木整体质量,因地因市发展名贵、精品花卉,重点培育"万景山"杜鹃、"塔峙山"盆景、色块苗木等优势品种,创建国家级、省级特色花卉区域品牌;扶持花卉苗木龙头企业,增强龙头带动和辐射示范作用,逐步形成企业连基地、基地连农户的良好格局;开展花卉节日、观光旅游、休闲娱乐等。

**做大做强名优茶。**重点培育发展市级龙头企业宁波同益茶叶,加快提升"妙手"天赐玉叶、"海和森"玉叶、"孟君"三山玉叶等中高档名优茶的品质,扩大名优茶种植面积,进一步发挥港口优势,扩大出口和内销,增加出口创汇。

**培育其他特色农产品。**加强蔬菜基地建设,扩大大棚蔬菜种植面积,扩大产能,逐步满足本地蔬菜市场缺口;大力发展大碶柑橘、大碶竹笋、春晓金柑、小港葡萄等特色果蔬,进一步丰富特色农产品品种,满足市场需求,增加农民收入。

2）发挥港口优势,大力发展开放型农产品加工业

以现代农业综合开发区的加工示范区为依托,发挥农业科技创新服务推广和科技示范作用,大力扶持以老板娘水产蔬菜加工、新弘白对虾深加工、谷泰竹笋加工等为代表的经济实力雄厚、科技含量高、规模效益好的龙头企业,引导龙

头企业加强与区内农户之间的技术指导和配套合作,加大农产品深加工力度,提高农产品附加值,发挥港口优势,大力发展开放型农产品加工业;引导企业提高品牌意识,加强农产品品牌经营,打造品牌知名度,扩大品牌影响力。

## 8.7 产业空间布局

### 8.7.1 产业布局约束条件

(1)港口岸线资源约束

北仑区北部的深水岸线已经基本开发完毕,产业分布格局业已形成,但局部岸线后方陆域仍可布局临港大工业项目(见表8-6)。现阶段可利用的主要为东部和南部岸线,集中在梅山岛、春晓、上阳和郭巨片区,以及规划四期码头的穿山半岛东片区(见图8-18)。条件最好的梅山岛是这些区块开发的"龙头",因此,围绕南部岸线进行产业布局必须首先考虑梅山岛的定位和产业发展方向。

表8-6 已利用岸线情况(引自参考文献[105]绘制)

| 岸线类型 | 长度/千米 | 比重/% |
|---|---|---|
| 工业岸线 | 28.2 | 53.70 |
| 仓库及港区岸线 | 13.8 | 26.30 |
| 居住岸线 | 4.2 | 8.00 |
| 其他用地岸线 | 6.3 | 12.00 |
| 总 计 | 52.5 | 100.00 |

(2)城镇布局约束

北仑区城镇用地总体上呈两片多点布置,形成西片区的小港—戚家山、中片区的新碶—大碶两大集中片区以及霞浦、柴桥、郭巨、春晓、梅山等几个镇区布局(见图8-19)。北仑区的城市空间是为临港产业配套而形成的,一方面城区的生活居住环境受大工业环境

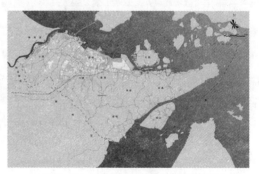

图8-18 岸线利用状况(附彩图)

的空间挤压,宜居性较差,城区规模较小,生活服务设施水平较低。另一方面,城区为临港产业服务的生产性服务业发展滞后,对临港产业发展的支撑功能不足。所以,处理好"港与城"的互动关系是北仑产业和城区空间布局协调的关键问题之一。

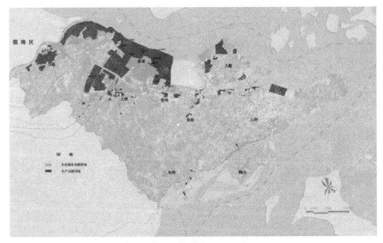

图 8-19　北仑区城镇空间布局(附彩图)

(3)生态保护约束

北仑区背山面海,形成了由九峰山、灵峰山等主要山体为基质,凤凰山、戚家山、金鸡山、大笠山以及农业用地为斑块,甬江、小浃江、岩河、中河、太河、沙湾河、芦江大河等主干河流为廊道的生态景观空间,是北仑区维持小区域生态平衡的基础,也是改善人居环境的重要保障(见图 8-20)。生态景观格局是北仑区产业布局的基本约束条件。

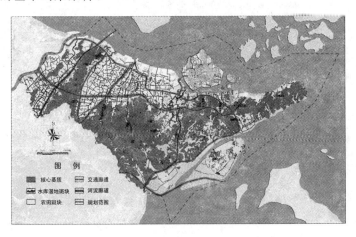

图 8-20　北仑区生态基质空间(附彩图)

(4)用地资源约束

北仑区剩余的可建设用地不足 50 平方千米,而且其中的 23.47 平方千米为滩涂(见表 8-7)。此外,北仑区潜在的增量用地主要为农田,改变其用途受到政策的限制。存量用地的来源还有老城区更新用地、第二产业可调整用地和城中村用地。因此,北仑区发展产业的用地面积已然紧缺,用地紧张是北仑区产业发展所面临的一个重要限制性因素。

表 8-7 现状土地利用构成情况(引自参考文献[105])

| 用地类别 | | 占总用地比例/% | 用地面积/km² |
|---|---|---|---|
| 已建设用地 | | 23.30 | 139.60 |
| 其中 | 城镇建设用地 | 15.94 | 95.50 |
| | 村庄建设用地 | 5.38 | 32.22 |
| | 已批在建用地 | 0.76 | 4.45 |
| | 已批待建用地 | 1.22 | 7.43 |
| 未建设用地 | | 8.07 | 48.33 |
| 其中 | 滩涂面积 | 3.92 | 23.47 |
| 农业用地 | | 65.35 | 391.49 |
| 其中 | 基本农田 | 18.39 | 110.15 |
| 水域 | | 3.28 | 19.61 |
| 总用地 | | 100.00 | 599.03 |

(5)集疏运体系约束

北仑区疏港交通主要依靠公路,其运输量占集装箱运输的 87% 和散杂货运输的 30%,并且多为中长距离运输;水运(以海运为主)的运输量占集装箱运输的 13% 和散杂货运输的 34%,铁路虽运输距离较长,但能力有限,仅占集装箱运输的 0.1% 和散杂货运输的 6%。因此,集疏运形式单一,公路运输能力不足,疏港交通与城市交通严重交错,交通运输体系的薄弱环节明显,已经成为北仑港航产业和临港产业发展的障碍。

## 8.7.2 产业布局基本原则

(1)依托港口集合布局原则

北仑区的产业主要依托港口发展起来,未来的产业仍离不开港口的支撑。因此,北仑区的产业空间布局必须坚持依托港口的基本原则,充分利用深水港优势,特别是临港性强的产业,必须紧密围绕港口布局。根据北仑产业发展的趋势,借鉴国际临港产业空间组织的经验,**组织三种主要的临港产业综合体:港口＋重化工业、港口＋贸易加工区、港口＋物流园区。**

(2)集群化和循环经济布局原则

产业集群是一种高效的产业空间组织形式。坚持集群组织的原则,就是以产业集群的理论为指导,将生产工艺上有一定联系或者存在共同的市场取向,存在一定的产业关联,能够相互配套的企业布局在一起,通过共享功能空间,产生集聚经济效益。

按照循环经济的模式,从生产—流通—消费—处置的全过程中优化各产业活动的空间组织,引导共生产业在空间上集聚,实现物流最小化、范围经济最优化、产业组织链条化和污染治理共同化,从而实现产业的循环高效运行。

(3)生态环境改善原则

北仑区拥有山、水、海融合的生态空间网络,是保障北仑良好人居环境的根基,为实现其可持续发展的生态安全格局和基本生态服务功能,必须通过空间规划手段加以保护,要求产业发展布局不得以损害这些空间环境为代价,并要从布局上避免环境风险,使产业布局符合环境保护要求,以有利于北仑整体环境的改善。比如,审慎布局影响大范围或整体性空间环境的产业,尽量将相互影响的企业分离布置,将污染较重的企业集中布置,对污染物集中处理,并远离居住地,布置在下风下水方向等。

(4)港城协调布局原则

国内外著名港口城市发展历程表明,港口城市的产业空间布局在不同时期采取不同的模式。因此,北仑区产业布局与调整也应顺应北仑城市发展阶段、城市功能提升和城市空间结构重构的要求。

对港口城市来说,不仅要充分利用港口的基本功能,还应将港口融合到城市的功能组织之中,使港口与城市完美结合。要做到"港城互融、港为城用、城以港兴"。同时,优化城区空间环境、增强城市宜居性是港口城市建设必须采取的关键措施。因此,北仑区应借鉴发达国家港口城市常采用的"临港产业岛式布局"、"重化工业专区"等布局形式处理港城布局关系。

(5)集约节约用地原则

北仑区土地资源可供新增建设用地的量已经不多,且主要分布在东片区和南片区。作为产业布局的载体,土地资源状况决定了北仑区的产业开发适宜性。

总体上北仑区应采取集约节约用地型产业为主的发展策略,提高土地的利用效率,积极保护农用地和生态用地、生态景观岸线,保护战略性储备用地,并以产业调整升级为导向,调整优化利用已建建设用地,以"开发新增用地"带动"存量用地调整",挖潜土地资源潜力。

(6)道路交通导向原则

根据港口城市疏港交通流量大,产业联系交通密集,以及货运与城区出行交通容易冲突的基本特点,产业布局应实现与道路交通设施一体化协调配置,并以交通为主要导向。结合北仑区未来的土地利用与功能定位,选择适宜的交通模式和交通布局形式,妥善协调各种不同交通需求之间的关系,充分满足港口集疏运和城市正常交通组织的需求,高起点、高标准,并适当超前地构筑现代化综合交通体系,实现经济、社会、城市、自然、交通的和谐发展。

一是以高效的集疏运体系促进临港产业优化布局;二是促进交通建设与大运量临港产业布局的互动;三是以 TOD 指导房地产业发展和城市更新。

### 8.7.3 空间布局模式

纵观北仑区空间开发的历程,中片区和西片区均呈现沿海岸带延伸拓展的特点,体现了以港口开发为导向的产业和城市空间布局模式。下一阶段北仑区的空间开发亦将受到港口开发和沿海地形的引导,继续延伸沿岸开发的模式。

依据上述模式,北仑区的整体空间布局应该遵循"承继式"的推进模式,即充分尊重现状基础,在现有空间开发利用的基础上,承继发展和提升发展。亦即将空间开发重心按时序向新区拓展,老区在原有基础上提升发展,从而形成新老发展区在空间上的顺序演替,形成空间发展序列(见图 8 - 21)。

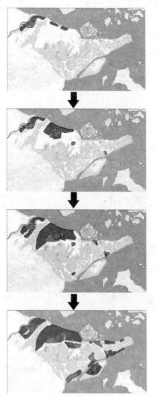

图 8 - 21  北仑港城空间形态演进

具体地说,就是对西片区和新碶、大碶片区实施现状基础上的更新提升;在白峰片区形成东北部的新拓展区;在南部,根据港口和用地条件,将春晓—梅山片区规划发展为未来新的高级功能中心。

同时,由于"港区—临港产业区—城区"的空间发展过程,随着港口经济的不断发展,新港区相继开发,从而形成沿海岸布局的"港-城"簇团。簇团之间因受地形分隔或规划引导,形成空间隔离。功能上,因港口开发内容的差异而形成各具特色的"港-工(贸)-城"组团。随着港城总体规模的扩大,在港口群的后方将形成新的产业和城区空间。因此,北仑区的"港口—产业—城区"的空间布局模式为"簇团组群式"(见图8-22)。

发育良好的"簇团组群式"港城空间布局体系,应以等级配置的城区服务功能为凝聚核,多级服务"极核"组织相应的产业功能区。服务极核的服务功能可分为A级(市、区级)、B级(片区级)、C级(镇区级)和D级(村庄、社区、工业区、功能区级)(见图8-23)。

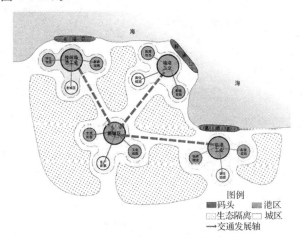

图8-22 簇团组群式布局

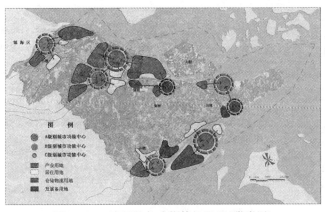

图8-23 城区服务功能等级配置(附彩图)

### 8.7.4　产业布局框架

　　根据产业布局的约束条件与原则,以及北仑区产业发展应与港口布局和空间演变趋势、生态环境格局及交通等基础设施布局相契合的指导思想,规划形成"两带一轴,三片三心"的产业布局框架(见图8-24)。

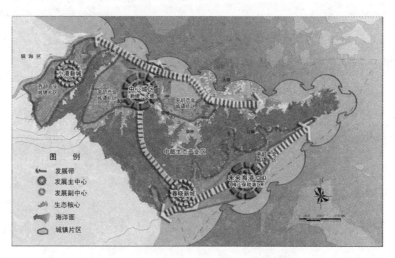

图8-24　产业布局总体构架(附彩图)

　　"两带"分别为北部沿杭州湾临港产业带和南部沿象山港新型临港产业带。北部临港产业带是以港口为依托,以滨海岸线和滨海疏港高速公路为支撑,重点发展临港大工业的带状延伸地带,形成浙江省和宁波市发展重化工业的重要战略空间;南部临港产业带是以梅山岛开发和春晓产业新城建设为契机,以南部岸线为依托,重点发展新型临港产业的带状延伸地带,是支撑北仑区未来产业全面转型发展的重要空间。

　　"一轴"为中部城市功能整合轴。北起新碶、大碶中心城区,沿太河路延伸段经九峰山景区,连接春晓和梅山,形成"一根扁担挑两头"的空间框架,使北仑主城区与南片新区有效连接,集聚发展城市商贸服务、生活居住,并与生态保护相结合发展滨海旅游,打造北仑城市功能空间整合轴。

　　"三片"分别为西片区、中片区和南片区三大产业集聚片区。西片区主要包括戚家山—小港片;中片区包括新碶—大碶片、霞浦—柴桥片、白峰片;南片区包括春晓片、梅山—上阳片、郭巨片。各片区根据各自产业特点和用地空间条件,形成各具特色的产业集聚片区,成为北仑区主要的产业和城市集聚片。

　　"三心"为中心城区商务商业集聚中心、梅山临港服务业集聚中心和小港商贸服务集聚中心。在北仑中心城区形成由城市居住、综合服务和临港商务构成的服务业集聚中心;以梅山保税港区开发建设为契机,依托梅山岛,逐步培育以港口物流、国际贸易等为主要产业形态的临港生产性服务业集聚中心,打造未来海港 CBD;在小港利用现有产业基础和近距离依托宁波主城的区位,打造生活和生产商贸服务中心。

## 8.7.5 主要产业空间布局

(1)工业空间布局

根据北仑区产业布局总体框架,依托北部沿杭州湾临港产业带,在西片区和中片区重点发展汽车、石化、钢铁、先进装备制造等临港大工业;以沿象山港新型临港产业带为支撑,在南片区重点发展生物医药、海洋经济以及先进装备制造等新型临港产业,逐步推动企业向园区集中,产业向片区集聚,形成以工业园区为主要空间载体的产业相对集中、布局合理的工业空间分布格局(见图 8-25)。

规划建设石化、汽车、钢铁、装备制造、修造船、轻工纺织、高新技术和春晓生态工业等八大工业功能区。

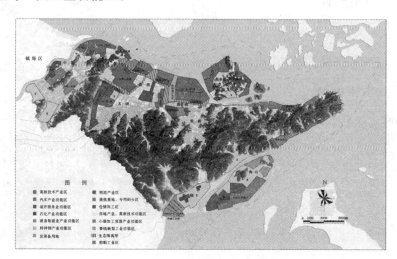

图 8-25 产业布局规划(附彩图)

(2)服务业空间布局

1)港航业布局

根据港口岸线资源分布和港区建设,以港口码头产业开发为基础,依托原有城市服务功能相应发展航运和航运服务业,增加港口的航运服务功能,建设三大港航基地：中片区以一、二、三期码头为依托的北部港航基地，以第四、五期码头为依托的东部港航基地，以梅山港开发为依托的南部港航基地。

2）物流业布局

根据北仑区物流产业发展方向，综合考虑用地条件、陆路运输网络、港口布局以及北仑物流主流向，依托港航基地、相关产业和疏港交通节点布置物流空间，规划建立"两主四园"的北仑区物流业空间组织结构。

"两主"为北仑主物流中心，分别为霞浦物流中心和梅山物流中心，"四园"分别为石化、邬隘、小港和新碶物流园。

3）城市服务业布局

根据产业转型发展的时序和重点以及北仑未来的城市空间结构，结合北仑区人口现状分布格局以及未来的变动趋势，同时考虑宁波主城空间发展方向的影响，北仑区应按照"两心两副"的格局组织城市服务业的空间布局。

"两心"是指中心城区商务商业中心和梅山港航商务中心，"两副"是指位于小港和春晓的城市综合服务中心。

# 8.8  规划措施

## 8.8.1  产业发展保障措施

（1）加大结构调整力度

国际金融危机给北仑产业发展带来了严重挑战，但金融危机的压力将成为产业结构调整的动力。北仑必须利用金融危机带来的倒逼机制，大力推动产业结构调整和升级，把政策措施的着力点放在培育战略性新兴产业上，实施服务业优先发展战略。必须坚持以调优调高为基本取向，扎实推进主导产业高端化、新型产业规模化。要鼓励服务业和高新技术产业的发展，下决心淘汰一批落后产能，关停并转一批污染严重的企业。在产业机构调整的过程中，要重视金融体制创新，大力发展各种产业基金、风险投资，设立专门为中小企业服务的"中小企业担保公司"、"中小银行"，切实解决企业融资难问题。要稳定外资外贸政策，继续鼓励优质的劳动密集型企业产品出口，加大出口信用保险力度，区政府可给予出口企业一定的补贴和奖励，实现北仑开放型经济的稳定健康发展。

（2）大力推动自主创新

**建设科技支撑体系，全面提升科技自主创新能力。**加快科技体制改革，整合科技资源,加强基础研究、前沿技术研究和社会公益性技术研究,集中优势力量,适应国家重大战略需求,启动一批重大产业技术开发科技专项,加大先进适用技术和科技成果的引进、转化、应用工作,攻克一批对产业技术升级、经济结构调整有较强促进作用的关键和共性技术,全面提升科技自主创新能力,提高科技对经济增长的贡献率。区财政要拨款设立企业自主创新和产业升级专项资金。

**加强创新载体培育,建设开放型区域创新体系。**以政府投入为引导、企业投入为主体,加大科技投入,开发一批具有知识产权的科技成果。以提升自主创新能力为核心,以支撑和引导临港先进制造业、现代农业和现代服务业为主线,以加快高技术产业发展为重点,深化产学研合作,培育区域性科技创新体系、技术中介服务体系等创新载体,加强原始创新、集成创新,形成以企业为主体、引进消化吸引和自主创新相结合的开放型区域创新体系。

(3)大力推进节能减排

**建立健全港口节能减排体制机制,控制港口污染排放。**要研究港航发展中排放物和污染物(如可吸入性颗粒物、二氧化碳、硫氧化物、氮氧化物、溢油)等的中长期消减计划,制订相关经济刺激政策。如推动环保型货运船舶优先处理的政策及配套的港口奖励政策;在谁污染谁治理的原则下,通过税收抵扣方式设立海洋生态环境保护基金与生态环境修复的强制措施;引导和鼓励临港大企业投入资金促进滨海城市环保产业的配套发展。

**加大环境保护力度,提高资源综合利用效率。**加大环境保护执法监管力度,积极实施生态和工程性水源保护措施,加强沿河"三废"排放管理和污染治理,不断改善生态环境,实现可持续发展。以节约使用资源和提高资源利用效率为核心,以节能、节水、节材、节地和资源综合利用为重点,坚持资源开发与节约并重,全面推行清洁生产、文明生产,坚决淘汰浪费资源、污染环境的落后技术工艺和设备,加快经济增长方式由资源消耗型向节约循环型、环境友好型转变,促进经济与资源、环境的协调发展。

(4)多渠道加大资金投入

**充分利用国家政策和资金。**以国家产业调整和振兴规划出台及梅山保税港区开发兴建为契机,借助政府与开发银行的开发性融资合作平台,扩大信贷规模,筹措开发建设资金。拓宽项目融资渠道,积极争取国债资金,通过各种渠道和方式面向国内外招商引资,加大区在经济建设上的资金投入。在继续坚持争取政策性投资与招商引资两手抓的同时,加强与金融部门的合作,为北仑经济发展提供更大的信贷支持。

**积极引导民间资金投入。**引导和鼓励民营资本、社会力量进入经济建设的各个领域,积极探索 BOT、金融租赁、特许经营、外包等方式,投资经济建设重点领域和重点项目。引导和鼓励民间资金参与产业开发和具有经营性的公益事业、基础设施建设。探索集聚闲散民间资金转变投资基金的有效途径,采取专家理财的方式向好企业、好项目进行投资。

(5)加快培养高素质产业人才队伍

把人才战略作为建设北仑经济发展和社会进步的第一战略,深化人才制度改革,进一步优化人才成长发展环境。抓住培养、吸引和用好人才三个关键环节,着力建设行政管理、企业经营和专业技术三支人才队伍,重视培养技术工人、新型农民和现代服务业从业人员。实行柔性人才政策,注重挖掘和使用区内外智力资源。深化干部人事制度改革,健全人才评价、选拔任用和激励保障机制。通过各种方式加强人才培养,完善人才管理体制,为北仑经济和社会发展提供强大人才支撑。

(6)加强组织领导和统筹协调

要将北仑产业发展的产业现代化建设作为北仑国民经济和社会发展总体规划的重点,整合政府资源,加强宏观调控,统筹兼顾,形成高效、规范的政策管理体系。编制相关的实施计划和年度推进计划,突出发展重点,实行目标责任制,采取各种有效措施狠抓落实。

### 8.8.2 开发区园区整合措施

(1)整合开发区园区,促进产业集聚发展

按照"功能叠加和政策叠加"的原则,积极申请开发区整合的试点,推动保税区、出口加工区、保税物流园区等各类开发区进行功能整合、政策整合,培育综合性功能区,以加强优势整合、产业集群化,更好地参与国内外市场竞争。

根据石化、汽车、钢铁、装备制造、修造船、轻工纺织、高新技术和春晓生态工业等八大工业功能区的产业发展方向和发展重点,推动企业向园区集聚。

(2)提高南片区园区的投资门槛

位于春晓、郭巨等南片区的工业功能区应进一步提高投资门槛,进入园区的外资企业的投资额建议提高到 2000 万美元以上,内资企业提高到 1 亿元以上,同时还应针对投资密度、科技含量、土地产出效率等指标进行综合考虑，从招商源头入手，吸引占地少、技术含量高、附加值高的项目。

### 8.8.3　城市发展和建设措施

（1）分阶段、有重点地进行城市建设

北仑区空间布局分片较为分散，应安排好建设的时序。近期仍应以新碶、大碶为重点建设片区，以北仑中心商务功能建设为突破口，培育城市中心功能和商贸功能；根据宁波东部新城的建设进度，以房地产业的发展为龙头，在小港适度发展商业和生产性商务功能，开发房地产业；以梅山岛的开发为契机，开发建设春晓产业新城。

（2）加强中心城区商务商业中心

基于北仑应与宁波主城有机分工的认识，以及北仑区城区功能发展薄弱的现状，近期应重点打造以行政中心为核心，由君临国际广场和曼哈顿广场周边地域组成，沿长江路延伸的北仑商务商业中心区，以形成城市氛围。

（3）小港滨河城区商贸居住中心建设和南部地块开发

应重点做好小港沿江一带的规划调整，结合居住用地布局集聚发展城区商贸服务功能，培育片区中心，并形成片区产业服务基地，整合协调片区功能，提升城区形象。

利用宁波主城向东扩展的时机，加强研究小港南部地块的发展，重点开发面向宁波主城的居住功能和高新技术产业功能。

（4）城区用地优化调整

一是适时开展老城更新。新碶街道和大碶街道位于城区中心繁华地段，紧邻三江交汇处、明州路、新大路以及区政府区域，区位条件优越，土地增值潜力大。建议实施较大规模的老城更新，在明州路、新大路、恒山路和原大碶镇中心形成一些居住环境较好的居住区和商业服务中心。

霞浦街道、柴桥街道以及白峰镇老城更新的区域面积比较小，大部分集中于街道或镇区的中心。这些区域一直以居住生活功能为主，部分地区还保持着较好的历史传统民居风貌，因此建议进行"小而灵活"的渐进式改造，由当地街道、社区自身组织来改善居住环境、创造就业机会、促进邻里改造。

二是调整利用第二产业用地。临港工业和传统优势产业仍然是北仑区的支柱产业,近期仍需要巩固和提升,但其空间环境则需加以整治,可在现有用地的基础上对企业进行"土地重划"式改造。例如在北仑电厂、宁钢、台塑、逸盛石化等污染比较严重的临港工业的工厂企业用地中,与城市道路或是居住区相邻用地的一侧,通过"土地重划"式的整治和改造置换出一些企业用地,用于绿化隔离,减少对城市环境的影响。

三是"城中村"整治改造。北仑区城中村现象较为突出,实施整治改造很有必要。但考虑到大规模搬迁带来的资金压力、社会问题,以及给城市历史文脉带来的影响,可以采取不同的调整手段。对规模比较大且与产业用地相邻的城中村用地,可采用"土地重划"的模式。对于与产业用地相邻且污染较严重或是由于交通道路的拓宽改造涉及的城中村用地,无论从经济角度还是人居环境角度考虑,都建议搬迁,置换后的用地可发展道路交通和产业用地等。对于分散在离中心较远但是环境较好的城中村用地,从经济角度考虑,建议征收这些用地作为储备,可作为居住、商贸、商务等房地产的投资开发用地。

(5)港城协调空间治理

优化城区空间环境、增强城市宜居性是港口城市建设必须采取的关键措施之一。发达国家港口城市常采用的"临港产业岛式布局"、"重化工业专区"等布局形式,就是处理港城协调关系的有益经验。

根据北仑区港城空间关系的实际情况,一方面要合理布局工业区与城市生活、商务区,尽量减少直接的相互干扰。另一方面需要在现有布局的基础上,通过不同功能区之间界面的防护隔离措施,弱化临港产业对城区环境的干扰;其中包括滨海界面的功能优化配置,提高景观质量。通过用地调整和空间环境设计改善港区、工业区与城区的接触界面,挖掘滨河界面的生态景观服务功能。近期需要重点做好石化、钢铁产业区与城区的隔离带建设和进港中路与城区的空间界面治理。

(6)加强对重点地块的规划控制

春晓片、台塑片和郭巨片等地块是北仑区产业转型升级的重要空间载体,对北仑未来整体空间环境具有长远的影响效应,因此应加强对上述地块的规划和控制力度。在无合适的产业项目引进之前,建议上述地快一律留作战略储备用地。

### 8.8.4　交通优化措施

（1）重视铁路运输对港口集疏运的作用

在港口集疏运体系中，铁路运输起到极为重要的作用，是解决港口与内陆腹地之间货物运输，尤其是散货运输的重要手段。然而，在目前的北仑集疏运体系中，铁路运输仅占约 5％的份额，严重制约港口本身功能的发挥。因此，必须进一步加强铁路运输在北仑港口发展中的地位研究，强化铁路网络在本地的功能地位，积极探讨杭甬—浙赣线的改造升级的可能，以及甬金铁路（北仑—金华）建设的可行性，其中甬金铁路后者的建设对于北仑港口集疏运发展将会起到重要的促进作用。

（2）建设高效、相对独立的港口物流集疏运公路交通网络

以现有高速公路网络为基础，以"专一化、网络化、高标准、与城市交通充分分离"为建设原则，进一步完善港口物流集疏运公路交通网络。近期加快建设穿山疏港高速和象山湾疏港高速，并为甬舟复线建设预留空间，同时研究滨海快速路建设为高速公路的可行性，为疏解北部岸线货物的快速流通提供便捷通道，同时解决港口与城区的交通冲突。

（3）建设高效快捷的城市轨道交通

介于北仑与宁波城区的大流量通勤交通，城市轨道交通的建设极有必要。然而，目前的线路走向与建设形式还存在一定的不足，应进一步结合北仑城市本身的发展基础与未来可能形成的空间形态，合理确定线路走向，同时在遵循"节约城市土地、减轻对城市的干扰、就近方便市民出行"的原则下，研究城市轨道线路的建设形式，做到地上与地下相结合，合理选择建设形式。

# 参考文献

[1] [美]波特著.竞争论[M].高登第,李明轩译.北京:中信出版社,2012.

[2] Deas I.,Giordano B. Conceptualising and measuring urban competitiveness in major english cities:An exploratory approach[J]. Environment and Planning A,2001,33:1411 - 1429.

[3] Mike Freeman,Stephanie Nelson. Economic competitiveness is vital in the 21st century[J]. Public Management,2003(1):22 - 27.

[4] [美]迈克尔·波特著.国家竞争优势[M].李明轩,邱如美译.北京:华夏出版社,2002.

[5] [美]琼·玛格丽塔(Joan Magretta)著.竞争战略论[M].蒋宗强译.北京:中信出版社,2012.

[6] 何添景.国内外城市竞争力研究综述[J].经济问题探索(昆明),2005(5):21 - 24.

[7] 藤田昌久,保罗·克鲁格曼,安东尼·J·维纳布尔斯著.空间经济学——城市、区域与国际贸易[M].梁琦主译.北京:中国人民大学出版社,2005.

[8] 倪鹏飞,彼得·卡尔·克拉索主编. 全球城市竞争力报告 2009—2010[M].北京:中国社会科学文献出版社,2010.

[9] Martin Boddy. Geographical economics and urban competitiveness:A critique[J]. Urban Studies, 1999,36(5/6):811 - 842.

[10] 佘明江,段承章.城市竞争力研究综述[J]. 安徽工业大学学报(社会科学版),2010,27(4):14 - 17.

[11] 联合研究组.中国国际竞争力发展的报告[M].北京:中国人民大学出版社,2000.

[12] 雷仲敏,付诗瑶.城市产业竞争力研究:理论轨迹和评价方法[J].城市,

2012(5):3-13.

[13] Paul Cheshire. Gities in competitim: Articulating the gain from integration[J]. Urban Studies,1999,36(5/6):843-864.

[14] 张庭伟. 城市的竞争力以及城市规划的作用[J]. 城市规划,2000(11):39-41.

[15] 林璇. 城市竞争力及其特征[J]. 北京规划建设,2004(6):93-96.

[16] 于涛方. 国外城市竞争力研究综述[J]. 国外城市规划,2004,19(1):28-34.

[17] 宁越敏,唐礼智. 城市竞争力的概念和指标体系[J]. 现代城市研究,2001(3): 19-22.

[18] Edward J. Malecki. Hard and soft networks for urban competitiveness [J]. Urban Studies,2002,39(5-6):929-945.

[19] 刘江华,张强,张赛飞等. 中国副省级城市竞争力比较研究[M]. 北京:中国经济出版社,2009.

[20] 倪鹏飞. 中国城市竞争力报告 No.9[M]. 北京:社会科学文献出版社,2011.

[21] 于涛方,顾朝林,涂英时. 新时期的城市和城市竞争力[J]. 城市规划汇刊, 2001(4):12-17.

[22] 孙施义编著. 现代城市规划理论[M]. 北京:中国建筑工业出版社,2007.

[23] 刘长岐,肖岚,张楠楠. 企业家城市视角下的杭州城市国际化研究[J]. 规划师,2011,27(2):42-46.

[24] 赵富强. 基于城市竞争力的城市经营理论研究[D]. 武汉大学管理学院,2004.

[25] Harvey D. From managerialism to entrepreneurialism·The transformation in urban governance in late capitalism. Geografiska Annaler,1989,71B:3-17.

[26] 张庭伟. 新自由主义·城市经营·城市管治·城市竞争力[J]. 城市规划, 2004,28(5):43-50.

[27] 赵伟,陈眉舞,张京祥. 基于企业家政府理论思考我国城市经营的转型[J]. 城市规划学刊,2005,156(2):55-58.

[28] 董磊. 当代中国市民社会发展探析[D]. 硕士学位论文//百度文库:http:// wenku. baidu. com/view/068384bc960590c69ec376aa.

[29] [英]尼格尔·泰勒著. 1945年后西方城市规划理论的流变[M]. 李白玉, 陈贞译. 北京:中国建筑工业出版社,2006.

[30] 全国城市规划执业制度管理委员会. 科学发展观与城市规划[M]. 北京:中

国计划出版社,2007.

[31] 赵燕菁.空间结构与城市竞争的理论与实践[J].规划师,2004,20(7):5-153.

[32] 张京祥,吴缚龙,崔功豪.城市发展战略规划:透视激烈竞争环境中的地方政府管治[J].人文地理,2004,19(3):1-5.

[33] 刘玉亭,何深静,魏立华.论城镇体系规划理论框架的新走向[J].城市规划,2008,32(3):41-44.

[34] 王丰龙,刘云刚.空间的生产研究综述与展望[J].人文地理,2011,118(2):13-19.

[35] 丁成日,宋彦等.城市规划与空间结构[M].北京:中国建筑工业出版社,2005.

[36] 周伟林.企业选址、集聚经济与城市竞争力[J],复旦学报(社会科学版),2008(6):94-100.

[37] 苏鸿翎.城市空间结构竞争力问题研究——以西安为例[D].西安建筑科技大学,2003.

[38] 张京祥,朱喜钢,刘荣增.城市竞争力、城市经营与城市规划[J].城市规划,2002,26(8):19-22.

[39] 叶嘉安.二十一世纪城市形象营造的规划和管理[A].21世纪中国城市发展前沿问题[C].香港大学城市规划与环境管理研究中心,2004:386-393.

[40] Lambiri D,Biagi B and Royuela V. Quality of life in the economic and urban economic literature[J]. Social Indicators Research,2007,84:1-25.

[41] Lara Brunello,Jonathan Bunker,Sandro Fabbro,et al. High Speed Rail and Regional Competitiveness[M]//Melih Bulu. City Competitiveness and Improving Urban Subsystems. USA:Information Science Reference (an imprint of IGI Global),2012.

[42] 顾朝林.城市竞争力研究的城市规划意义[J].规划师,2003,19(9):31-33.

[43] http://wenku.baidu.comview8b7fb71ba300a6c30c229fla.html:巴黎规划.

[44] 屠启宇主编.国际城市发展报告(2012)[M].北京:社会科学出版社,2012.

[45] 谢新松.新加坡建设"花园城市"的经验及启示[J].东南亚南亚研究,2000(1):52-55,93.

[46] 潘海啸,汤诤,吴锦瑜等.中国"低碳城市"的空间规划策略[J].城市规划学刊,2008(6):57-64.

[47] [美]罗伯特·瑟夫洛著.公交都市[M].宇恒可持续交通研究中心译.北京:中国建筑工业出版社,2007.

[48] 周祎旻,胡以志.城市中心区规划发展方向初探——以《悉尼2030战略规划》为例[J].北京规划建设,2009(5):103-108.

[49] http://www.amb-chine.fr/chnljfgt877771.htm:从"大巴黎计划"看法国城市建设中的文化内涵.

[50] 朱跃华,姚亦锋,周章.巴塞罗那公共空间改造及对我国的启示[J].现代城市研究,2006(4):4-8.

[51] 郭瑞坤,林兆群.创意城市:知识经济下的城市竞争力[C].首届海峡两岸管理科学论坛,2006:531-538.

[52] Gert-Jan Hospers, Creative cities in Europe: Urban competitiveness in the knowledge economy [J]. Intereconomics,2003,38(5):260-269.

[53] 林兆群,潘海啸.创意城市经营战略之研究——以欧洲三城为例[J].人文地理,2010(1):18-21.

[54] 克劳斯·昆兹曼,唐燕.欧洲和中国的创意城市[J].国际城市规划,2012(3):1-5.

[55] Alexandre Dossat. Special article: Assessing and enhancing the competitiveness of European cities[J]. European Policy Analyst,2008:45-52.

[56] 邱丽丽,顾保南.国外典型综合交通枢纽布局设计实例剖析[J].城市轨道交通研究,2006(3):55-59.

[57] 梁雪.芝加哥的滨水区建设[J].重庆建筑,2003(4):50-52.

[58] 顾英.伦敦码头区再开发成功的经验与启示[J].上海城市规划,1999(10):35-39.

[59] http://www.town.gov.cn/a/renwu 0914/4501.html:世界城市和名城遗产保护.

[60] 王纪武,戴彦.现代高密度城市住区设计——阿姆斯特丹东港区改造解析[J].规划师,2007(10):83-86.

[61] 倪鹏飞.中国城市竞争力报告 No.10[M].北京:社会科学文献出版社,2011.

[62] 李健.世界城市研究的转型、反思与上海建设世界城市的探讨[J].城市规划学刊,2011,195(3):20-26.

[63] 许重光.转型规划推动城市转型[J].城市规划学刊,2011,193(1):18-29.

[64] http://baike.baidu.com/view/3409107.htm?.

[65] 核心竞争力[OL].百度文库:http://baike.soso.com/v307273.htm?ch=ch.bk.innerlink.

[66] http://wenku.baidu.com/view/1fc46ac79ec3d5bbfd0a74c6.html:大巴黎城市规划.

[67] Tom Butlin. A Green Infrastructure Mapping Method. http://www.greeninfrastructurenw.org.uk/resources/GIguide.pdf.

[68] 秦红岭.从建设世界城市高度思考北京宜居城市内涵[J].2010(7):78-81.

[69] 陈媛媛.高新技术产业园区概念性设计研究[D].天津大学,2007.

[70] 杭州市文化创意产业办公室.杭州市文化创意产业发展规划(2009—2015)[R].2009.

[71] 毕波,吴晓雷.城市楼宇经济空间布局的研究与思考[J].规划师,2006:60-62.

[72] Mark Deakin. From Intelligent ti Smart Cities: CoPs as Organizations for Development Integreated Models of E-Government Services[M]//Melih Bulu. City Competitiveness and Improving Urban Subsystems. USA: Information Science Reference (an imprint of IGI Global),2012.

[73] 邓曙光,陈明,郑智华.云计算在城市规划市民互动平台的应用[J].中国水运,2011(11):113-114.

[74] Cascetta E. Transportation Systems Engineering:Theory and Methods. Dordrecht:Kluwer Academic Publishers,2001.

[75] Maria Nadia Postorino. City Competitiveness and Airport: Information Science Perspective [M]//Melih Bulu. City Competitiveness and Improving Urban Subsystems. USA: Information Science Reference (an imprint of IGI Global),2012.

[76] 毛蒋兴,阎小培.城市土地利用模式与城市交通模式关系研究[J].规划师,2002,18(7):69-72.

[77] 唐力.关于轨道交通引导城市轴向发展的研究[J].广州建筑,2004(1):2-5.

[78] 丁成日.芝加哥大都市区规划:方案规划的成功案例[J].国外城市规划,2005,20(4):26-33.

[79] 吴范玉,高亮.多中心城市布局与轨道交通的探讨[J].中国铁路,2001(10):47-49.

[80] 刘贤腾,章光日.东京都轨道交通系统的规划布局及对我国的启示[C].中

国城市规划学会 2006 年年会论文集:362-368.

[81] 库里蒂巴公交监管机构。集成的公交网络[R].1993.3.

[82] 万军,张航.基于低碳理念的城市慢行交通发展模式研究[J].西部交通科技,2010(7):75-79.

[83] http://blog.simn.com.cn/s/blog.7e404ae40100v4n.

[84] 于立.中国城市规划管理的改革方向与目标探索[J].城市规划学刊,2006,3:64-68.

[85] 杭州市城市规划设计研究院.杭州城市总体规划实施评估报告[R].2010.

[86] 国家发展与改革委员会编制.长江三角洲地区区域规划[R].2009.

[87] 杭州市运河综合整治与保护办公室.杭州市京杭运河(杭州段)综合整治与保护开发"十二五"规划[R].2011.

[88] 杭州市人民政府编制.杭州市城市总体规划(2001—2020)[R].2007.

[89] 杭州市人民政府编制.大江东新城发展战略规划[R].2009.

[90] 杭州市人民政府制定.杭州市经济与社会发展第十二个五年规划纲要[R].2011.

[91] 浙江省人民政府编制.杭州城西科创产业集聚区规划[R].2010.

[92] 拱墅区商贸局.拱墅区加快发展服务业的目标、思路和举措[R].2011.

[93] 拱墅区文化创意产业办公室.拱墅区文化创意产业发展规划(2012—2016)[R].2011.

[94] 浙江大学城市规划与设计研究所编制.杭州市拱墅区发展战略规划[R].2007.

[95] 薄坤 李永杰.鹿特丹临港工业发展给我国港口的启示[J].中国港口,2005(3):30 42.

[96] 王晓萍.国际发展临港工业的经验对宁波临港工业发展的启示[J].港口经济,2008(1):28-32.

[97] 李卫红,陈勇等.中东、欧洲港口及临港工业区的规划建设.//广州市城市规划编制研究中心研究报告(2001—2005)[R].264—265.

[98] 张翠丽,王利.临港产业的地域组织研究[J].海洋开发与管理,2007(6):158-162.

[99] 陈有文,王晋.大型港口、产业综合体的布局与空间发展模式研究[J].水运工程,2008(9):12-15.

[100] 广东省规划设计研究院.新加坡裕廊化工岛考察报告[R].2005.

[101] 安子祎.船舶大型化趋势下我国港口格局的发展[J].中国港口,2006(12):

20 - 23.

[102] 魏澄荣.论以新科技为动力的经济全球化对中国的影响及应对之策[J].求实,2001(3):36 - 38.

[103] 王维明.改革开放以来我国经济周期性波动实证研究[D].中国石油大学,2009.

[104] 张颖.亚太地区临港重化工业发展经验[J].浙江经济,2006(13):18 - 19.

[105] 浙江省城乡规划设计研究院.北仑区空间发展战略规划研究[R].2008.

# 索　引

**B**

便捷杭州　145

北仑区　190,192

**C**

城市竞争力　1,2,90,160,206

城市规划　1,2,28,66,134,230

城市竞争力体系　19,28,48

城市规划竞争力模型　45

城市规划行动　9,104,111,135

城市竞争力策略　2,76,95,112

城市空间结构　37,69,106,138

城市功能　22,47,71,107,179

**G**

港口城市　70,137,191,221

**H**

杭州　77,160,161,232

杭州城北　160,175

**J**

竞争力　1,27,91,152,223

**竞争优势**　3,36,86,133

**K**

空间模式　138

空间布局　38,121,195,238

**L**

临港产业　191,199,220

**Q**

区域关系　216,218

**R**

"壤-树"模型　45

**Y**

优秀人居战略　112

**Z**

智慧规划　132

轴向发展　140,146

# 附彩图

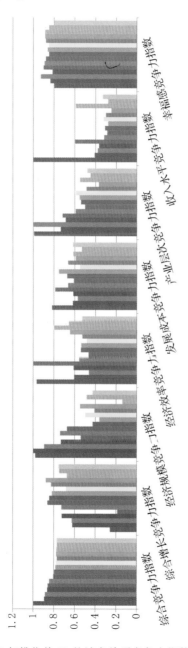

香港
北京
台北
天津
长沙
青岛
澳门
苏州
上海
深圳
广州
大连
杭州
佛山
东莞

图 5-3  2010 年排位前 15 的城市单项竞争力指数对比(根据参考文献[61]绘制)

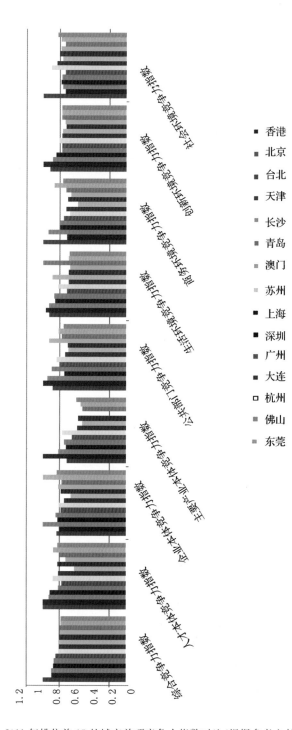

图 5-4　2011 年排位前 15 的城市单项竞争力指数对比(根据参考文献[61]绘制)

(A)采用透水表层并具贮水功能的停车场;(B)蓝屋顶;(C)有植被的路边沟槽设计;(D)多孔沥青路面;(E)渗水的行人路

图 6-2　绿色基础设施与灰色基础设施结合(资料来源:NYC Green Infrastructure Plan:A Sustainable Strategy For Clean Waterways)

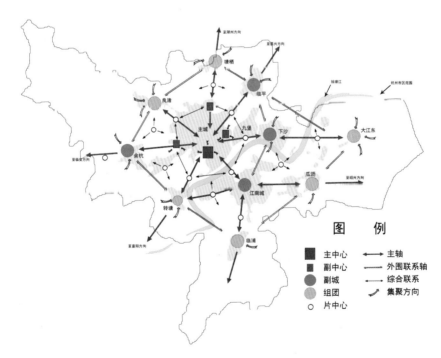

图 6-11　杭州公交导向多中心、轴向模式设想

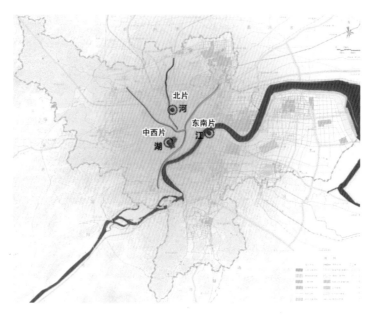

图 7 - 4　杭州主城区三大片区

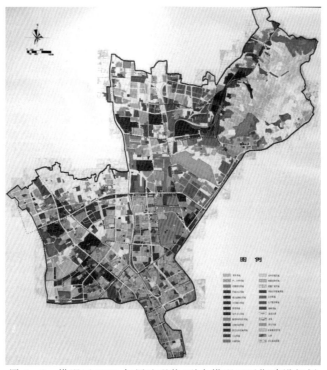

图 7 - 8　拱墅区 2010 年用地现状(引自拱墅区近期建设规划
(2011—2015 年)及 2011 年度实施计划)

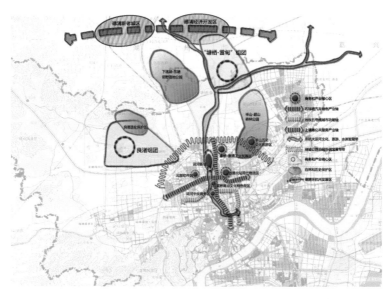

图 7-12　城北重要战略空间布局

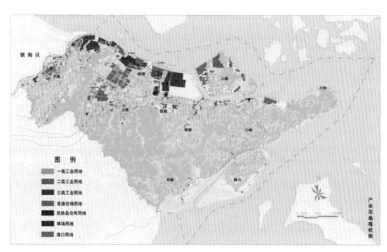

图 8-1　北仑区现状工业分布

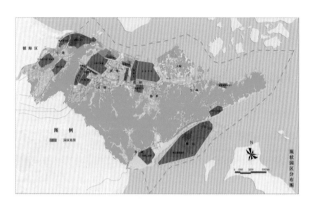

图 8-2　北仑区产业园区分布

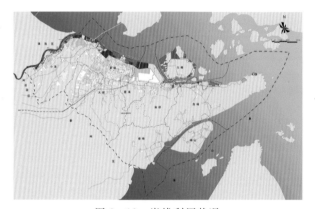

图 8-18　岸线利用状况

图 8-19　北仑区城镇空间布局

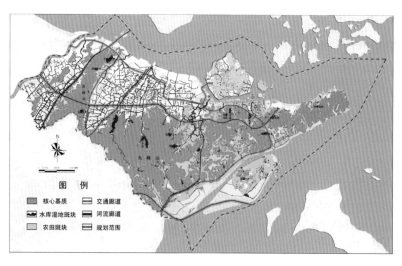

图 8 - 20　北仑区生态基质空间

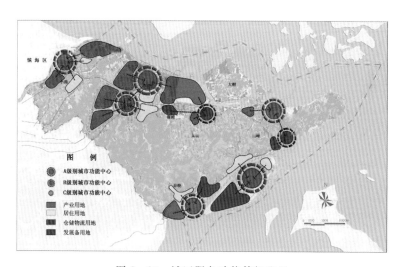

图 8 - 23　城区服务功能等级配置

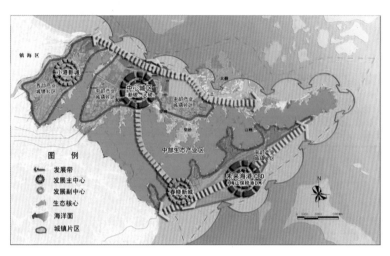

图 8-24　产业布局总体构架

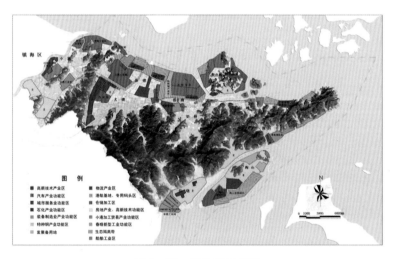

图 8-25　产业布局规划